应用型本科信息大类专业"十三五"规划教材

检测技术

主　编　王海文　王虹元　尚靖函

副主编　李富强　黄梅志　于　智　冯家乐

　　　　肖　杨　罗文军

参　编　李政莹　于佳兴　叶沛鑫　王艺菲

U0303360

华中科技大学出版社

http://www.hustp.com

中国·武汉

内 容 简 介

检测技术是一门集通信技术、仪表技术、计算机技术,以及误差理论、信号处理、信号与系统等于一体的跨学科的专业技术课程。本书以注重学科基础为宗旨,系统地介绍了检测技术方面的知识。全书分为9章,主要内容包括绪论、检测系统基本特性、信号及其描述、无源传感器、有源传感器、数字式传感器与新型传感器、测量误差、测量信号调理、现代测试系统,目的是使读者了解检测技术相关知识。

本书注重理论和实际应用相结合,内容由浅入深,通俗易懂,各章配有适量的习题,既便于教学又利于自学,可作为高等院校本科自动化专业、机械类各专业的教材,也可作为各类院校专科层次相关专业类似课程的选用教材,并可作为从事自动化、机械工程等工程技术人员的参考书。

为了方便教学,本书配有电子课件等教学资源包,任课教师和学生可以登录"我们爱读书"网(www.ibook4us.com)免费注册并浏览,或者发送邮件至 hustpeiit@163.com 免费索取。

图书在版编目(CIP)数据

检测技术/王海文,王虹元,尚靖函主编.—武汉:华中科技大学出版社,2017.6(2023.7重印)
应用型本科信息大类专业"十三五"规划教材
ISBN 978-7-5680-2856-1

Ⅰ.①检… Ⅱ.①王… ②王… ③尚… Ⅲ.①技术测量-高等学校-教材 Ⅳ.①TG806

中国版本图书馆 CIP 数据核字(2017)第 108364 号

检测技术
Jiance Jishu

王海文　王虹元　尚靖函　主编

策划编辑:康　序
责任编辑:段亚萍
责任监印:朱　玢
出版发行:华中科技大学出版社(中国·武汉)　　电话:(027)81321913
　　　　　武汉市东湖新技术开发区华工科技园　　邮编:430223
录　　排:武汉正风天下文化发展有限公司
印　　刷:武汉邮科印务有限公司
开　　本:787mm×1092mm　1/16
印　　张:14.25
字　　数:371千字
版　　次:2023年7月第1版第2次印刷
定　　价:35.00元

前言 PREFACE

人类经历了千百年的探索与奋斗,陆续发明了各种各样的传感器、探测器及检测装置和监控系统等,逐步实现了人类对感觉器官的能力扩展。检测技术是信息技术的核心技术之一。随着微型计算机技术的发展及其在工业和控制中的广泛应用,检测技术发生了深刻的变化,目前已经进入智能化阶段。在当今信息化时代,人们所从事的生产和科研活动可归纳为对信息资源的开发、传输、处理和获取。作为信息技术三大支柱之一的检测技术,越来越被人们所重视,并深深地渗透到人类的科学研究、工程实践和日常生活的各个方面。"科学是从测量开始的""没有检测技术就没有现代科学技术"已成为人们的共识,检测技术与系统的研究已成为工程界和科学界所普遍关注的重要问题。因此,了解和熟悉检测技术与系统的工作原理、设计方法、发展方向等都是十分重要和必要的。

检测技术的应用领域十分广泛,科学技术与生产力水平的高度发达,要求有更先进的检测技术与测量仪器作为基础。检测技术与工程实践密切联系,科学技术的发展促进了检测技术的进步,检测技术的进步又促进了科学技术水平的提高,二者相互促进,推动社会生产力不断进步。

本书以注重学科基础为宗旨,系统地介绍了检测技术方面的知识,主要内容包括绪论、检测系统基本特性、信号及其描述、无源传感器、有源传感器、数字式传感器与新型传感器、测量误差、测量信号调理、现代测试系统等。

本书注重理论和实际应用相结合,内容由浅入深,通俗易懂,各章配有适量的习题,既便于教学又利于自学。本书可作为高等院校本科自动化专业、机械类各专业的教材,也可作为各类院校专科层次相关专业类似课程的选用教材,并可作为从事自动化、机械工程等工程技术人员的参考书。本书在教学使用过程中,可根据专业特点和课时安排选取教学内容。

全书由大连工业大学王海文、大连工业大学艺术与信息工程学院王虹元、尚靖函担任主编,中国矿业大学徐海学院李富强、武汉华夏理工学院黄梅志、辽宁轻工职业学院于智、南宁学院冯家乐、大连工业大学艺术与信息工程学院肖杨、桂林航天工业学院罗文军担任副主编,共9章:王海文编写第4章,王虹元编写第2章,尚靖函编写第1章,李富强编写第5章,黄梅志编写第3章,于智编写第

6章,冯家乐编写第8章,肖杨编写第9章,罗文军编写第7章。李政莹、于佳兴、叶沛鑫、王艺菲协助进行了资料编写的整理工作。

在本书编写的过程中,参考了兄弟院校的相关资料及其他相关教材,并得到了许多同人的关心和帮助,在此谨致谢意。

为了方便教学,本书配有电子课件等教学资源包,任课教师和学生可以登录"我们爱读书"网(www.ibook4us.com)免费注册并浏览,或者发送邮件至 hust-peiit@163.com 免费索取。

限于篇幅及编者的业务水平,本书在内容上若有疏漏和欠妥之处,竭诚希望同行和读者赐予宝贵的意见。

编 者

2017 年 5 月

目录 CONTENTS

4

第❶章 绪 论

 1.1 检测的基本概念

1. 检测的定义

检测（detection）是利用各种物理、化学效应，选择合适的方法与装置，将生产、科研、生活等各方面的有关信息通过检查与测量的方法赋予定性或定量结果的过程。能够自动地完成整个检测处理过程的技术称为自动检测与转换技术。

在信息社会的一切活动领域中，从日常生活、生产活动到科学实验，时时处处都离不开检测。现代化的检测手段在很大程度上决定了生产、科学技术的发展水平，而科学技术的发展又为检测技术提供了新的理论基础和制造工艺，同时对检测技术提出了更高的要求。

2. 检测的地位与作用

世上万物千差万别，含有大量的信息。无论是现代化大生产、科学研究，还是人们的日常生活、医疗保健、所处环境，无不包含着大量的有用信息。正像物质和能源是人类生存和发展所必需的资源一样，信息也是一种不可缺少的资源。物质提供各种各样有用的材料，能源提供各种形式的动力，而信息向人类所提供的则是无穷无尽的知识和智慧。信息化是当今社会的一大特征，检测技术作为信息科学的一个分支起着越来越重要的作用。我国著名科学家钱学森院士指出：新技术革命的关键技术是信息技术，信息技术由测量技术、计算机技术、通信技术三部分组成，测量技术是关键和基础。因为检测技术除了能为相关学科分支提供所需的信息原材料外，它本身也将信息的采集、调理、处理、控制与输出融为一体，形成完整的测控系统及仪器设备，以满足越来越多和越来越高的需求。例如，在工业生产中对产品质量的控制，在人类赖以生存的外部世界内对环境和各类设施的监测和控制，以及在对航天飞机、飞船、人造卫星、导弹等技术领域的开发利用方面，都离不开检测技术。信息工业的要素包括信息的获取、存储、传输、处理和利用，而信息的获取主要是靠仪器仪表来实现的。检测技术是信息工业的基础。如果获取的信息是错误的，那么对其后续的存储、传输、处理等进一步操作都是毫无意义的。没有现代化的检测技术，也就没有现代化的生产和现代化的社会生活。检测和控制更是密不可分的，检测是控制的前提条件，而控制又是检测的目的之一。所以，仪器仪表是信息产业的一个重要组成部分，是信息工业的源头，被誉为工业生产的"倍增器"、科学研究的"先行官"、军事上的"战斗力"、社会上的"物化法官"，遍及"农轻重、海陆空、吃穿用"各个领域，是一个国家科技水平和综合国力的重要体现，应予以高度重视和大力发展。

 1.2 检测技术研究的主要内容

为实现对某一特定量的检测，需要涉及测量原理、测量方法、测量系统和测量数据处理等。测量原理是指实现测量所依据的物理、化学、生物等现象与有关定律的总体，例如热电偶测温时所依据的热电效应,压电晶体测力时所依据的压电效应,激光测速时所依据的多普勒效应等。一般来说,对应于任何一个信息,总可以找到多个与其对应的信号;反之,一个信号中往往也包含着许多信息。这种信息、信号表现形式的多样化给检测技术的发展提供了广阔的天地。对于一个量的测量,可通过若干种不同的测量原理来实现。发现与应用新的测量原理,从事相应传感器的开发研究是检测工程技术人员最富有创造性的工作,选择合适的、性价比高的测量原理也是检测工程技术人员最为日常的工作。要选择好的测量原理,必须充分了解被测量的物理化学特性、变化范围、性能要求、测量成本、设备条件和外界环境等,这要求检测工程技术人员的知识面广,有扎实的基础理论、专业知识和优良的实践动手能力及创新意识。

测量方法是指测量原理确定后,根据测量任务的具体要求所采用的不同策略,有电测法和非电测法、模拟量测量法和数字量测量法、单次测量法和多次测量法、等精度测量法和不等精度测量法、直接测量法和非直接测量法、偏差测量法和零位测量法等。确定了测量原理和测量方法,便可着手设计或选用各类装置组成测量系统,并对测量数据进行必要的整理加工、分析处理,得出符合客观实际的结论。

1.3　检测技术与检测系统的发展趋势

1. 检测技术的发展趋势

随着微电子技术、微处理器技术、信息处理技术、DSP 技术、通信技术、计算机科学技术和材料技术的飞速发展和不断变革,检测技术呈现出下列几种发展态势。

1) 高度集成化

传感器与测量电路互相分开,传输过程中电缆时常会受到干扰信号的影响,因此人们希望能把传感器与测量电路合并在一起。随着半导体技术的发展,硅压阻传感器在这方面已开始实现,近年来正在研究的一种物性型传感器,就是在半导体技术的基础上,进一步实现"材料、器件、电路、系统一体化"的新型仪表。物性型传感器利用某些固体材料的物性(机械特性、电特性、磁特性、热特性、光特性、化学特性)变化来实现信息的直接变换,也就是说,利用不同材料的物理、化学、生物效应做成器件,直接测量被测对象的信息。而且物性型传感器与电路制成一体,这样它与一般传感器相比,具有构造简单、体积小、无可动部件、反应快、灵敏度高、稳定性好等优点。

2) 非接触化

在检测过程中,把传感器置于被测对象上,就相当于在被测对象上加了负载,这样会影响测量的精度。此外,在进行某些检测时,例如测量高速旋转轴的振动、转矩等,很难在被测对象上安装传感器。因此,国际上都在研究非接触式测试技术,光电式传感器、电涡流式传感器、超声波仪表及同位素仪表都是在这个要求下发展起来的。微波技术原来是用于通信的,现在也被用来作为非接触式检测技术的一种手段。有关其他原理与方法的非接触式测量技术目前还在不断探索中。

3) 多参数融合化

随着检测技术的发展,人们对检测系统不再满足于对单一参数的测量,而是希望能实现对被测系统中的多个参数进行融合测量。即利用先进的测量技术,对被测系统中的多个参数进行单次测量,然后通过一定的算法对数据进行处理,分别得到各个参数。多传感器信息融合技术就因其立体化的多参数测量性能而广泛应用于军事、地质科学、机器人、智能交通、医学、工业等众多领域。

2. 检测系统的发展趋势

伴随着各种新技术的出现,在现代工业生产、仪器仪表高度自动化和信息管理现代化的过程中,大量以计算机为核心的、信息处理与过程检测相结合的实用检测系统相继问世。检测系统的发展趋势大致有下列几个特征。

1)综合化

电子测量仪器、自动化仪表、自动化检测系统、数据采集系统在过去分别属于不同的应用领域,并各自独立发展。然而,由于生产自动化的需求,它们在发展中相互靠近,功能相互覆盖,差异逐渐缩小,体现出一种信息流综合管理的特点。其综合的目的是提高人们对生产过程全面监视、检测、控制与管理等多方面的能力。与此同时,对检测技术本身提出了更高的技术要求,如高灵敏度、高精度、高分辨率、高响应性、高可靠性、高稳定性及高自动化性等,这就要求提高检测系统的综合设计性能,综合利用其内在规律,使其向功能更强和层次更高的方向发展。

2)智能化

现代检测系统或多或少地趋于智能化这个特点。所谓智能,是指随外界条件的变化具有确定正确行动的能力,即具有人的思维能力以及推理并做出决策的能力。智能化检测仪表或检测系统,可以在个别部件、局部或整体上具有智能特征。例如智能化检测仪表,它能在被检测参数变化时自动选择测量方案,进行自校正、自补偿、自检测、自诊断,还能进行远程设定、状态组合、信息存储、网格接入等,以获取最佳测试结果。为了更有效地利用被测量,在检测时往往需要附加一些分析与控制功能,如采用实时动态建模技术、在线辨识技术等,以获得实时最优和自适应特性。

3)系统化及标准化

现代检测任务更多地涉及系统的特征。所谓系统,是指相互间具有内在关联的若干个要素构成的一个整体,由系统来完成规定的功能,以达到某一特定的目的。因而在系统内部需要设立多台计算机,它们之间不是互不相干的,而是要构成相互联系的整体,这就形成了各种多计算机系统。多计算机系统即使是利用单台计算机进行集中管理,也要通过标准总线和各个部件发生联络。例如作为数据采集检测用的前端机或仪表,它需要与生产设备的主机、辅机合成一体,相互建立通信联系,有时还需要以一个车间、一个工厂作为系统的整体。由此形成了各种集散式、分布式数据采集系统,以适应系统开发、复杂工程及大系统的需要。在研究集散式与分布式系统时,要设计数据通信。在计算机网络技术及系统分层递阶控制技术等知识向系统化发展的同时,还涉及系统部件接口的标准化、系列化与模块化,以便搭建通用系统。

4)虚拟化

虚拟仪器(virtual instrument,VI)是随着计算机技术和现代测量技术的发展而产生的一种新型高科技产品,代表着当今仪器发展的新方向。虚拟仪器的概念是由美国国家仪器公司(National Instruments,NI)首先提出的,它是对传统仪器的重大突破。VI是利用现有的计算机,加上特殊设计的仪器硬件和专用软件,形成的既有普通仪器的基本功能,又有一般仪器所没有的特殊功能的新型计算机仪器系统。VI的主要工作是把传统仪器的控制面板移植到普通计算机上,利用计算机的资源实现相关的测控需求。由于VI技术给用户提供了一个充分发挥自己才能和想象力的空间,用户可以根据自己的需求来设计自己的仪器系统,从而满足了多种多样的应用要求。虚拟仪器具有极高的性价比,可广泛应用于试验、科研、生产、军工等的检测。

5）网络化

智能检测可以用一台计算机来实现,也可以由多台计算机来实现。尤其在计算机网络技术迅速发展和普及的今天,将一个智能检测系统接入计算机网络,无疑会进一步增强其功能和活力。检测系统网络通常包含两个层面:传感器网络与检测系统网络。前者是将现场总线系统技术和嵌入式技术应用到传感器当中,将众多的传感器组成一个局部网络;后者是将传统的以太网技术(或工业以太网技术)直接应用到检测系统中,实现批量数据的快速传递与共享。

习　题

1-1　什么是检测？检测技术研究的主要内容有哪些？

1-2　谈谈检测技术未来的发展趋势。

第②章 检测系统的基本特性

检测的主要目的是获得被测物理量的真实可信的测量值。一方面,对所获得的测量值有一个客观的评价,往往需要了解检测装置或检测系统的一些特性,如线性度、精确度、分辨力等指标;另一方面,由于检测装置与检测系统本身的特性是固定的,而被测量是多种形式的,且频率范围可能很大,会遇到被测量频率与检测装置或检测系统不匹配的问题,此时就会出现测量值失真的情况。为此,本章将介绍检测装置与检测系统的基本特性及不失真测量的条件。

2.1 检测系统概述

在科学实验和工程实践中,经常会遇到如何正确选择检测装置与检测系统的问题。实际的检测装置与检测系统的组成在繁简程度和中间环节上的差别可能很大,有的可能是一个完整的小仪表(例如数字温度计),有的则可能是一个由多路传感器和庞大的数据采集系统组成的系统,后者一般简称为检测系统,有时也可以称为检测装置。

在选用检测系统时,要综合考虑多种因素,如被测量的变化特点、精度要求,以及检测系统的测量范围、性价比等。其中,最主要的一个因素是检测系统的基本特性要能使其输入的被测量在精度要求范围内真实地反映出来。这样,才具备完成预定测量任务的基本条件。

检测系统的基本特性一般分为两类:静态特性和动态特性。这是因为被测量的变化特点大致可以分为两种情况:一种是被测量不变或极缓慢变化的情况,此时可定义一系列静态参数来表征检测系统的静态特性;另一种是被测量快速变化的情况,它要求检测系统的响应速度必须极快,此时可定义一系列动态参数来表征检测系统的动态特性。

通常的过程检测问题总是处理输入量或被测量 $x(t)$、检测系统的传输或转换特性 $h(t)$ 和输出量 $y(t)$ 这三者之间的关系,如图 2-1 所示,即:

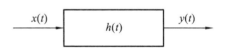

图 2-1 检测系统输入和输出

(1)如果检测系统的特性已知,通过对输出信号的观察分析,就能推断其相应的输入信号或被测量,这就是通常的测量;

(2)如果输入的信号已知,通过对输出信号的观察分析,就能推断出检测系统的特性,这就是通常的检测系统或检测仪器的标定过程;

(3)如果输入信号和检测系统的特性已知,则可推断和估计检测系统的输出量。

理想的测量应该是不失真地传递检测信号的过程。理想的检测系统应该具有单值的、确定的输入输出关系,其中以呈线性关系为最佳。在静态测量中,检测系统的这种线性关系是所希望的,但不是必需的,因为在静态测量中可用曲线校正或输出补偿技术作为非线性校正;在动态测量中,测量工作本身应该力求的是线性系统,这不仅因为目前只有线性系统才能做比较完善的数学处理与分析,而且因为目前在动态测量中做非线性校正还相当困难。一些实际检测系统不可能在较大的工作范围内完全保持线性,因此,只能在一定的工作范围内和在一定的误差允许范围内作为线性系统处理。

一般情况下,检测系统的静态特性与动态特性并不是互不相关的,静态特性也会影响到动态条件下的检测。例如,如果考虑检测系统中的死区、滞后等静态参数的影响,则列出的动态微分方程就是非线性的,这样求解就复杂化了。为了使问题简化,便于分析,通常把静态特性与动态特性分开处理,把造成非线性的因素作为静态特性处理,而在列动态方程时,忽略非线性因素,将动态方程简化为线性微分方程。

本章主要就一般检测系统的静态特性与动态特性,以及检测系统动态特性参数的测定方法做介绍。

2.2　检测系统的组成

尽管检测仪器、检测系统种类、型号繁多,用途与性能也千差万别,但它们都是被用作参量检测,用来获取有关参量的信息的,所以其组成通常以信号的流程来划分,一般可分为以下几个部分。

(1) 信号的摄取——传感器(变送器)。

(2) 信号的调理、转换——信号放大电路,滤波电路,A/D 转换、D/A 转换及其他转换电路等。

(3) 信号的处理——微处理器、单片机、微机等。

(4) 信号的显示——模拟显示器、数字显示器、屏幕显示器等。

(5) 信号记录——打印机、磁带记录仪、绘图仪等。

以上部分加上系统所必需的交、直流稳压电源和必要的输入设备,如开关、按钮、拨盘、键盘等便组成了一个完整的检测系统,如图 2-2 所示。

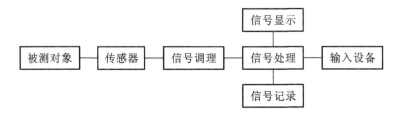

图 2-2　检测系统的组成

1. 传感器

传感器是检测系统与被测对象直接发生联系的部分,也被称为敏感元件、一次元件等。它的作用是感受被测量的变化,直接从被测对象中获取反映被测量变化的信息,并转换成一个相应的、便于显示或传递的输出信号。例如半导体应变片式传感器能把被测对象受力后微小的变形感应出来,通过一定的桥路转换成相应的电压信号输出,这样通过测量传感器输出电压便可知道被测对象的受力情况。传感器的输出是检测系统的信号源,它的质量直接影响检测系统的精度和其他指标,是检测系统中十分重要的环节。通常对传感器有如下要求。

1) 准确性

传感器的输出信号必须准确地反映其输入量,即被测量的变化。因此,传感器的输出与输入关系必须是严格的单值函数关系,即只有被测量的变化对传感器有作用,非被测量的变化对传感器则没有作用。真正做到这点十分困难,一般要求非被测参数对传感器的影响很小,可以忽略不计。

2）稳定性

稳定性是指传感器的输入与输出的单值函数关系不随时间和温度变化,且受外界其他因素的干扰影响很小,工艺上可准确地复现。

3）灵敏度

灵敏度即要求较小的输入量可得到较大的输出信号。

4）其他要求

其他要求有经济性、耐腐蚀性、低能耗等。

2. 信号调理

信号调理在检测系统中的作用是对传感器输出的微弱信号进行滤波、放大、线性化、传递和转换,以便于显示或供进一步处理。例如工程中常见的热电偶温度检测系统(仪表),其传感器输出信号(即热电偶电势)仅为 mV 级,且信号中往往夹杂着 50 Hz 工频等噪声电压,故后续电路通常包括滤波、放大、冷端补偿、线性化等环节。若是数字显示器,还应加上 A/D 转换环节,把模拟电压转换成数字信号。需要远传的话,通常采取 D/A 转换后,再转换成标准的 4~20 mA 或 0~10 mA 信号远传。检测系统种类繁多,复杂程度差异很大,信号的形式也多种多样,各系统的精度、性能指标要求各不相同,它们所配置的信号调理电路也不尽一致。对信号调理电路的一般要求是:能准确、稳定、可靠地传输、放大和转换信号,抗干扰性能要好。

3. 信号处理

检测仪表与检测系统种类繁多,用户对仪表和系统的要求也各式各样,因此对于检测信号的处理环节来说,只要能满足用户对信号处理的要求,则是愈简单、愈可靠、成本愈低愈好。对一些简单的检测系统,用户只要求被测量不要超过某一上限值,一旦越限,送出声(扬声器或蜂鸣器)或光(指示灯)信号即可。这种系统的信号处理电路只需设置一个比较电路(也称比较器),一端为被测信号,另一端为表示上限值的固定电平。当被测信号电平小于设定的固定电平时,声或光报警器不动作;一旦被测信号电平大于设定的固定电平,比较器翻转,经功率放大器驱动扬声器或指示灯工作。这种信号处理电路很简单,只要一片集成比较器芯片和几个分立元件就可构成。但对于如加热处理炉的炉温检测控制系统来说,其信号处理电路将大大复杂化,因为用户不仅要求检测系统高精度地实时测量炉温,而且需要系统根据热处理工件的热处理工艺制订的时间-温度曲线进行实时控制(调节)。类似这种检测系统,其信号处理任务均需要有以单片机、微处理器为核心的处理功能板(模块)支持。

由于微处理器、单片机和大规模集成电路技术的迅速发展和这类芯片价格的不断降低,对稍微复杂一点的检测系统(仪器)都应采用微处理器或单片机,从而使所设计的检测系统具有较高的性能价格比。

4. 信号显示

通常人们都希望知道被测量的瞬时值、累积值或其随时间的变化情况。因此,一般的检测系统均有各种形式的显示器或记录设备,或两者兼而有之。显示器和记录设备是检测系统与人联系的主要环节之一。显示器一般可分为指示显示器、数字显示器和屏幕显示器三种。

1）指示显示器

指示显示器又称模拟显示器,被测量数值大小由指示器或指针在标尺上的相对位置来表示。指示显示器结构简单、价格低廉、显示直观,一直被广泛应用。有的指示显示器还带记录机构,以曲线形式给出被测量随时间变化的数据,但这种指示显示器的读数精度和灵敏度等受标尺分度值的限制,且读数会引入主观误差。

2)数字显示器

数字显示器直接以数字形式给出被测量的数值大小,可以附加打印设备,打印出数据。数字显示器减少了读数的主观误差,提高了读数的精度,还能方便地与计算机连用。这种显示器正越来越多地被采用。

3)屏幕显示器

屏幕显示器结合了上述两种显示器的优点,具有形象性和易于读数的优点,又能同时在屏幕上显示一个被测量或多个被测量的大量数据,有利于对它们进行比较分析。

5. 信号记录

检测系统常用的信号记录设备有以下几种。

1)打印机

打印机型号繁多,体积和性能差异很大,通常根据需要选用定型的(作为产品批量生产的)打印机,作为检测系统的外部记录设备配合工作。检测系统安排有相应的硬件接口和软件驱动程序。

2)磁带记录仪

用盒式录音机或磁带机作为检测系统外部记录设备,经转换的信息进入录音机或磁带机,存储在磁带上。

3)绘图仪

绘图仪形式、型号多样,有的需要模拟信号驱动,有的只能接收数字信号,有的模拟信号和数字信号可任选,选用时要仔细阅读说明书。

6. 输入设备

输入设备是操作人员和检测系统联系的另一主要环节,用于输入参数、下达有关命令等。最常用的输入设备是各种键盘、拨码盘等,也有通过磁带机、录音机接口输入信息和数据的。最简单的输入设备是各种开关、按钮等。模拟量的输入控制往往需要借助电位器进行。

7. 电源

一个检测系统往往既有模拟电路部分又有数字电路部分,因此需要多组要求各异的稳定电源。这些电源在检测系统使用现场一般无法直接提供,现场一般只能提供 AC 220 V 工频电源或 DC 24 V 电源。检测系统的设计者需要根据使用现场的供电电源情况及检测系统内部的实际需要,统一设计各组电源,供系统各部分使用。

另外,在进行检测系统设计时,与以上各环节具体相连的传输通道的设计也很重要。传输通道的作用是联系系统的各环节,并给它们的输入、输出信号提供通路。传输通道可以是导线、管路(如光导纤维)及信号所通过的空间等。信号传输通道比较简单,易被人所忽视,如果不按规定的要求布置及选择,则易造成信号的损失、失真及引入干扰等。例如,微量成分分析时,如管路选择不当,会造成信号的大量损失。又如传输电信号时,若传输导线阻抗不匹配,则可能导致检测系统的灵敏度降低、电信号失真等。

 ## 2.3 检测系统的静态特性

2.3.1 静态特性的性能指标

静态检测是指测量时检测系统的输入、输出信号不随时间变化或变化很缓慢。静态检测时,系统所表现出的响应特性称为静态响应特性,简称静态特性。通常用来描述静态响应特性的性能指标有测量范围、灵敏度、非线性度、回程误差、稳定度、漂移、重复性、分辨力和精度等。一般用标定曲线来评定检测系统的静态特性。理想的线性装置的标定曲线是直线,而实际检测系统的标定曲线并非如此。通常采用静态测量的方法求取输入输出关系曲线作为标定曲线,多数情况下还需要按最小二乘法原理求出标定曲线的拟合直线。

1. 测量范围

测量范围是指检测系统能正常测量的最小输入量和最大输入量之间的范围。

2. 灵敏度

灵敏度 S 是指输出的增量 Δy 与输入的增量 Δx 之比,即

$$S = \frac{\Delta y}{\Delta x} \qquad (2-1)$$

线性系统的灵敏度 S 为常数,即输入输出关系直线的斜率,斜率越大,灵敏度就越高。非线性系统的灵敏度 S 是变量,是输入输出关系曲线的斜率,输入量不同,灵敏度就不同,通常用拟合直线的斜率表示非线性系统的平均灵敏度,如图 2-3 所示。要注意,灵敏度越高,就越容易受外界干扰的影响,系统的稳定性就越差,测量范围相应地就越小。

3. 非线性度

如图 2-4 所示,标定曲线与拟合直线的偏离程度就是非线性度。如果在全量程 y_{FS} 输出范围内,标定曲线偏离拟合直线的最大偏差为 $\Delta L_{\max}$,则定义非线性度为

$$非线性度 = \frac{\Delta L_{\max}}{y_{FS}} \times 100\% \qquad (2-2)$$

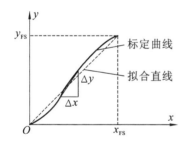

图 2-3　非线性系统的灵敏度

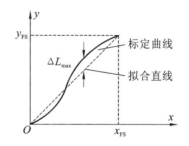

图 2-4　非线性度

4. 回程误差

如图 2-5 所示,回程误差也称为滞后或变差。实际测量系统在相同的测量条件下,当输入量由小增大(或由大减小)时,对于同一输入量所得到的两个输出量存在差值,则定义回程误差为

$$回程误差 = \frac{\Delta h_{\max}}{y_{FS}} \times 100\% \qquad (2-3)$$

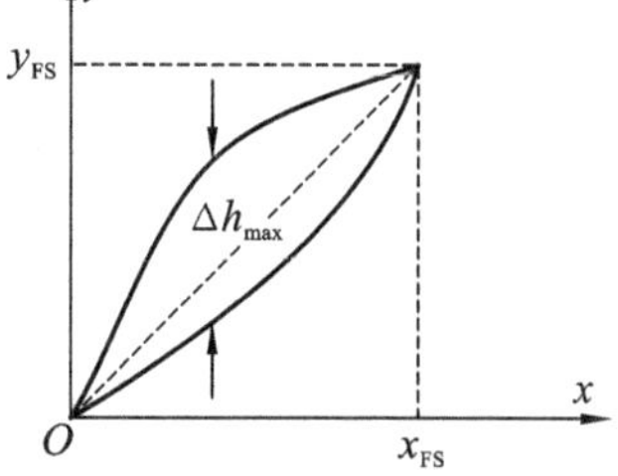

图 2-5　回程误差

5. 稳定度

稳定度通常是相对于时间而言的,指检测系统在规定的条件下保持其测量特性恒定不变的能力。

6. 漂移

漂移是指在外界干扰下,在一定时间间隔内,输出量发生与输入量无关的、不需要的变

化。漂移包括零点漂移和灵敏度漂移等。零点漂移或灵敏度漂移又可分为时间漂移和温度漂移。时间漂移是指在规定的条件下,零点或灵敏度随时间的缓慢变化。温度漂移是指环境温度变化而引起的零点或灵敏度的变化。

7. 重复性

重复性表示检测系统在输入量按同一方向做全量程多次测试时,所得的输出特性曲线

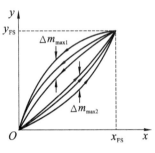

图 2-6 重复性

不一致性的程度,如图 2-6 所示。多次按相同输入条件测试得到的输出特性曲线越重合,其重复性越好,误差越小。检测系统输出特性的不重复性主要因检测系统机械部分的磨损、间隙、松动,部件的内摩擦、积尘以及辅助电路老化和漂移等原因产生。

重复性一般采用下列的极限误差式表示

$$E_x = \pm \frac{\Delta m_{\max}}{y_{FS}} \times 100\% \qquad (2-4)$$

式中,$\Delta m_{\max}$ 为输出最大不重复误差,y_{FS} 为满量程输出值。

8. 分辨力

分辨力用来表示检测系统或检测装置能够检测被测量最小变化量的能力,通常以最小量程的单位值来表示。当被测量的变化值小于分辨力时,检测系统对输入量的变化无任何反应。例如,电压表的分辨力是 $10\ \mu V$,即能检测的最小电压为 $10\ \mu V$,当电压增加 $7\ \mu V$ 或 $8\ \mu V$ 时,电压表不会有任何反应。

9. 精度

精度指标有 3 个:精密度、正确度和精确度。

1)精密度 δ

精密度即对某一稳定的对象(被测量)由同一测量者用同一检测系统和测量仪表在相当短的时间内连续重复测量多次(等精度测量),其测量结果的分散程度。精密度说明测量结果的分散性,δ 越小说明测量越精密(对应随机误差)。

2)正确度 ε

正确度说明测量结果偏离真值的程度,即示值有规则偏离真值的程度,也即所测值与真值的符合程度(对应系统误差)。

3)精确度 τ

精确度含有精密度与正确度二者之和的意思,即测量的综合优良程度。在最简单的场合下可取精密度与正确度二者的代数和,即 $\tau = \delta + \varepsilon$。通常精确度是以测量误差的相对值来表示的。

在工程应用中,为了简单表示测量结果的可靠程度,引入了一个精确度等级的概念,用 A 来表示。检测系统与测量仪表精确度等级 A 以一系列标准百分数值(0.01,0.02,0.05,…,1.5,2.5,4.0,5.0)进行分档。这些数值是检测系统和测量仪表在规定条件下,其允许的最大绝对误差值相对于其测量范围的百分数。精确度等级可以用下式表示

$$A = \frac{\Delta A}{y_{FS}} \times 100\% \qquad (2-5)$$

式中,A 为检测系统的精确度等级,ΔA 为测量范围内允许的最大绝对误差,y_{FS} 为满量程输出值。

检测系统设计和出厂检验时,其精确度等级代表的误差指检测系统测量的最大允许误差。

2.3.2　检测系统的静态标定

为了使测量结果具有普遍的科学意义,检测系统应当是经过检定的。标定根据输入到检测系统中的已知量是静态量还是动态量,分为静态标定和动态标定,本节讨论静态标定。具体来讲,静态标定就是将原始基准器,或比被标定系统准确度高的各级标准器,或已知输入源作用于检测系统,得出检测系统的激励-响应关系的实验操作。对检测系统进行标定时,一般应在全程范围内均匀地选取 5 个或 5 个以上的标定点(包括零点),从零点开始,由低至高,逐次输入预定的标定值,此称标定的正行程;然后再倒序由高至低依次输入预定的标定值,直至返回零点,此称标定的反行程。按要求将以上操作重复若干次,记录下相应的响应-激励关系。

标定的主要作用如下。

(1) 确定检测系统或仪器的输入与输出关系,赋予检测系统或仪器分度值。

(2) 确定检测系统或仪器的静态特性指标。

(3) 消除系统误差,改善检测系统或仪器的正确度。

在科学检测中,标定是一个不容忽视的重要步骤,通过标定可得到检测系统的响应值 y_i 和激励值 x_i 之间的一一对应关系,称为检测系统的静态特性。静态特性可以用一条曲线来表示,该曲线称为检测系统的静态特性曲线,有时称为静态校准曲线或静态标定曲线。从标定过程可知,检测系统的静态特性曲线可相应地分为正行程特性曲线、反行程特性曲线和平均特性曲线,一般都以平均特性曲线作为检测系统的静态特性曲线。

理想的情况是检测系统的响应和激励之间有线性关系,这时数据处理最简单,并且可与动态检测相衔接。因为线性系统遵循叠加原理和频率不变性原理,在动态测量中不会改变响应信号的频率结构而造成波形失真。然而,由于原理、材料、制作上的种种客观原因,检测系统的静态特性不可能是严格线性的。如果在检测系统的特性方程中,非线性项的影响不大,实际静态特性接近直线关系,则常用一条参考直线来代替实际的静态特性曲线,近似表示响应-激励关系,有时也将此参考直线称为检测系统的工作直线。如果检测系统的实际特性和直线关系相差甚远,则常限制测量的量程,以确保系统在线性范围内工作,或者在仪器的结构或电路上采取线性化补偿措施,如设计非线性放大器或采取软件非线性修正等补偿措施。

选用什么样的直线作为参考直线,常用的方案有如下几种。

(1) 端点直线。将静态特性曲线上对应于量程上、下限的两点的连线作为工作直线。

(2) 端点平移线。平行于端点连线,且与实际静态特性(常取平均特性为准)的最大正偏差和最大负偏差的绝对值相等的直线。

(3) 最小二乘直线。直线方程的形式为 $y = a + bx$,且各个标定点 (x_i, y_i) 偏差的平方和 $\sum_{i=1}^{n} [y_i - (a + bx_i)]^2$ 最小的直线。式中 a, b 为回归系数,具有物理意义。

(4) 过零最小二乘直线。直线方程的形式为 $y = bx$,且各个标定点 (x_i, y_i) 偏差的平方和 $\sum_{i=1}^{n} (y_i - bx_i)^2$ 最小的直线。

2.3.3　静态特性的测试

对于大多数的检测系统或装置来说,采用根据理论进行推导的方法是很难准确地得出检测系统特性参数和性能指标的。实践中,常通过试验测试的方法来获得实际检测系统的特性参数和性能指标。主要方法是在检测系统的输入端输入一系列已知的标准量,记录对应的输出量,输入的标准量值一般应考虑均分并达到检测系统的量程范围,标定点数视具体检测系统和精度等实际应用情况的要求而定,一般需要 5 点以上,每点应该重复多次试验并取平均值。根据记录的数据作出检测系统的静态特性曲线,由这条曲线可以获得检测系统零点、灵敏度、非线性度等重要的静态特性参数以及性能指标。这种方法简便易行,用得也最多。该方法较简单,这里不再多说。

然而,当检测系统用于测量动态信号时,只了解静态特性就不够了。

2.4 检测系统的动态特性

对于动态信号检测,理想情况下,检测系统在输入量改变时,其输出量能立即随之不失真地改变。在实际检测过程中,如果检测系统选用不当,输出量不能良好地追随输入量的快速变化,则会导致较大的测量误差,因此研究检测系统的动态响应特性(简称动态特性)有着十分重要的意义。检测系统的动态响应特性一般通过描述检测系统的微分方程、传递函数、频率响应函数、单位脉冲响应函数等数学模型来进行研究。

2.4.1 微分方程

检测系统用于动态测量时,输入 $x(t)$ 与输出 $y(t)$ 均随时间变化,其关系可用式(2-6)所示的微分方程描述,即

$$a_n \frac{\mathrm{d}^n y(t)}{\mathrm{d}t^n} + a_{n-1} \frac{\mathrm{d}^{n-1} y(t)}{\mathrm{d}t^{n-1}} + \cdots + a_1 \frac{\mathrm{d}y(t)}{\mathrm{d}t} + a_0 y(t)$$
$$= b_m \frac{\mathrm{d}^m x(t)}{\mathrm{d}t^m} + b_{m-1} \frac{\mathrm{d}^{m-1} x(t)}{\mathrm{d}t^{m-1}} + \cdots + b_1 \frac{\mathrm{d}x(t)}{\mathrm{d}t} + b_0 x(t) \tag{2-6}$$

式中,t 为时间变量;$a_n, a_{n-1}, \cdots, a_1, a_0$ 和 $b_m, b_{m-1}, \cdots, b_1, b_0$ 均为常数。此系统为线性定常系统。

2.4.2 传递函数

虽然微分方程中含有描述检测系统的动态响应特性的信息,但使用时不是很方便,所以描述检测系统的动态特性常常采用传递函数。

1. 传递函数的定义

零初始条件下,线性定常系统输出量的拉氏变换和输入量的拉氏变换之比称为系统传递函数,用 $G(s)$ 表示。在零初始条件下,对式(2-6)两边同时做拉氏变换,则有

$$[a_n s^n + a_{n-1} s^{n-1} + \cdots + a_1 s + a_0] Y(s) = [b_m s^m + b_{m-1} s^{m-1} + \cdots + b_1 s + b_0] X(s)$$

故有

$$G(s) = \frac{Y(s)}{X(s)} = \frac{b_m s^m + b_{m-1} s^{m-1} + \cdots + b_1 s + b_0}{a_n s^n + a_{n-1} s^{n-1} + \cdots + a_1 s + a_0} \tag{2-7}$$

2. 传递函数的特点

(1)传递函数表示了系统本身的动态特性,与输入量的大小及性质无关。对于具体的系统,其传递函数不因输入量的变化而不同,对任何一个输入量都有确定的输出。

(2)传递函数不拘泥于被描述系统的物理结构,而只反映其动态特性。不同的物理系统可以用相同的传递函数来描述,这种系统称为相似系统。

(3)传递函数可以有量纲,也可以无量纲。

(4)传递函数是复变量 s 的有理分式。对于实际系统,分子阶次 m 小于分母阶次 n,分母最高阶次 n 为输出量最高阶导数的阶次,也确定了系统的阶次,该系统定义为 n 阶系统。

3. 常见检测系统的传递函数

1）一阶检测系统的传递函数

$$G(s) = \frac{Y(s)}{X(s)} = \frac{1}{\tau s + 1} \tag{2-8}$$

式中，τ 为时间常数，单位为秒。

■**例 2-1** 液柱式水银温度计如图 2-7 所示，设 $x(t)$ 为被测环境温度，$y(t)$ 为示值温度，C 表示热容量，R 表示热阻，由热力学方程有

$$\frac{x(t) - y(t)}{R} = C\frac{\mathrm{d}y(t)}{\mathrm{d}t}$$

令 $\tau = RC$，将上式两边同时做拉氏变换，整理得

$$G(s) = \frac{Y(s)}{X(s)} = \frac{1}{\tau s + 1}$$

2）二阶检测系统的传递函数

$$G(s) = \frac{k\omega_n^2}{s^2 + 2\xi\omega_n s + \omega_n^2} \tag{2-9}$$

式中，k 为系统的敏感度，ξ 为系统的阻尼比，ω_n 为系统的无阻尼固有频率。

■**例 2-2** RLC 振荡电路如图 2-8 所示，输入为 u_i，输出为 u_o。根据电路基本定律，有

$$u_i(t) = L\frac{\mathrm{d}i(t)}{\mathrm{d}t} + Ri(t) + u_o(t)$$

$$i(t) = C\frac{\mathrm{d}u_o(t)}{\mathrm{d}t}$$

将上式两边同时做拉氏变换，并消去中间变量 $I(s)$，得系统的传递函数为

$$G(s) = \frac{U_o(s)}{U_i(s)} = \frac{1}{LCs^2 + RCs + 1}$$

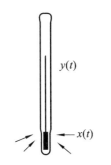

图 2-7 液柱式水银温度计

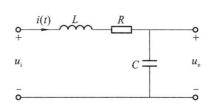

图 2-8 RLC 振荡电路

2.4.3 频率响应函数

根据线性定常系统的同频性，如果输入信号为 $x(t) = X_0\mathrm{e}^{\mathrm{j}\omega t}$，则输出信号为 $y(t) = Y_0\mathrm{e}^{\mathrm{j}(\omega t + \varphi)}$，代入式（2-6），可得

$$y(t) = H(\mathrm{j}\omega)x(t) \tag{2-10}$$

其中，$H(\mathrm{j}\omega) = \dfrac{b_m\,(\mathrm{j}\omega)^m + b_{m-1}(\mathrm{j}\omega)^{m-1} + \cdots + b_1\mathrm{j}\omega + b_0}{a_n\,(\mathrm{j}\omega)^n + a_{n-1}(\mathrm{j}\omega)^{n-1} + \cdots + a_1\mathrm{j}\omega + a_0}$，称为检测系统的频率响应函数，即

$$H(\mathrm{j}\omega) = \frac{y(t)}{x(t)} = |H(\mathrm{j}\omega)|\,\mathrm{e}^{\mathrm{j}\angle H(\mathrm{j}\omega)} \tag{2-11}$$

式中，$|H(\mathrm{j}\omega)| = \dfrac{Y_0}{X_0}$ 是频率响应函数的模，为 ω 的函数，也是动态检测系统的灵敏度，随着

频率的变化而变化,故称为幅频特性,与静态测量中的灵敏度有显著的区别;$\angle H(j\omega)$为频率响应函数的相角(也称相位),它表示检测系统输出信号相位相对于输入信号初始相位的迁移量,也是ω的函数,所以称为相频特性。

以下为常见系统的频率响应函数。

1. 一阶系统的频率响应函数

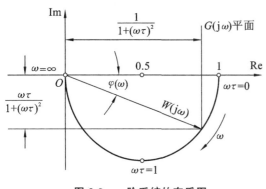

图 2-9 一阶系统的奈氏图

$$H(j\omega)=\frac{1}{1+j\omega\tau} \qquad (2\text{-}12)$$

其幅频特性与相频特性分别为

$$A(\omega)=\frac{1}{\sqrt{1+(\omega\tau)^2}} \qquad (2\text{-}13)$$

$$\varphi(\omega)=-\arctan\omega\tau \qquad (2\text{-}14)$$

式中,负号表示输出信号滞后于输入信号。

一阶系统的奈氏图和伯德图分别如图 2-9 和图 2-10 所示,一阶系统的幅频特性曲线和相频特性曲线如图 2-11 所示。

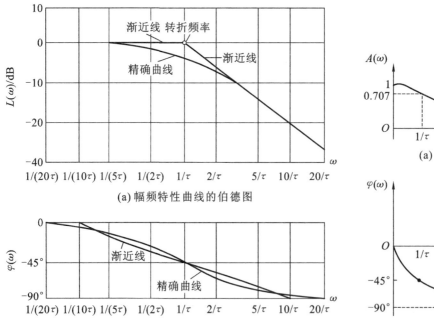

(a) 幅频特性曲线的伯德图

(b) 相频特性曲线的伯德图

图 2-10 一阶系统的伯德图

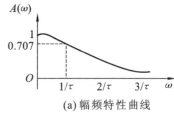

(a) 幅频特性曲线

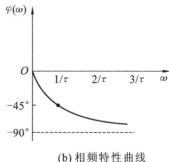

(b) 相频特性曲线

图 2-11 一阶系统的幅频特性曲线和相频特性曲线

由图 2-11(a)可见,一阶系统的幅频特性曲线随着ω的增加单调减小,且衰减很快,所以一阶系统具有低通滤波的特性。对于一阶系统特性,应特别注意以下几点。

(1)当激励频率远小于$1/\tau$时,输出与输入的幅值几乎相等,$A(\omega)$接近 1;当$\omega\tau\gg1$时,$H(j\omega)=\frac{1}{j\omega\tau}$,系统相当于一个积分器,其中$A(\omega)$几乎与激励频率成反比,相位滞后近 90°。故一阶系统适合测试缓变或低频的被测量。

(2)时间常数τ是反映一阶系统特性的重要参数,其值决定系统适用的频率范围。

2. 二阶系统的频率响应函数

由二阶系统的传递函数 $G(s) = \dfrac{k\omega_n^2}{s^2 + 2\xi\omega_n s + \omega_n^2}$，可得二阶系统的频率响应函数为

$$H(j\omega) = \frac{\omega_n^2}{(\omega_n^2 - \omega^2) - j2\omega\xi\omega_n} \tag{2-15}$$

相应的幅频特性和相频特性分别为

$$A(\omega) = \frac{1}{\sqrt{\left[1 - \left(\dfrac{\omega}{\omega_n}\right)^2\right]^2 + 4\xi^2\left(\dfrac{\omega}{\omega_n}\right)^2}} \tag{2-16}$$

$$\varphi(\omega) = -\arctan\frac{2\xi\left(\dfrac{\omega}{\omega_n}\right)}{1 - \left(\dfrac{\omega}{\omega_n}\right)^2} \tag{2-17}$$

相应的伯德图如图 2-12 所示。

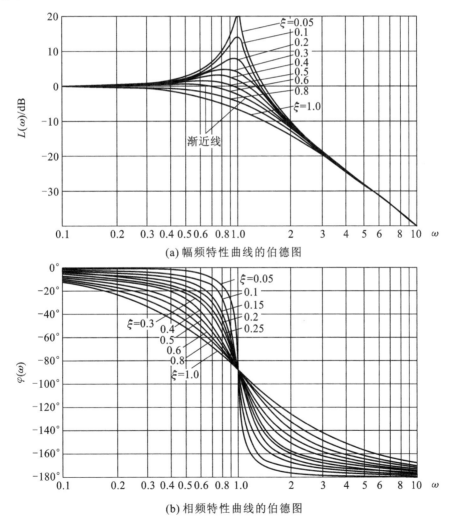

(a) 幅频特性曲线的伯德图

(b) 相频特性曲线的伯德图

图 2-12　二阶系统的伯德图

二阶系统具有以下特点。

（1）当 $\omega \ll \omega_n$ 时，$A(\omega) \approx 1$；当 $\omega \gg \omega_n$ 时，$A(\omega) \approx 0$。

（2）影响二阶系统动态特性的参数是固有频率和阻尼比。系统固有频率 ω_n 的选择应以工作频率范围为依据。在 $\omega = \omega_n$ 附近，系统幅频特性受阻尼比影响极大。$\omega \approx \omega_n$ 时，系统发生共振，实际测量时应该避免此情况。此时，$A(\omega) = \dfrac{1}{2\xi}$，$\varphi(\omega) = -90°$ 在测定系统本身参数时，有重要的意义。

（3）在 $\omega \ll \omega_n$ 段，$\varphi(\omega)$ 很小，且和频率近似成正比增加；在 $\omega \gg \omega_n$ 段，$\varphi(\omega)$ 趋近于 $180°$，即输出信号几乎和输入信号反相。在 ω 趋近 ω_n 区间，$\varphi(\omega)$ 随频率的变化而剧烈变化，而且 ξ 越小，变化越剧烈。

（4）二阶系统是一个振荡环节。

从检测工作的角度来看，总希望检测系统在较宽的频带内由于频率特性不理想所引起的误差尽可能地小。因此，要选择恰当的固有频率和阻尼比的组合，以获得较小的误差。

2.4.4 动态特性的测试

用于确定动态特性参数的方法较多，现将常用的两种方法分述如下。

1. 用频率响应法求检测系统的动态特性

用频率响应法求检测系统的动态特性就是通过对被测系统输入稳态正弦激励，对输出进行测试，从而求得其动态特性。具体做法是对系统施以稳幅正弦信号激励，即 $x(t) = X_0 \sin \omega t$，在输出达到稳态后测量输出与输入的幅值比和相角差。逐点改变输入信号的频率 ω 并始终保持 X_0 为某一定值，即可得到幅频特性曲线和相频特性曲线。

对于一阶系统，动态参数是时间常数 τ，可以通过试验作出的幅频特性曲线或相频特性曲线直接确定 τ 值，如图 2-13 所示。

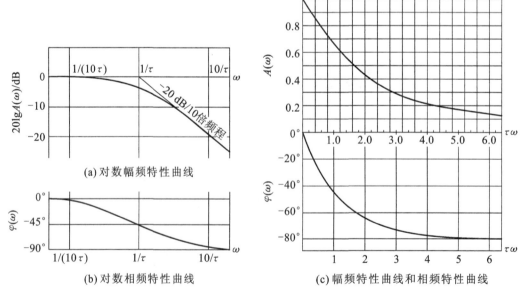

(a) 对数幅频特性曲线

(b) 对数相频特性曲线

(c) 幅频特性曲线和相频特性曲线

图 2-13 一阶系统频率特性

对于二阶系统，可以从相频特性曲线直接估计其动态参数——固有频率 ω_n 和阻尼比 ξ。在 $\omega = \omega_n$ 处，输出与输入的相角滞后为 $90°$，该点斜率直接反映了阻尼比的大小。但是一般说来，准确的相角测量比较困难，所以一般通过幅频特性曲线估计其动态参数。大多数检测

系统是欠阻尼系统($\xi < 0.707$)。根据理论分析有

$$\omega_1 = \omega_n \sqrt{1 - 2\xi^2} \tag{2-18}$$

这表明对于有阻尼系统,幅频响应的峰值不在固有频率 ω_n 处,而是在稍微偏离 ω_n 的 ω_1 处,如图 2-14 所示,而且最大共振峰值为

$$A(\omega_1) = \frac{1}{2\xi\sqrt{1 - 2\xi^2}} \tag{2-19}$$

是阻尼比的单值函数。

2. 用阶跃响应法求检测系统的动态特性

一阶系统特性参数的阶跃响应求取法如下。

对于一阶环节的微分方程 $\tau \dfrac{\mathrm{d}y(t)}{\mathrm{d}t} + y(t) = Kx(t)$,其解为

$$y(t) = Kx(t)(1 - e^{-t/\tau})$$

当 $t = \tau$ 时,$y(t) = 0.632Kx(t)$;当 $t = \infty$ 时 $y(t) = Kx(t)$。

如果输入的是单位阶跃信号,即 $x(t) = 1$,且令放大倍数 $K = 1$,则

$$y(t) = 1 - e^{-t/\tau} \tag{2-20}$$

简单来说,只要测得一阶环节的阶跃响应曲线,就可以取该输出值 $y(t)$ 达到最终稳态值的 63.2% 所经过的时间作为时间常数 τ,即所谓的 0.632 法,如图 2-15 所示。不过这样求取的时间常数值因为未涉及响应的全过程,而仅取决于个别的瞬时值,所以可靠性不高。

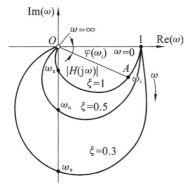

图 2-14 二阶系统的奈氏图

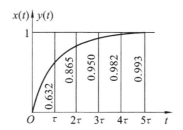

图 2-15 一阶环节的阶跃响应曲线

如改用下述的直线法确定时间常数,则可以获得较可靠的结果。现以一阶系统的单位阶跃响应函数为例说明如下。

对式(2-20)改写后得

$$e^{-t/\tau} = 1 - y(t) \tag{2-21}$$

两边取对数,就有

$$-\frac{t}{\tau} = \ln[1 - y(t)] \tag{2-22}$$

令

$$z = \ln[1 - y(t)] \tag{2-23}$$

则有

$$z = -\frac{t}{\tau}$$

进而求得时间常数

$$\tau = -\frac{t}{z} \tag{2-24}$$

式(2-23)表明 z 和 t 呈线性关系。因此可以根据测得的响应曲线上不同的 t 所对应的 $y(t)$ 值,根据式(2-24)作出 z-t 曲线,并根据其斜率值求取时间常数 τ,如图 2-16 所示。显然,由于这种方法考虑了瞬态响应的全过程,所以获得的 τ 值的准确度有了明显的提高。另外,根据所作曲线和直线的偏离情况,也可判定所研究的实际环节和标准一阶环节的符合程度。

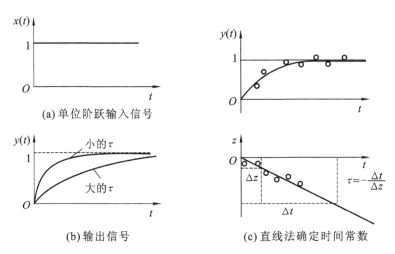

图 2-16　求取一阶系统的时间常数

2.5　检测系统不失真测量条件

设有一个检测系统,其输出 $y(t)$ 和输入 $x(t)$ 满足下列关系

$$y(t) = A_0 x(t - t_0) \tag{2-25}$$

其中,A_0 和 t_0 都是常数。

此式表明这个系统输出的波形和输入的波形精确地一致,只是幅值(或者说每个瞬时值)放大了 A_0 倍和在时间上延迟了 t_0 而已(见图 2-17)。在这种情况下,检测系统被认为具有不失真测量的特性。

现根据上式来考察检测系统实现不失真测量的频率特性。对该式做傅立叶变换,则

$$Y(\omega) = A_0 e^{-j\omega t_0} X(\omega)$$

若考虑当 $t < 0$ 时,$x(t) = 0$,$y(t) = 0$,于是有

$$H(\omega) = A(\omega) e^{j\varphi(\omega)} = \frac{Y(\omega)}{X(\omega)} = A_0 e^{-j\omega t_0}$$

可见,若要求系统输出波形不失真,则其幅频特性和相频特性应分别满足

$$A(\omega) = A_0 = 常数 \tag{2-26}$$

$$\varphi(\omega) = -t_0 \omega \tag{2-27}$$

$A(\omega)$ 不等于常数时所引起的失真称为幅值失真,$\varphi(\omega)$ 与 ω 之间的非线性关系所引起的失真称为相位失真。

应当指出,满足式(2-26)和式(2-27)所示的条件后,系统的输出仍滞后于输入一定的时间。如果测量的目的只是精确地测量出输入波形,那么上述条件完全满足不失真测量的要

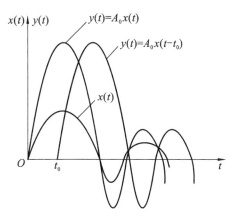

求;如果测量的结果要用来作为反馈控制信号,那么还应注意到输出对输入的时间滞后有可能破坏系统的稳定性,这时应根据具体要求,力求减小时间滞后。

　　实际检测系统不可能在非常宽的频率范围内都满足式(2-26)和式(2-27)的要求,所以通常检测系统既会产生幅值失真,也会产生相位失真。图 2-18 表示四个不同频率的信号通过一个具有图中 $A(\omega)$ 和 $\varphi(\omega)$ 特性的系统后的输出信号。四个输入信号都是正弦信号(包括直流信号),在某参考时刻 $t=0$,初始相角均为零。图中形象地显示出输出信号相对于输入信号有不同的幅值增益和相位滞后。对于单一频率成分的信号,因为通常线性系统具有频率保持性,只要其幅值未进入非线性区,输出信号的频率也是单一的,也就无所谓失真问题;对于含有多种频率成分的信号,显然

图 2-17　波形不失真复现

既引起幅值失真,又引起相位失真,特别是频率成分跨越 ω_{n} 前后的信号失真尤为严重。

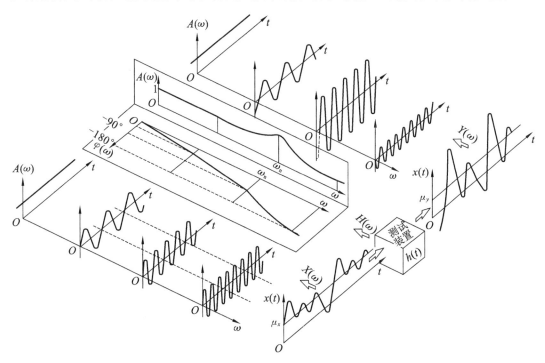

图 2-18　不同频率的信号通过检测系统后的输出

　　对于实际检测系统,即使在某一频率范围内工作,也难以完全理想地实现不失真测量。人们只能努力把波形失真限制在一定的误差范围内。为此,首先要选用合适的检测系统,在测量频率范围内,其幅频、相频特性接近不失真测量条件;其次,对输入信号做必要的前置处理,及时滤去非信号频带内的噪声,尤其要防止某些频率位于检测系统共振区的噪声的进入。

　　在检测系统特性的选择上也应分析并权衡幅值失真、相位失真对测量的影响。例如在振动测量中,有时只要求了解振动中的频率成分及其强度,并不关心其确切的波形变化,只

要求了解其幅值谱而对相位谱无要求,这时首先要注意的应是检测系统的幅频特性;又如某些测量要求测得特定波形的延迟时间,这时对检测系统的相频特性就应有严格的要求,以减小相位失真引起的测量误差。

从实现不失真测量条件和其他工作性能综合来看,对于一阶系统而言,时间常数 τ 越小,则系统的响应越快,接近于满足不失真测量条件的频带也越宽。所以一阶系统的时间常数 τ 原则上越小越好。

对于二阶系统,其特性曲线上有两个频段值得注意。在 $\omega < 0.3\omega_n$ 范围内,$\varphi(\omega)$ 的数值较小,且 $\varphi(\omega)$-ω 特性曲线接近直线。$A(\omega)$ 在该频率范围内的变化不超过 10%,若用于测量,则波形输出失真很小。在 $\omega = (2.5 \sim 3)\omega_n$ 范围内,$\varphi(\omega)$ 接近 $180°$,且随 ω 变化很小。此时如果在实际测量电路中或数据处理中减去固定相位差或者把测量信号反相 $180°$,则其相频特性基本上满足不失真测量条件。但是此时幅频特性 $A(\omega)$ 太小,输出幅值也太小。

若二阶系统输入信号的频率 ω 在 $(0.3 \sim 2.5)\omega_n$ 区间内,系统的频率特性受 ξ 的影响很大,需做具体分析。

一般来说,在 $\xi = 0.6 \sim 0.8$ 时,可以获得较为合适的综合特性。计算表明,对于二阶系统,当 $\xi = 0.70$ 时,在 $0 \sim 0.58\omega_n$ 的频率范围内,幅频特性 $A(\omega)$ 的变化不超过 5%,同时相频特性 $\varphi(\omega)$ 也接近于直线,因而所产生的相位失真很小。

检测系统中,任何一个环节产生的波形失真,都会引起整个系统最终输出波形的失真。虽然各环节失真对最后波形失真的影响程度不一样,但是原则上在信号频带内应使每个环节基本上满足不失真测量的要求。

习　题

2-1　简述检测系统的组成。

2-2　简述对检测装置标定的目的及方法。

2-3　检测系统特性的主要参数有哪些? 它们是如何定义的?

2-4　什么是检测系统的静态特性? 它的主要指标有哪些?

2-5　某一检测系统,其一阶动态特性用微分方程表述为 $30\dfrac{\mathrm{d}y}{\mathrm{d}t} + 3y = 0.15x$,如果 y 为输出电压,单位为 mV,x 为输入温度,单位为 ℃,求该检测系统的时间常数和静态灵敏度。

2-6　简述检测系统的动态特性及其描述方法。

2-7　总结一阶、二阶检测系统动态特性的研究方法,说明一阶检测系统为什么只能用于测量缓变或低频信号。

2-8　检测系统的重要性质有哪些? 它们是如何定义的?

2-9　书写一阶系统的传递函数。

2-10　书写二阶系统的传递函数。

2-11　检测系统的特性可分为哪两个特性?

2-12　二阶系统的工作频率范围是多少?

2-13　为了求取检测系统本身的动态特性,常用什么试验方法?

第3章 信号及其描述

3.1 信号的分类与描述

信息科学是研究信息的获取、传输、处理和利用的一门科学,检测技术就是获取信息的技术,它处于信息科学的最前端,是信息科学的前提和基础。自然界和工程实践中充满着大量的信息。获取其中的某些信息并对其进行分析、处理,揭示事物的内在规律和固有特性以及事物之间的相互关系,继而做出判断、决策等是测试工程所要解决的主要任务。

信息是一个抽象的概念,需要通过一定的形式把它表示出来,才便于表征、储存、传输和利用,这就是信号。信号是信息的表达形式和载体,一个信号中包含着丰富的信息,它是测试工程师的原材料。人们在长期的生产活动和科学实践中不断寻找能准确反映信息内容的各种各样的信号,并研究这些信号之间的定性与定量关系,形成了独立的信号处理学科领域。根据目的不同,在检测技术中数字信号处理技术可分为三类:①以剔除信号中的噪声为目的的数字滤波技术;②以估计、提取信号的相关信息为目的的数字信号分析技术;③在信号分析基础上进行判断、识别、定位或跟踪等技术。对于各种不同信号,可以从不同角度进行分类。在动态测试技术中,常将信号作为时间函数来研究。按能否用确定的时间函数关系描述,可将信号分为确定性信号和随机信号两大类。常用的信号分类如图 3-1 所示。

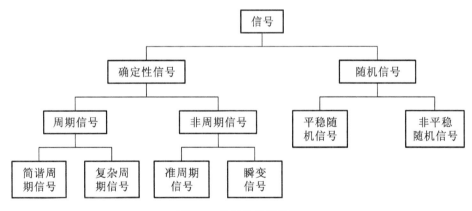

图 3-1 常用的信号分类

3.1.1 确定性信号

确定性信号是指可用明确的数学关系来描述的信号,或者说信号能被表示为一确定的时间函数,对于指定的某时刻,可以确定一相应的函数值,如图 3-2 所示,如简谐信号等。确定性信号既可以是周期信号,也可以是非周期信号。

周期信号包括简谐周期信号和复杂周期信号。所谓复杂周期信号,就是由若干频率为基频整数倍的信号组合而成的信号。

非周期信号包括准周期信号和瞬变信号。准周期信号是由一些不同频率的简谐信号合

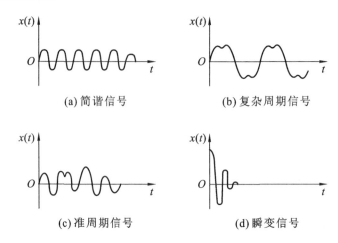

(a) 简谐信号   (b) 复杂周期信号

(c) 准周期信号   (d) 瞬变信号

图 3-2　确定性信号

成的信号,但组成它的各简谐分量的频率之比不全为有理数。而上述复杂周期信号的简谐分量中任意两个分量的频率之比都是有理数,这是准周期信号与复杂周期信号的不同之处。瞬变信号包括除准周期信号以外的一切可以用时间函数来描述的非周期信号,它的时间函数为各种脉冲函数或者衰减函数。当然,瞬变信号也是一种确定性信号。

3.1.2　随机信号

随机信号具有随机特点,每次观测的结果都不相同,无法用精确的数学关系式或图表来描述,更不能由此准确预测未来的结果,而只能用概率统计的方法来描述它的规律,所以此种信号也被称为非确定性信号。根据随机信号的统计特征量(均值、方差、自相关函数)是否随时间变化,随机信号又可以分为(宽)平稳随机信号和非平稳随机信号。

在工程和实际生活中,随机信号的例子很多。例如,各种无线电系统及电子装置中的噪声和干扰、建筑物所承受的风载、船舶航行时所受到的波浪冲击、许多生物信号(心电信号、脑电信号、肌电信号、心音信号等),以及我们天天都在发出的语音信号等都是随机的。因此,随机信号也是检测技术所面对的一个主要对象。

3.1.3　连续信号与离散信号

根据信号自变量的取值是否连续,也可以把信号分为连续时间信号与离散时间信号,简称连续信号与离散信号。

连续信号是指在所讨论的时间间隔内,对于任意时间值(除若干不连续点以外),都具有对应的函数值的信号,如图 3-3(a)所示。连续信号的幅值可以是连续的,也可以是离散的(只取某些规定值)。时间和幅值都是连续的信号称为模拟信号,现实世界中大多数信号是模拟信号。

离散信号是指只在一些离散的时间点上取值,而在其他时间点上没有定义的信号,如图 3-3(b)所示。

信号处理可以采用模拟系统对连续时间信号进行处理,也可以采用数字系统对离散信号进行处理。鉴于数字处理方法的显著优势以及数字处理技术的快速发展,目前绝大多数信号处理是采用计算机或专用数字处理芯片进行的,所处理的对象为离散信号。因此,本章介绍的信号分析、处理方法如无特别说明,都是针对离散信号的。

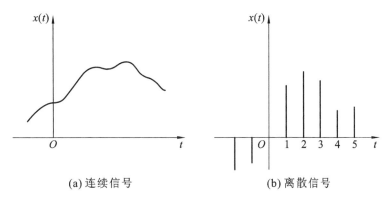

(a) 连续信号   (b) 离散信号

图 3-3 　连续信号与离散信号

3.1.4　信号的描述和评价

1. 时域描述和频域描述

信号是信息的具体表现形式,这种表现形式可以从时域描述,也可以从频域描述。

直接检测或记录到的信号一般是随时间变化的物理量,称为信号的时域描述。这种以时间为独立自变量的描述方式可以直观地展示被测信号幅值随时间的变化特征(幅值变化的快慢或规律等),但不能明确揭示信号包含哪些频率成分以及各频率成分的幅值与相位。通过傅里叶变换,可以把以时间为自变量的信号变换成以频率为自变量的频谱函数,称为信号的频域描述或频谱分析。

受测试条件或实际工况的影响,无论是在时域还是在频域,信号中总是既包含有用信息,也包含无用的干扰信息,某些情况下干扰信息量甚至会远超过有用信息量。为了准确了解或把握信息的本质特征,往往需要对测试信号进行适当的处理或变换,达到去伪存真、突出有用信息的目的。检测技术中常用的信号处理方法包括滤波、频谱分析、相关分析、短时傅里叶变换、小波变换、经验模态分解、独立分量和主分量分析等。

2. 信号质量的评价——信息熵理论概述

检测的目的是获取信息。信息是个很抽象的概念,人们常常说信号中包含丰富的信息,或者信息较少,却很难说清楚到底包含多少信息。直到 1948 年,香农提出了"信息熵"(information entropy)的概念,才解决了信息的量化度量问题。

根据实践经验,香农指出一个事件给予人们的信息量多少,与这一事件发生的概率(可能性)大小有关,用 $H(A) = -p(A)\lg p(A)$ 来度量事件 A 给出的信息量,称为事件 A 的自信息量,其中 $p(A)$ 表示该事件发生的概率。若一次实验有 m 个可能结果(事件),或一个信源可能产生 m 个信息(事件),它们出现的概率分别为 $p_1, p_2, \cdots, p_m$,则用 $H = -\sum_{i=1}^{m} p_i \lg p_i$ 来度量一次实验或一个消息所给出的平均信息量。H 称为信息熵。由于 H 的表达式与热力学熵的表达式差一个负号,故 H 又称为负熵。

从信息熵的定义可以看出,变量的不确定性越大,熵也就越大,把它搞清楚所需的信息量也就越大。一个系统越是有序,信息熵就越低;反之,一个系统越是混乱,信息熵就越高。从这个意义上看,信息熵也可以说是系统有序化程度的一个度量。具体来说,凡是导致随机事件集合的肯定性、组织性、法则性或有序性等增加或减少的活动过程,都可以用信息熵的改变量这个统一的标尺来度量。

以香农信息论为基础的测量信息论是以信息熵为研究核心的一套现代测量数据和测量系统评价理论。它摒弃了传统的测量数学模型(如真值、误差等),代之以集合、分布、信息熵、信息传递等现代信息论模型。在传统的测量中,被测量被视为一个客观存在的、测量过程中保持不变的量值,而实际被测量不是一个不变的单一量值。在各种因素影响下,除单向漂移变化外,任何一个被测量都是随时间变化的随机参量,即被测量本质上为一个随机过程。被测量 X 的实际数学模型可以表示为一个可能性分布函数,它是随被测量量值和时间变化的连续信源集合。测量过程是求解在 $p(x,t)$ 分布下的集合的数学期望值及不确定性——信息熵 $H(x,t)$ 的操作。根据概率论和香农信息论,被测量的数学期望和信息熵分别为

$$\begin{cases} \overline{X}(t) = \int_{-\infty}^{+\infty} x p(x,t) \mathrm{d}x \\ H(x,t) = -\int_{-\infty}^{+\infty} p(x,t) \lg p(x,t) \mathrm{d}x \end{cases} \tag{3-1}$$

被测量的数学期望反映了被测量的随机平均特性,而被测量的信息熵则是被测信源集合不确定性的体现。

例如,有两个信源,其概率空间分别为

$$[X, p(x_i)] = \begin{bmatrix} x_1 & x_2 \\ 0.99 & 0.01 \end{bmatrix}$$

$$[Y, p(y_i)] = \begin{bmatrix} y_1 & y_2 \\ 0.5 & 0.5 \end{bmatrix}$$

则信息熵分别为

$$H(X) = -0.99 \lg 0.99 - 0.01 \lg 0.01 = 0.024$$
$$H(Y) = -0.5 \lg 0.5 - 0.5 \lg 0.5 = 0.3$$

可见 $H(Y) > H(X)$,说明信源 Y 比信源 X 的平均不确定性要大。

自然界存在的所有客观量值的概率密度函数都随时间变化,其数学期望和信息熵也随时间变化。相对于测量操作而言,有的量变化慢,有的量变化快。可操作的物理模型大致可简化为三类:① 被测量是单一的、固定不变的量值;② 被测量是一个拥有一定概率分布、不随时间变化的连续集合;③ 被测量概率分布满足时间遍历条件的连续集合。

代表测量结果的数据构成测量的另一个信息集合:测量结果信息集合。它是一个离散的、具有一定概率分布的集合,但不是一个独立存在的信息集合。它所含的信息内容和信息熵由被测量信源和测量过程决定,离散的最小间距与测量分辨力有关。离散性使得被测量信源的部分信息丢失,表现为信息量减少、信息熵变化。此集合的不确定性可用信息熵来表示。

设测量结果信息集合由数据 $Y = \{y_0, y_1, \cdots, y_{n-1}\}$ 构成,其概率空间为

$$\begin{bmatrix} y_0, y_1, \cdots, y_i, \cdots, y_{n-1} \\ p_0, p_1, \cdots, p_i, \cdots, p_{n-1} \end{bmatrix} \quad \left(\sum_{i=0}^{n-1} p_i = 1 \right)$$

则测量结果的信息熵为

$$H(y) = -\sum_{i=0}^{n-1} p(y_i) \lg p(y_i)$$

测量结果信息集合不是一个独立存在的信息集合,它是以信源集合的内容及其分布为条件而存在的。信源集合与测量结果信息集合之间的关系充分反映了测量的质量,因此在测量信息论中,用信息熵这个表示二者之间关系的信息量参数来表示测量及其信号的质量。

3.2 周期信号与离散频谱

3.2.1 傅里叶级数的三角函数展开式

在有限区间内,凡满足狄里赫利条件的周期函数(信号)$x(t)$都可以展开成傅里叶级数。傅里叶级数的三角函数展开式如下

$$x(t) = a_0 + \sum_{n=1}^{+\infty} (a_n \cos n\omega_0 t + b_n \sin n\omega_0 t) \tag{3-2}$$

常值分量

$$a_0 = \frac{1}{T_0} \int_{-\frac{T_0}{2}}^{\frac{T_0}{2}} x(t) \mathrm{d}t$$

余弦分量的幅值

$$a_n = \frac{2}{T_0} \int_{-\frac{T_0}{2}}^{\frac{T_0}{2}} x(t) \cos n\omega_0 t \mathrm{d}t \left.\right\} \tag{3-3}$$

正弦分量的幅值

$$b_n = \frac{2}{T_0} \int_{-\frac{T_0}{2}}^{\frac{T_0}{2}} x(t) \sin n\omega_0 t \mathrm{d}t$$

式中,T_0为周期;ω_0为圆频率,$\omega_0 = \frac{2\pi}{T_0}$;$n = 1, 2, 3, \cdots$。

将式(3-2)中的同频项合并,可以改写成

$$x(t) = a_0 + \sum_{n=1}^{+\infty} A_n \sin(n\omega_0 t + \varphi_n) \tag{3-4}$$

$$A_n = \sqrt{a_n^2 + b_n^2}$$

$$\tan\varphi_n = \frac{a_n}{b_n}$$

式中,A_n为第n次谐波的幅值,φ_n为第n次谐波的初相角。

从式(3-4)可见,周期信号是由一个或几个乃至无穷多个不同频率的谐波叠加而成的。以圆频率为横坐标,幅值A_n或相角φ_n为纵坐标作图,则分别得其幅值谱和相位谱。由于n是整数序列,各成分频率都是ω_0的整数倍,相邻频率的间隔$\Delta\omega = \omega_0 = 2\pi/T_0$,因而谱线是离散的。通常把$\omega_0$称为基频,把成分$A_n \sin(n\omega_0 t + \varphi_n)$称为$n$次谐波。

例 3-1　求图 3-4 中周期性三角波的傅里叶级数。

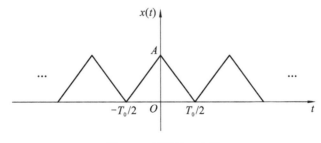

图 3-4　周期性三角波

解　在$x(t)$的一个周期内,$x(t)$可表示为

$$x(t) = \begin{cases} A + \dfrac{2A}{T_0}t & \left(-\dfrac{T_0}{2} \leqslant t \leqslant 0\right) \\ A - \dfrac{2A}{T_0}t & \left(0 \leqslant t \leqslant \dfrac{T_0}{2}\right) \end{cases}$$

常值分量

$$a_0 = \frac{1}{T_0}\int_{-\frac{T_0}{2}}^{\frac{T_0}{2}} x(t)\,\mathrm{d}t = \frac{2}{T_0}\int_0^{\frac{T_0}{2}}\left(A - \frac{2A}{T_0}t\right)\mathrm{d}t = \frac{A}{2}$$

余弦分量的幅值

$$a_n = \frac{2}{T_0}\int_{-\frac{T_0}{2}}^{\frac{T_0}{2}} x(t)\cos n\omega_0 t\,\mathrm{d}t = \frac{4}{T_0}\int_0^{\frac{T_0}{2}}\left(A - \frac{2A}{T_0}t\right)\cos n\omega_0 t\,\mathrm{d}t$$

$$= \frac{4A}{n^2\pi^2}\sin^2\frac{n\pi}{2} = \begin{cases} \dfrac{4A}{n^2\pi^2} & (n = 1,3,5\cdots) \\ 0 & (n = 2,4,6\cdots) \end{cases}$$

正弦分量的幅值

$$b_n = \frac{2}{T_0}\int_{-\frac{T_0}{2}}^{\frac{T_0}{2}} x(t)\sin n\omega_0 t\,\mathrm{d}t = 0$$

上式是因为 $x(t)$ 为偶函数，$\sin n\omega_0 t$ 为奇函数，所以 $x(t)\sin n\omega_0 t$ 也为奇函数，而奇函数在上下限对称区间的积分之值等于零。这样，该周期性三角波的傅里叶级数展开式为

$$x(t) = \frac{A}{2} + \frac{4A}{\pi^2}\left(\cos\omega_0 t + \frac{1}{3^2}\cos 3\omega_0 t + \frac{1}{5^2}\cos 5\omega_0 t + \cdots + \frac{1}{n^2}\cos n\omega_0 t\right)$$

$$= \frac{A}{2} + \frac{4A}{\pi^2}\sum_{n=1}^{+\infty}\frac{1}{n^2}\cos n\omega_0 t \quad (n = 1,3,5\cdots)$$

周期性三角波的频谱图如图 3-5 所示，其幅值谱只包含常值分量、基波和奇次谐波的频率分量，谐波的幅值以 $\frac{1}{n^2}$ 的规律收敛，在其相位谱中基波和各次谐波的初相位为 φ_n，均为零。

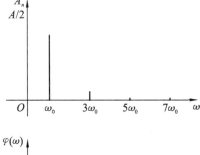

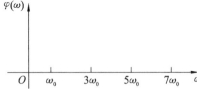

图 3-5　周期性三角波的频谱图

3.2.2　傅里叶级数的复指数函数展开式

傅里叶级数也可以写成复指数函数形式。根据欧拉公式可得

$$\mathrm{e}^{\pm \mathrm{j}\omega t} = \cos\omega t \pm \mathrm{j}\sin\omega t \tag{3-5}$$

$$\cos\omega t = \frac{1}{2}(\mathrm{e}^{-\mathrm{j}\omega t} + \mathrm{e}^{\mathrm{j}\omega t}) \tag{3-6}$$

$$\sin\omega t = \frac{1}{2}\mathrm{j}(\mathrm{e}^{-\mathrm{j}\omega t} - \mathrm{e}^{\mathrm{j}\omega t}) \tag{3-7}$$

因此式(3-2)可改写成

$$x(t) = a_0 + \sum_{n=1}^{+\infty} \left[\frac{1}{2}(a_n + jb_n)e^{-jn\omega_0 t} + \frac{1}{2}(a_n - jb_n)e^{jn\omega_0 t} \right] \qquad (3\text{-}8)$$

令

$$c_n = \frac{1}{2}(a_n - jb_n) \qquad (3\text{-}9\text{a})$$

$$c_{-n} = \frac{1}{2}(a_n + jb_n) \qquad (3\text{-}9\text{b})$$

$$c_0 = a_0 \qquad (3\text{-}9\text{c})$$

则

$$x(t) = c_0 + \sum_{n=1}^{+\infty} c_{-n} e^{-jn\omega_0 t} + \sum_{n=1}^{+\infty} c_n e^{jn\omega_0 t}$$

或

$$x(t) = \sum_{n=-\infty}^{+\infty} c_n e^{jn\omega_0 t} \quad (n = 0, \pm 1, \pm 2, \cdots) \qquad (3\text{-}10)$$

这就是傅里叶级数的复指数函数形式。将式(3-3)代入式(3-9a)和式(3-9b)中,并令 $n = 0, \pm 1, \pm 2, \cdots$,即得

$$c_n = \frac{1}{T_0} \int_{-\frac{T_0}{2}}^{\frac{T_0}{2}} x(t) e^{-jn\omega_0 t} dt \qquad (3\text{-}11)$$

在一般情况下 c_n 是复数,可以写成

$$c_n = c_{nR} + jc_{nI} = |c_n| e^{j\varphi_n} \qquad (3\text{-}12)$$

式中

$$|c_n| = \sqrt{c_{nR}^2 + c_{nI}^2} \qquad (3\text{-}13)$$

$$\varphi_n = \arctan \frac{c_{nI}}{c_{nR}} \qquad (3\text{-}14)$$

c_n 与 c_{-n} 共轭,即 $c_n = c_{-n}^*$,$\varphi_n = -\varphi_{-n}$。

把周期函数 $x(t)$ 展开为傅里叶级数的复指数函数形式后,可分别以 $|c_n|$-ω 和 φ_n-ω 作幅值谱图和相位谱图;也可以分别以 c_n 的实部和虚部与频率的关系作频谱图,分别称为实频谱图和虚频谱图(阅例3-2)。

比较傅里叶级数的两种展开形式可知:复指数函数形式的频谱为双边谱(ω 为 $-\infty \sim +\infty$),三角函数形式的频谱为单边谱(ω 为 $0 \sim +\infty$);两种频谱各谐波幅值在量值上有确定的关系,即 $|c_n| = \frac{1}{2} A_n$,$|c_0| = a_0$。双边幅值谱为偶函数,双边相位谱为奇函数。

在式(3-10)中,n 取正、负值。当 n 为负值时,谐波频率 $n\omega_0$ 为"负频率"。出现"负"的频率似乎不好理解,实际上角速度按其旋转方向可以有正有负,一个矢量的实部可以看成是两个旋转方向相反的矢量在其实轴上的投影之和,而虚部则为在虚轴上的投影之差(见图3-6)。

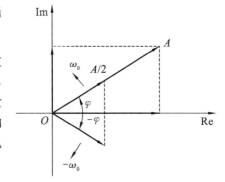

图 3-6 负频率的说明

 例 3-2 画出余弦、正弦函数的实、虚频谱图。

解 根据式(3-6)和式(3-7)得

$$\cos\omega_0 t = \frac{1}{2}\left(e^{-j\omega_0 t} + e^{j\omega_0 t}\right)$$

$$\sin\omega_0 t = \frac{1}{2}j\left(e^{-j\omega_0 t} - e^{j\omega_0 t}\right)$$

故余弦函数只有实频谱图,与纵轴偶对称;正弦函数只有虚频谱图,与纵轴奇对称。图3-7 所示是这两个函数的频谱图。

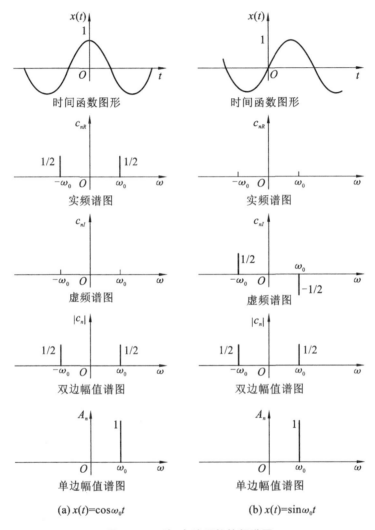

(a) $x(t)=\cos\omega_0 t$ (b) $x(t)=\sin\omega_0 t$

图 3-7　正弦、余弦函数的频谱图

一般周期函数按傅里叶级数的复指数函数形式展开后,其实频谱总是偶对称的,其虚频谱总是奇对称的。

周期信号的频谱具有以下三个特点。

(1) 周期信号的频谱是离散的。

(2) 每条谱线只出现在基波频率的整数倍上,基波频率是诸分量频率的公约数。

(3) 各频率分量的谱线高度表示该谐波的幅值或相位角。工程中常见的周期信号,其谐波幅值总的趋势是随谐波次数的增加而减小的。因此,在频谱分析中没有必要取那些次数过多的谐波分量。

3.2.3　周期信号的强度表述

周期信号的强度以峰值、绝对均值、有效值和平均功率来表述(见图 3-8)。

峰值 x_P 是信号可能出现的最大瞬时值,即

$$x_P = \left| x(t) \right|_{\max} \tag{3-15}$$

峰 - 峰值 $x_{P\text{-}P}$ 是在一个周期中最大瞬时值与最小瞬时值之差。

对信号的峰值和峰 - 峰值应有足够的估计,以便确定检测系统的动态范围。一般希望信号的峰 - 峰值在检测系统的线性区域内,使所观测(记录)到的信号正比于被测量的变化状态。如果信号的峰 - 峰值进入非线性区域,则信号将发生畸变,观测到的信号不但不能正比于被测量的幅值,而且会增生大量谐波。

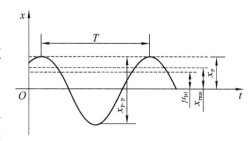

图 3-8　周期信号的强度表述

周期信号的均值 μ_x 为

$$\mu_x = \frac{1}{T_0} \int_0^{T_0} x(t)\,\mathrm{d}t \tag{3-16}$$

它是信号的常值分量。

周期信号全波整流后的均值就是信号的绝对均值 $\mu_{|x|}$,即

$$\mu_{|x|} = \frac{1}{T_0} \int_0^{T_0} \left| x(t) \right|\,\mathrm{d}t \tag{3-17}$$

有效值是信号的均方根值 x_{rms},即

$$x_{\mathrm{rms}} = \sqrt{\frac{1}{T_0} \int_0^{T_0} x^2(t)\,\mathrm{d}t} \tag{3-18}$$

有效值的平方——均方值就是信号的平均功率 P_{av},即

$$P_{\mathrm{av}} = \frac{1}{T_0} \int_0^{T_0} x^2(t)\,\mathrm{d}t \tag{3-19}$$

它反映信号的功率大小。

表 3-1 列举了几种典型周期信号上述各值之间的数量关系。从表中可见,信号的均值、绝对均值、有效值和峰值之间的关系与波形有关。

表 3-1　几种典型周期信号的强度

名　称	波　形　图	博里叶级数展开式	x_p	μ_x	$\mu_{|x|}$	x_{rms}
正弦波		$x(t) = A\sin\omega_0 t$ $T_0 = \dfrac{2\pi}{\omega_0}$	A	0	$\dfrac{2A}{\pi}$	$\dfrac{A}{\sqrt{2}}$

名 称	波 形 图	傅里叶级数展开式	x_P	μ_x	$\mu_{|x|}$	x_{rms}
方波		$x(t) = \dfrac{4A}{\pi}\left(\sin\omega_0 t + \dfrac{1}{3}\sin 3\omega_0 t + \dfrac{1}{5}\sin 5\omega_0 t + \cdots\right)$	A	0	A	A
三角波		$x(t) = \dfrac{8A}{\pi^2}\left(\sin\omega_0 t - \dfrac{1}{9}\sin 3\omega_0 t + \dfrac{1}{25}\sin 5\omega_0 t - \cdots\right)$	A	0	$\dfrac{A}{2}$	$\dfrac{A}{\sqrt{3}}$
锯齿波		$x(t) = \dfrac{A}{2} - \dfrac{A}{\pi}\left(\sin\omega_0 t + \dfrac{\sin 2\omega_0 t}{2} + \dfrac{\sin 3\omega_0 t}{3} + \cdots\right)$	A	$\dfrac{A}{2}$	$\dfrac{A}{2}$	$\dfrac{A}{\sqrt{3}}$
正弦整流		$x(t) = \dfrac{2A}{\pi}\left(1 - \dfrac{2}{3}\cos 2\omega_0 t - \dfrac{2}{15}\cos 4\omega_0 t - \dfrac{2}{35}\cos 5\omega_0 t - \cdots\right)$	A	$\dfrac{2A}{\pi}$	$\dfrac{2A}{\pi}$	$\dfrac{A}{\sqrt{2}}$

信号的峰值 x_P、绝对均值 $\mu_{|x|}$ 和有效值 x_{rms} 可用三值电压表来测量,也可用普通的电工仪表来测量。峰值 x_P 可根据波形折算或用能记忆瞬峰示值的仪表测量,也可以用示波器来测量。均值可用直流电压表测量。因为信号是周期交变的,如果交流频率较高,交流成分只影响表针的微小晃动,不影响均值读数。当频率较低时,表针将产生摆动,影响读数,这时可用一个电容器与电压表并接,将交流分量旁路,但应注意这个电容器对被测电路的影响。

值得指出的是,虽然一般的交流电压表均按有效值刻度,但其输出量(例如指针的偏转角)并不一定和信号的有效值成比例,而是随着电压表的检波电路的不同,其输出量可能与信号的有效值成比例,也可能与信号的峰值或绝对均值成比例。不同检波电路的电压表上的有效值都是依照单一简谐信号来刻度的,这就保证了用各种电压表在测量单一简谐信号时都能正确测得信号的有效值,获得一致的读数。然而,由于刻度过程实际上相当于把检波电路输出和简谐信号有效值的关系"固化"在电压表中,这种关系不适用于非单一简谐信号,因为随着波形的不同,各类检波电路输出和信号有效值的关系已经改变了,从而造成电压表在测量复杂信号有效值时的系统误差,这时根据检波电路和波形来修正有效值读数。

3.3 瞬变信号与连续频谱

非周期信号包括准周期信号和瞬变信号两种,其频谱各有特点。

如前所述,周期信号可展开成许多乃至无限项简谐信号,其频谱具有离散性,且诸简谐分量的频率具有一个公约数——基频。几个简谐信号的叠加不一定是周期信号。也就是说,具有离散频谱的信号不一定是周期信号。只有各简谐成分的频率比是有理数,各简谐成分能在某个时间间隔后周而复始,这样的简谐成分合成的信号才是周期信号。若各简谐成分的频率比不全是有理数,例如 $x(t) = \sin\omega_0 t + \sin\sqrt{2}\omega_0 t$,诸简谐成分在合成后不可能经过某一时间间隔后重演,其合成信号就不是周期信号,但这种信号有离散频谱,故称为准周期信号。多个独立振源激励起的某对象的振动往往是这类信号。

通常所说的非周期信号是指瞬变信号。常见的瞬变信号如图 3-9 所示。图 3-9(a) 为矩形脉冲信号,图 3-9(b) 为指数衰减信号,图 3-9(c) 为衰减振荡信号,图 3-9(d) 为单一脉冲信号。下面讨论瞬变信号的频谱。

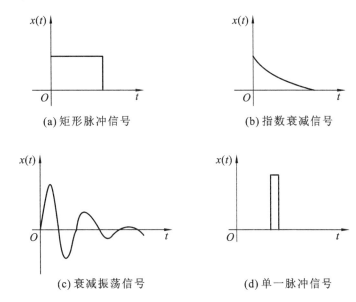

(a) 矩形脉冲信号　　　　(b) 指数衰减信号

(c) 衰减振荡信号　　　　(d) 单一脉冲信号

图 3-9　瞬变信号

3.3.1 傅里叶变换

周期为 T_0 的信号 $x(t)$ 的频谱是离散的。当 $x(t)$ 的周期 T_0 趋于无穷大时,该信号就成为非周期信号。周期信号频谱谱线的频率间隔 $\Delta\omega = \omega_0 = \dfrac{2\pi}{T_0}$,当周期 T_0 趋于无穷大时,其频率间隔 $\Delta\omega$ 趋于无穷小,谱线无限靠近,变量 ω 连续取值,以致离散谱线的顶点最后演变成一条连续曲线。所以非周期信号的频谱是连续的。可以将非周期信号理解为由无限多个频率无限接近的频率成分所组成的信号。

设有一个周期信号 $x(t)$,它在 $\left(-\dfrac{T_0}{2}, \dfrac{T_0}{2}\right)$ 区间以傅里叶级数表示为

$$x(t) = \sum_{n=-\infty}^{+\infty} c_n e^{jn\omega_0 t}$$

式中

$$c_n = \frac{1}{T_0} \int_{-\frac{T_0}{2}}^{\frac{T_0}{2}} x(t) e^{-jn\omega_0 t} dt$$

将 c_n 的表达式代入 $x(t)$ 的表达式中,可得

$$x(t) = \sum_{n=-\infty}^{+\infty} \left(\frac{1}{T_0} \int_{-\frac{T_0}{2}}^{\frac{T_0}{2}} x(t) e^{-jn\omega_0 t} dt \right) e^{jn\omega_0 t}$$

当 T_0 趋于 $+\infty$ 时,频率间隔 $\Delta\omega$ 成为 $d\omega$,离散频谱中相邻的谱线紧靠在一起,$n\omega_0$ 就变成连续变量 ω,求和符号 $\sum$ 就变为积分符号 $\int$,于是

$$x(t) = \int_{-\infty}^{+\infty} \frac{d\omega}{2\pi} \left(\int_{-\infty}^{+\infty} x(t) e^{-j\omega t} dt \right) e^{j\omega t}$$
$$= \int_{-\infty}^{+\infty} \left(\frac{1}{2\pi} \int_{-\infty}^{+\infty} x(t) e^{-j\omega t} dt \right) e^{j\omega t} d\omega \qquad (3-20)$$

这就是傅里叶积分。

对于上式中圆括号里的积分,由于时间 t 是积分变量,故其积分之后仅是 ω 的函数,记作 $X(\omega)$,这样

$$X(\omega) = \frac{1}{2\pi} \int_{-\infty}^{+\infty} x(t) e^{-j\omega t} dt \qquad (3-21)$$

$$x(t) = \int_{-\infty}^{+\infty} X(\omega) e^{j\omega t} d\omega \qquad (3-22)$$

当然,式(3-20)也可写成

$$X(\omega) = \int_{-\infty}^{+\infty} x(t) e^{-j\omega t} dt$$

则

$$x(t) = \frac{1}{2\pi} \int_{-\infty}^{+\infty} X(\omega) e^{j\omega t} d\omega$$

本书采用式(3-21)和式(3-22)。

在数学上,称式(3-21)所表达的 $X(\omega)$ 为 $x(t)$ 的傅里叶变换;称式(3-22)所表达的 $x(t)$ 为 $X(\omega)$ 的傅里叶逆变换,两者互称为傅里叶变换对,可记为

$$x(t) \underset{\text{IFT}}{\overset{\text{FT}}{\Longleftrightarrow}} X(\omega)$$

把 $\omega = 2\pi f$ 代入式(3-20)中,则式(3-21)和式(3-22)变为

$$X(f) = \int_{-\infty}^{+\infty} x(t) e^{-2j\pi ft} dt \qquad (3-23)$$

$$x(t) = \int_{-\infty}^{+\infty} X(f) e^{2j\pi ft} df \qquad (3-24)$$

这样就避免了在傅里叶变换中出现 $\frac{1}{2\pi}$ 的常数因子,使公式形式简化。$X(f)$ 和 $X(\omega)$ 的关系是

$$X(f) = 2\pi X(\omega) \qquad (3-25)$$

一般 $X(f)$ 是实变量 f 的复函数,可以写成

$$X(f) = |X(f)| e^{j\varphi(f)} \qquad (3-26)$$

式中，$|X(f)|$ 为信号 $x(t)$ 的连续幅值谱，$\varphi(f)$ 为信号 $x(t)$ 的连续相位谱。

必须着重指出，尽管非周期信号的幅值谱 $|X(f)|$ 和周期信号的幅值谱 $|c_n|$ 很相似，但两者是有差别的，其差别突出表现在 $|c_n|$ 的量纲与信号幅值的量纲一样，而 $|X(f)|$ 的量纲则与信号幅值的量纲不一样，它是单位频宽上的幅值。所以更确切地说，$X(f)$ 是频谱密度函数。本书为方便起见，在不会引起紊乱的情况下，仍称 $X(f)$ 为频谱。

例 3-3　求矩形窗函数 $w(t)$（见图 3-10(a)）的频谱。

解　由图 3-10(a) 可知

$$w(t) = \begin{cases} 1 & \left(|t| \leqslant \dfrac{T}{2}\right) \\[2mm] 0 & \left(|t| > \dfrac{T}{2}\right) \end{cases} \tag{3-27}$$

则其频谱为

$$\begin{aligned} W(f) &= \int_{-\infty}^{+\infty} w(t)\,\mathrm{e}^{-2\mathrm{j}\pi ft}\,\mathrm{d}t \\ &= \int_{-\frac{T}{2}}^{\frac{T}{2}} \mathrm{e}^{-2\mathrm{j}\pi ft}\,\mathrm{d}t \\ &= \frac{-1}{2\mathrm{j}\pi f}\left(\mathrm{e}^{-\mathrm{j}\pi fT} - \mathrm{e}^{\mathrm{j}\pi fT}\right) \end{aligned}$$

引用式(3-7)稍作改写，有

$$\sin(\pi fT) = -\frac{1}{2\mathrm{j}}\left(\mathrm{e}^{-\mathrm{j}\pi fT} - \mathrm{e}^{\mathrm{j}\pi fT}\right)$$

将上式代入 $W(f)$ 的表达式中得

$$W(f) = T\frac{\sin\pi fT}{\pi fT} = T\mathrm{sinc}(\pi fT) \tag{3-28}$$

式中，T 称为窗宽。

矩形窗函数的频谱如图 3-10(b) 所示。

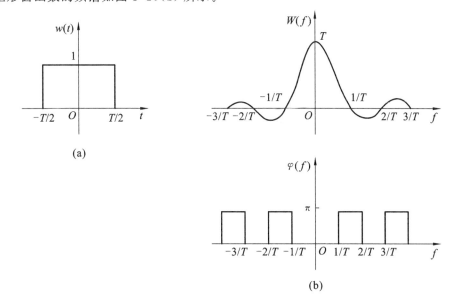

(a)

(b)

图 3-10　矩形窗函数及其频谱

上式中我们定义 $\mathrm{sinc}\theta = \dfrac{\sin\theta}{\theta}$，该函数在信号分析中很有用。$\mathrm{sinc}\theta$ 的图形如图 3-11 所示。$\mathrm{sinc}\theta$ 的函数值可由专门的数学表查得，它以 2π 为周期并随 θ 的增加而作衰减振荡。$\mathrm{sinc}\theta$ 函数是偶函数，在 $n\pi(n = \pm 1, \pm 2, \cdots)$ 处其值为零。

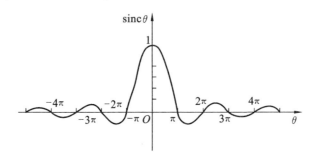

图 3-11 $\mathrm{sinc}\theta$ 的图形

$W(f)$ 函数只有实部，没有虚部，其幅值谱为

$$|W(f)| = T|\mathrm{sinc}(\pi f T)| \tag{3-29}$$

其相位谱视 $\mathrm{sinc}(\pi f T)$ 的符号而定。当 $\mathrm{sinc}(\pi f T)$ 为正值时，相角为零；当 $\mathrm{sinc}(\pi f T)$ 为负值时，相角为 π。

3.3.2 傅里叶变换的主要性质

一个信号的时域描述和频域描述依靠傅里叶变换来确立彼此一一对应的关系。熟悉傅里叶变换的主要性质，有助于了解信号在某个域中的变化和运算将在另一个域中产生何种相应的变化和运算，最终有助于分析复杂工程问题和简化计算工作。

傅里叶变换的主要性质如表 3-2 所示，表中各项性质均从定义出发推导而得。这里仅就几项主要性质做必要的推导和解释。

表 3-2　傅里叶变换的主要性质

性　质	时　域	频　域	性　质	时　域	频　域
函数的奇偶虚实性	实偶函数	实偶函数	频移性	$x(t)\mathrm{e}^{\pm 2\mathrm{j}\pi f_0 t}$	$X(f \mp f_0)$
	实奇函数	虚奇函数	翻转性	$x(-t)$	$X(-f)$
	虚偶函数	虚偶函数	共轭性	$x^*(t)$	$X^*(-f)$
	虚奇函数	实奇函数	时域卷积性	$x_1(t) * x_2(t)$	$X_1(f)X_2(f)$
线性叠加性	$ax(t) + by(t)$	$aX(f) + bY(f)$	频域卷积性	$x_1(t)x_2(t)$	$X_1(f) * X_2(f)$
对称性	$x(t)$	$X(-f)$	时域微分性	$\dfrac{\mathrm{d}^n x(t)}{\mathrm{d}t^n}$	$(2\mathrm{j}\pi f)^n X(f)$
时间尺度改变特性	$x(kt)$	$\dfrac{1}{k}X\left(\dfrac{f}{k}\right)$	频域微分性	$(-2\mathrm{j}\pi t)^n x(t)$	$\dfrac{\mathrm{d}^n X(f)}{\mathrm{d}f^n}$
时移性	$x(t \pm t_0)$	$X(f)\mathrm{e}^{\pm 2\mathrm{j}\pi f t_0}$	积分性	$\displaystyle\int_{-\infty}^{t} x(t)\mathrm{d}t$	$\dfrac{1}{2\mathrm{j}\pi f}X(f)$

1. 函数的奇偶虚实性

一般 $X(f)$ 是实变量 f 的复变函数，它可以写成

$$X(f) = \int_{-\infty}^{+\infty} x(t) \mathrm{e}^{-2\mathrm{j}\pi ft} \mathrm{d}t = \mathrm{Re}X(f) - \mathrm{jIm}X(f) \tag{3-30}$$

式中

$$\mathrm{Re}X(f) = \int_{-\infty}^{+\infty} x(t) \cos 2\pi ft \, \mathrm{d}t \tag{3-31}$$

$$\mathrm{Im}X(f) = \int_{-\infty}^{+\infty} x(t) \sin 2\pi ft \, \mathrm{d}t \tag{3-32}$$

余弦函数是偶函数,正弦函数是奇函数。由上式可知,如果 $x(t)$ 是实函数,则 $X(f)$ 一般为具有实部和虚部的复函数,且实部为偶函数,即 $\mathrm{Re}X(f) = \mathrm{Re}X(-f)$;虚部为奇函数,即 $\mathrm{Im}X(f) = -\mathrm{Im}X(-f)$。

如果 $x(t)$ 为实偶函数,则 $\mathrm{Im}X(f) = 0$,$X(f)$ 将是实偶函数,即 $X(f) = \mathrm{Re}X(f) = X(-f)$。

如果 $x(t)$ 为实奇函数,则 $\mathrm{Re}X(f) = 0$,$X(f)$ 将是虚奇函数,即 $X(f) = -\mathrm{jIm}X(f) = -X(-f)$。

如果 $x(t)$ 为虚函数,则上述结论的虚实位置相互交换。

了解这个性质有助于估计傅里叶变换对的相应图形性质,减少不必要的变换计算。

2. 对称性

若 $\qquad\qquad\qquad\qquad x(t) \Leftrightarrow X(f)$

则 $\qquad\qquad\qquad\qquad X(t) \Leftrightarrow x(-f) \tag{3-33}$

证明: $\qquad\qquad\qquad\qquad x(t) = \int_{-\infty}^{+\infty} X(f) \mathrm{e}^{2\mathrm{j}\pi ft} \mathrm{d}f$

以 $-t$ 替换 t 得

$$x(-t) = \int_{-\infty}^{+\infty} X(f) \mathrm{e}^{-2\mathrm{j}\pi ft} \mathrm{d}f$$

将 t 与 f 互换,即得 $X(t)$ 的傅里叶变换为

$$x(-f) = \int_{-\infty}^{+\infty} X(t) \mathrm{e}^{-2\mathrm{j}\pi ft} \mathrm{d}t$$

所以 $\qquad\qquad\qquad\qquad X(t) \Leftrightarrow x(-f)$

应用这个性质,利用已知的傅里叶变换对即可得出相应的变换对。图 3-12 所示是对称性举例。

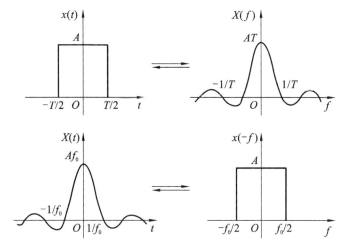

图 3-12　对称性举例

3. 时间尺度改变特性

若

$$x(t) \Leftrightarrow X(f)$$

则

$$x(kt) \Leftrightarrow \frac{1}{k}X\left(\frac{f}{k}\right)(k>0) \tag{3-34}$$

证明：

$$\int_{-\infty}^{+\infty} x(kt)\mathrm{e}^{-2\mathrm{j}\pi ft}\mathrm{d}t = \frac{1}{k}\int_{-\infty}^{+\infty} x(kt)\mathrm{e}^{-2\mathrm{j}\pi\frac{f}{k}(kt)}\mathrm{d}(kt) = \frac{1}{k}X\left(\frac{f}{k}\right)$$

时间尺度改变特性举例如图 3-13 所示。当时间尺度压缩 ($k>1$) 时 (见图 3-13(c))，频谱的频带加宽、幅值减小；当时间尺度扩展 ($k<1$) 时 (见图 3-13(a))，频谱的频带变窄、幅值增大。

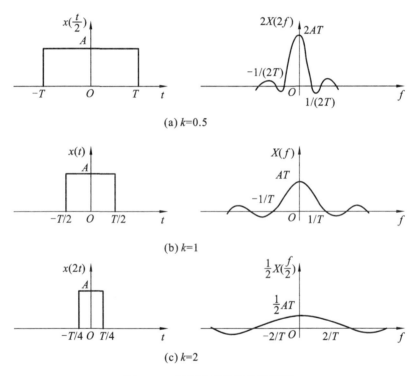

图 3-13 时间尺度改变特性举例

例如，把记录磁带慢录快放，即使时间尺度压缩，这样虽可以提高处理信号的频率，但是所得到的信号 (放演信号) 频带就会加宽，倘若后续处理设备 (放大器、滤波器等) 的通频带不够宽，就会导致失真；反之，快录慢放，则放演信号的频带变窄，对后续处理设备的通频带要求可以降低，但信号处理效率也随之降低。

4. 时移性和频移性

若

$$x(t) \Leftrightarrow X(f)$$

在时域中信号沿时间轴平移一常值 t_0 时，则

$$x(t \pm t_0) \Leftrightarrow X(f)\mathrm{e}^{\pm 2\mathrm{j}\pi ft_0} \tag{3-35}$$

在频域中信号沿频率轴平移一常值 f_0 时，则

$$x(t)\mathrm{e}^{\pm 2\mathrm{j}\pi f_0 t} \Leftrightarrow X(f \mp f_0) \tag{3-36}$$

将式(3-23)和式(3-24)中的 t 换成 $t \pm t_0$，便可获得式(3-35)和式(3-36)，证明从略。

式(3-35)表示将信号在时域中平移，则其幅值谱不变，而相位谱中相角的改变量 $\Delta\varphi$ 和频率成正比：$\Delta\varphi = \pm 2\pi f t_0$。

根据欧拉公式——式(3-5)可知，式(3-36)左侧是时域信号 $x(t)$ 与频率 f_0 的正、余弦信号之和的乘积。

5. 卷积性

两个函数 $x_1(t)$ 与 $x_2(t)$ 的卷积定义为 $\int_{-\infty}^{+\infty} x_1(\tau) x_2(t-\tau) \mathrm{d}\tau$，记作 $x_1(t) * x_2(t)$。在很多情况下，卷积积分用直接积分的方法计算是有困难的，但它可以利用变换的方法来解决，从而使信号分析工作大为简化。因此，卷积性在信号分析中占有重要地位。若

$$x_1(t) \Leftrightarrow X_1(f)$$
$$x_2(t) \Leftrightarrow X_2(f)$$

则

$$x_1(t) * x_2(t) \Leftrightarrow X_1(f) X_2(f) \tag{3-37}$$
$$x_1(t) x_2(t) \Leftrightarrow X_1(f) * X_2(f) \tag{3-38}$$

现以时域卷积为例，证明如下：

$$\int_{-\infty}^{+\infty} \left[\int_{-\infty}^{+\infty} x_1(\tau) x_2(t-\tau) \mathrm{d}\tau \right] \mathrm{e}^{-2\mathrm{j}\pi f t} \mathrm{d}t$$

$$= \int_{-\infty}^{+\infty} x_1(\tau) \left[\int_{-\infty}^{+\infty} x_2(t-\tau) \mathrm{e}^{-2\mathrm{j}\pi f t} \mathrm{d}t \right] \mathrm{d}\tau \qquad (\text{交换积分顺序})$$

$$= \int_{-\infty}^{+\infty} x_1(\tau) X_2(f) \mathrm{e}^{-2\mathrm{j}\pi f t} \mathrm{d}\tau \qquad (\text{根据时移性})$$

$$= X_1(f) X_2(f)$$

6. 微分性和积分性

若 $\qquad\qquad\qquad\qquad x(t) \Leftrightarrow X(f)$

则直接将式(3-24)对时间微分，可得

$$\frac{\mathrm{d}^n x(t)}{\mathrm{d}t^n} \Leftrightarrow (2\mathrm{j}\pi f)^n X(f) \tag{3-39}$$

又将式(3-23)对 f 微分，得

$$(-2\mathrm{j}\pi t)^n x(t) \Leftrightarrow \frac{\mathrm{d}^n X(f)}{\mathrm{d}f^n} \tag{3-40}$$

同样可证

$$\int_{-\infty}^{t} x(t) \mathrm{d}t \Leftrightarrow \frac{1}{2\mathrm{j}\pi f} X(f) \tag{3-41}$$

在振动测试中，如果测得振动系统的位移、速度或加速度中的任一参数，应用微分性、积分性就可以获得其他参数的频谱。

3.3.3　几种典型瞬变信号的频谱

1. 矩形窗函数的频谱

矩形窗函数的频谱已在例 3-3 中讨论了。由此可见，一个在时域有限区间内有值的信号，其频谱却延伸至无限频率。若在时域中截取信号的一段记录长度，则该记录长度相当于原信号和矩形窗函数之乘积，因而所获得的频谱将是原信号频域函数和 $\mathrm{sinc}\theta$ 函数的卷积，

它将是连续的、频率无限延伸的频谱。从其频谱(见图3-10(b))中可以看到,在 $f=-1/T\sim$ $1/T$ 之间的谱峰的幅值最大,称为主瓣;两侧其他各谱峰的峰值较小,称为旁瓣。主瓣宽度为 $2/T$,与时域窗宽度 T 成反比。可见,时域窗宽度 T 愈大,即截取信号时长愈大,主瓣宽度愈小。

2. δ 函数及其频谱

1) δ 函数的定义

在 ε 时间内激发一个矩形脉冲 $S_\varepsilon(t)$(或三角形脉冲、双边指数脉冲、钟形脉冲等),其面

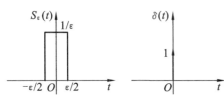

图 3-14　矩形脉冲与 δ 函数

积为1。当 $\varepsilon\to 0$ 时,$S_\varepsilon(t)$ 的极限就称为 δ 函数,记作 $\delta(t)$,如图3-14所示。δ 函数也称为单位脉冲函数。$\delta(t)$ 有如下特点。

从函数值极限角度看

$$\delta(t)=\begin{cases}+\infty & (t=0)\\ 0 & (t\neq 0)\end{cases} \tag{3-42}$$

从面积(通常也称为 δ 函数的强度)角度来看

$$\int_{-\infty}^{+\infty}\delta(t)\mathrm{d}t=\lim_{\varepsilon\to 0}\int_{-\infty}^{+\infty}S_\varepsilon(t)\mathrm{d}t=1 \tag{3-43}$$

2) δ 函数的采样性质

如果 δ 函数与某一连续函数 $f(t)$ 相乘,显然其乘积仅在 $t=0$ 处为 $f(0)\delta(t)$,其余各点 $(t\neq 0)$ 处之乘积均为零,其中 $f(0)\delta(t)$ 是一个强度为 $f(0)$ 的 δ 函数。也就是说,从函数值来看,该乘积趋于无限大;从面积(强度)来看,该乘积则为 $f(0)$。如果 δ 函数与某一连续函数 $f(t)$ 相乘,并在 $(-\infty,+\infty)$ 区间内积分,则有

$$\int_{-\infty}^{+\infty}\delta(t)f(t)\mathrm{d}t=\int_{-\infty}^{+\infty}\delta(t)f(0)\mathrm{d}t=f(0)\int_{-\infty}^{+\infty}\delta(t)\mathrm{d}t=f(0) \tag{3-44}$$

同理,对于有延时 t_0 的 δ 函数 $\delta(t-t_0)$,它与连续函数 $f(t)$ 的乘积只在 $t=t_0$ 时刻不等于零,而等于强度为 $f(t_0)$ 的 δ 函数。在 $(-\infty,+\infty)$ 区间内,该乘积的积分为

$$\int_{-\infty}^{+\infty}\delta(t-t_0)f(t)\mathrm{d}t=\int_{-\infty}^{+\infty}\delta(t-t_0)f(t_0)\mathrm{d}t=f(t_0) \tag{3-45}$$

式(3-44)和式(3-45)表示 δ 函数的采样性质。此性质表明,任何函数 $f(t)$ 和 $\delta(t-t_0)$ 的乘积是一个强度为 $f(t_0)$ 的 δ 函数 $\delta(t-t_0)$,而该乘积在无限区间内的积分则是 $f(t)$ 在 $t=t_0$ 时刻的函数值 $f(t_0)$。这个性质对连续信号的离散采集是十分重要的。

3) δ 函数与其他函数的卷积

任何函数和 δ 函数 $\delta(t)$ 的卷积是一种最简单的卷积积分。例如,一个矩形函数 $x(t)$ 与 δ 函数 $\delta(t)$ 的卷积为

$$x(t)*\delta(t)=\int_{-\infty}^{+\infty}x(\tau)\delta(t-\tau)\mathrm{d}\tau=\int_{-\infty}^{+\infty}x(\tau)\delta(\tau-t)\mathrm{d}\tau=x(t) \tag{3-46}$$

同理,当 δ 函数为 $\delta(t\pm t_0)$ 时

$$x(t)*\delta(t\pm t_0)=\int_{-\infty}^{+\infty}x(\tau)\delta(t\pm t_0-\tau)\mathrm{d}\tau=x(t\pm t_0) \tag{3-47}$$

δ 函数与其他函数的卷积示例如图3-15所示。

可见,函数 $x(t)$ 和 δ 函数的卷积结果,就是在 δ 函数的坐标位置上(以此作为坐标原点)简单地将 $x(t)$ 重新构图。

4) $\delta(t)$ 的频谱

将 $\delta(t)$ 进行傅里叶变换

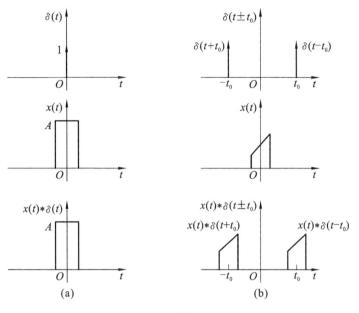

图 3-15　δ 函数与其他函数的卷积示例

$$\Delta(f) = \int_{-\infty}^{+\infty} \delta(t) e^{-2j\pi ft} dt = e^0 = 1 \tag{3-48}$$

其逆变换为

$$\delta(t) = \int_{-\infty}^{+\infty} 1 e^{2j\pi ft} df \tag{3-49}$$

故知时域的 δ 函数具有无限宽广的频谱，而且在所有的频段上都是等强度的（见图 3-16），这种频谱常称为"均匀谱"。

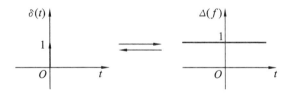

图 3-16　δ 函数及其频谱

根据傅里叶变换的对称性、时移性和频移性，可以得到下列傅里叶变换对：

时域		频域
$\delta(t)$	$\Longrightarrow$	1
（单位瞬时脉冲）		（均匀频谱密度函数）
1	$\Longrightarrow$	$\delta(f)$
（幅值为 1 的直流量）		（在 $f=0$ 处有脉冲谱线）
$\delta(t-t_0)$	$\Longrightarrow$	$e^{-2j\pi ft_0}$
（δ 函数时移 t_0）		（各频率成分分别相移 $2\pi ft_0$ 角）
$e^{2j\pi f_0 t}$	$\Longrightarrow$	$\delta(f-f_0)$
（复指数函数）		（将 $\delta(f)$ 频移 f_0）

$$(3-50)$$

3. 正、余弦函数的频谱密度函数

由于正、余弦函数不满足绝对可积条件,因此不能直接应用式(3-23)进行傅里叶变换,而需在傅里叶变换时引入 δ 函数。

根据式(3-6)、式(3-7),正、余弦函数可以写成

$$\sin 2\pi f_0 t = \frac{1}{2}j(e^{-2j\pi f_0 t} - e^{2j\pi f_0 t})$$

$$\cos 2\pi f_0 t = \frac{1}{2}(e^{-2j\pi f_0 t} + e^{2j\pi f_0 t})$$

应用式(3-50),可认为正、余弦函数是把频域中的两个 δ 函数向不同方向频移后之差或和的傅里叶逆变换。因而可求得正、余弦函数的傅里叶变换如下

$$\sin 2\pi f_0 t \Leftrightarrow \frac{1}{2}j[\delta(f+f_0) - \delta(f-f_0)] \tag{3-51}$$

$$\cos 2\pi f_0 t \Leftrightarrow \frac{1}{2}[\delta(f+f_0) + \delta(f-f_0)] \tag{3-52}$$

正、余弦函数及其频谱如图 3-17 所示。

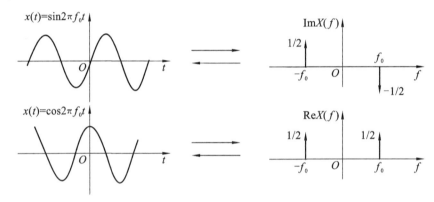

图 3-17　正、余弦函数及其频谱

4. 周期单位脉冲序列的频谱

等间隔的周期单位脉冲序列常称为梳状函数,并用 $\mathrm{comb}(t, T_s)$ 表示

$$\mathrm{comb}(t, T_s) = \sum_{n=-\infty}^{+\infty} \delta(t - nT_s) \tag{3-53}$$

式中,T_s 为周期;n 为整数,$n = 0, \pm 1, \pm 2, \cdots$。

因为此函数是周期函数,所以可以把它表示为傅里叶级数的复指数函数形式

$$\mathrm{comb}(t, T_s) = \sum_{k=-\infty}^{+\infty} c_k e^{2j\pi n f_s t} \tag{3-54}$$

式中

$$f_s = 1/T_s$$

$$c_k = \frac{1}{T_s}\int_{-\frac{T_s}{2}}^{\frac{T_s}{2}} \mathrm{comb}(t, T_s) e^{-2j\pi k f_s t} dt$$

因为在 $(-T_s/2, T_s/2)$ 区间内,式(3-53)只有一个 δ 函数 $\delta(t)$,而当 $t = 0$ 时,$e^{-2j\pi k f_s t} = e^0 = 1$,所以

$$c_k = \frac{1}{T_s}\int_{-\frac{T_s}{2}}^{\frac{T_s}{2}} \delta(t) e^{-2j\pi k f_s t} dt = \frac{1}{T_s}$$

这样,式(3-54)可写成

$$\mathrm{comb}(t, T_s) = \frac{1}{T_s} \sum_{k=-\infty}^{+\infty} e^{2j\pi n f_s t}$$

根据式(3-50),有

$$e^{2j\pi k f_s t} \Longleftrightarrow \delta(f - k f_s)$$

可得 $\mathrm{comb}(t, T_s)$ 的频谱 $\mathrm{comb}(f, f_s)$,也就是梳状函数为

$$\mathrm{comb}(f, f_s) = \frac{1}{T_s} \sum_{k=-\infty}^{+\infty} \delta(f - k f_s) = \frac{1}{T_s} \sum_{k=-\infty}^{+\infty} \delta\left(f - \frac{k}{T_s}\right) \tag{3-55}$$

周期单位脉冲序列及其频谱如图 3-18 所示。

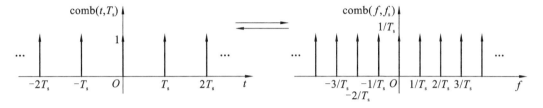

图 3-18   周期单位脉冲序列及其频谱

由图 3-18 可见,时域周期单位脉冲序列的频谱也是周期脉冲序列。若时域周期为 T_s,则频域脉冲序列的周期为 $1/T_s$;时域脉冲强度为 1,频域脉冲强度为 $1/T_s$。

<h1 style="text-align:center">习　题</h1>

3-1   判断以下各序列的周期性,如果判断为周期性序列,试确定其周期。

(1) $x(n) = A\cos\left(\frac{7\pi}{3}n - \frac{\pi}{8}\right)$;

(2) $x(n) = e^{j\left(\frac{n}{8} - \pi\right)}$。

3-2   求指数函数 $x(t) = Ae^{-at}$ $(a > 0, t \geqslant 0)$ 的频谱。

3-3   针对下列各时间函数,在时域中绘出其波形图,注意它们的区别。

(1) $f_1(t) = \sin(\omega t) u(t)$;

(2) $f_2(t) = \sin[\omega(t - t_0)] u(t)$;

(3) $f_3(t) = \sin(\omega t) u(t - t_0)$;

(4) $f_4(t) = \sin[\omega(t - t_0)] u(t - t_0)$。

3-4   简述傅里叶变换的主要性质有哪些。

3-5   求被截断的余弦函数 $\cos\omega_0 t$(见题 3-5 图)的傅立叶变换。

$$x(t) = \begin{cases} \cos\omega_0 t & (|t| < T) \\ 0 & (|t| \geqslant T) \end{cases}$$

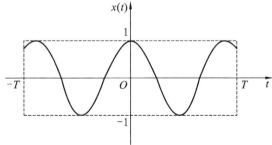

题 3-5 图

3-6 设一时间函数 $f(t)$ 及其频谱如题 3-6 图所示,现将时间函数 $f(t)$ 乘以余弦型振荡 $\cos\omega_0 t\,(\omega_0 > \omega_m)$。在这个关系中,函数 $f(t)$ 叫作调制信号,余弦型振荡 $\cos\omega_0 t$ 叫作载波。试求调幅信号 $f(t)\cos\omega_0 t$ 的傅立叶变换,并画出调幅信号及其频谱。又问:若 $\omega_0 < \omega_m$,将会出现什么情况?

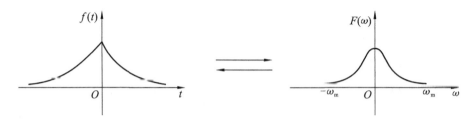

题 3-6 图

3-7 利用时域与频域的对称性,求下列傅里叶变换的时间函数。

(1) $\mathscr{F}(\omega) = \delta(\omega - \omega_0)$

(2) $\mathscr{F}(\omega) = u(\omega + \omega_0) - u(\omega - \omega_0)$

(3) $\mathscr{F}(\omega) = \begin{cases} \dfrac{\omega_0}{\pi} & (|\omega| \leqslant \omega_0) \\ 0 & (\text{其他}) \end{cases}$

3-8 若已知 $\mathscr{F}[f(t)] = X(\omega)$,利用傅立叶变换的性质确定下列信号的傅里叶变换。

(1) $tf(2t)$;

(2) $(t-2)f(t)$;

(3) $(t-2)f(-2t)$;

(4) $t\dfrac{\mathrm{d}f(t)}{\mathrm{d}t}$;

(5) $f(1-t)$;

(6) $(1-t)f(1-t)$;

(7) $tf(2t-5)$。

第④章　无源传感器

传感器技术作为信息科学的一个重要分支,与计算机技术、自动控制技术和通信技术等一起构成了信息技术的完整的学科内容。在人类进入信息时代的今天,传感器作为信息获取与信息转换的重要手段,是信息科学最前端的器件,传感器技术也是实现信息化的基础技术之一。

传感器能够把从自然界中采集到的各种物理量、化学量等转换成电信号,经过电子电路变换后再进行处理,从而实现对非电量的检测。

本章主要介绍无源传感器的工作原理、特性参数、测量电路和典型应用等方面的知识。

4.1　无源传感器概述

4.1.1　传感器的定义与组成

1. 传感器的定义

国家标准GB/T 7665—2005 对传感器下的定义是:"能感受被测量并按照一定的规律转换成可用输出信号的器件或装置,通常由敏感元件和转换元件组成。"因此,传感器是一种检测装置,它能感受到被测量的信息,并能将感受到的信息进行检测并按一定规律变换成电信号或其他所需形式的信息输出,以满足信息的传输、处理、存储、显示、记录和控制等要求。

2. 传感器的组成

传感器一般由敏感元件、转换元件、转换电路 3 个部分组成,其组成框图如图 4-1 所示。

图 4-1　传感器组成框图

1) 敏感元件

敏感元件是能直接感受被测量,并将被测非电量信号按一定对应关系转换为易于转换成电信号的另一种非电量信号的元件。如应变式压力传感器中的弹性元件(如膜盒等)就是敏感元件之一。

2) 转换元件

转换元件是能将敏感元件输出的非电量信号或直接将被测非电量信号转换成电量信号(包括电参量和电能量转换)的元件。如应变式压力传感器中的应变片就是转换元件,它的作用是将弹性元件的输出应变转换为电阻的变化。

3) 转换电路

转换电路是将转换元件输出的电量信号转换为便于显示、处理、传输的电信号的电路,它的作用主要是信号的转换。常用的转换电路有电桥、放大器、振荡器等。转换电路输出的电信号有电压、电流或频率等。

不同类型的传感器的组成也不同。最简单的传感器由一个转换元件(兼敏感元件)组成,它将感受到的被测量直接转换为电量输出,如热电偶、光电池等;有些传感器由敏感元件和转换元件组成,不需要转换电路就有较大的信号输出,如压电传感器、磁电式传感器等;有些传感器由敏感元件、转换元件和转换电路组成,如电阻应变式传感器、电感传感器、电容传感器等。

4.1.2　传感器的地位和作用

以减少劳动力和减轻劳动强度,提高产品质量和提高产品的一致性为动力,人们对自动化设备提出了更多的需求和更高的要求。自动化设备是现代工业生产、交通、军事等领域不可缺少的部分,随着产品质量和控制精度的提高,人们对自动化设备的依赖性越来越强。为了实现对上述领域的控制,就需要获取信息,传感器就是获取信息的必要手段。可以说传感器是实现自动控制的源头,没有传感器,就无法获取信息,就无法输出控制信号,也就无法实现自动控制。

传感器技术不仅对科学技术的发展起着基础和支柱的作用,而且对产品的质量和产品的一致性起着决定性的作用,因此被世界各国列为科学攻关的关键技术之一。可以说,没有传感器就没有现代化的科学技术,也就没有人类高质量的生活及生活所必需的合格产品。传感器技术的发展推动了自动化技术的发展,自动化技术的发展也要求新的传感器技术出现。传感器技术是一个国家的科学技术和国民经济发展水平的标志之一。

4.1.3　传感器的分类

一般来说,测量同一种被测参数可以采用多种传感器。反过来,同一种传感器也可以用来测量多种被测参数。因此,传感器的分类方法有很多种。

1. 根据传感器是否需要提供外部电源进行分类

根据传感器是否需要提供外部电源,可以将传感器分为有源传感器和无源传感器两种。

有源传感器也称为能量转换型传感器,其特点是无须外部电源就能工作,敏感元件本身能将非电量信号直接转换成电量信号。有源传感器无能量放大作用,只是将一种能量转换成另一种能量,所以要求从被测对象获取的能量越大越好。例如,压电式传感器、超声波传感器是压/电转换型传感器,热电偶是热/电转换型传感器,光电池是光/电转换型传感器,这些都属于有源传感器。

与有源传感器相反,无源传感器的敏感元件本身不产生能量,而是随被测量的变化而改变本身的电特性,因此必须采用外加激励源对其进行激励,才能输出电量信号。大部分传感器,例如热电阻传感器(热/电阻转换型)、压敏电阻传感器(压/电阻转换型)、湿敏电容式传感器(湿/电容转换型)、压力电感式传感器(压/电感转换型),都属于无源传感器。由于无源传感器需要为敏感元件提供激励源才能工作,所以与有源传感器相比无源传感器通常需要更多的引线,并且传感器的灵敏度也会受到激励信号的影响。

2. 根据被测参数进行分类

传感器通常以被测物理量命名。测量温度的传感器称为温度传感器,测量压力的传感器称为压力传感器,测量流量的传感器称为流量传感器,测量位移的传感器称为位移传感器,测量速度的传感器称为速度传感器,等等。例如,热电阻温度传感器、应变式压力传感器、电感式位移传感器、容积式流量传感器等。

3. 根据输出信号的类型进行分类

根据输出信号的类型,可以将传感器分为模拟式传感器与数字式传感器两种。

模拟式传感器将被测量转换为模拟电信号直接输出,输出信号的幅度表示被测对象的变化量。数字式传感器将被测量转换为数字信号输出,被测对象的变化量通常由输出信号的数字大小来表征。

数字式传感器是模拟式传感器与数字技术相结合的产物。随着集成电路技术的发展,数字式传感器的种类将会越来越多,如集成式温度传感器就是数字式温度传感器。也可以通过数字芯片将模拟信号转换成数字信号,例如将 V/F 芯片与模拟式传感器相结合,就可以输出脉宽调制的数字信号。数字信号具有抗干扰能力强、易于传输等特点。

4. 根据传感器的工作原理进行分类

根据传感器的工作原理,可以将传感器分为电阻式传感器(被测对象的变化引起了电阻的变化)、电感式传感器(被测对象的变化引起了电感的变化)、电容式传感器(被测对象的变化引起了电容的变化)、应变式电阻传感器(被测对象的变化引起了敏感元件的应变)、压电式传感器(被测对象的变化引起了电荷的变化)、热电式传感器(温度的变化引起了输出电压的变化)等种类。

5. 根据传感器的基本效应进行分类

根据传感器的基本效应,可以将传感器分为物理传感器、化学传感器等种类。

物理传感器是把被测量的一种物理量转换成便于处理的另一种物理量的元器件或装置。主要的物理传感器有光电式传感器、压电式传感器、压阻式传感器、电磁式传感器、热电式传感器等。光电式传感器的主要原理是光电效应,当光照射到物质上时就产生电效应。比如说,光敏电阻就是光的变化引起了电阻的变化。物理传感器按其构成可细分为物性型传感器和结构型传感器两种。

(1) 物性型传感器是依靠敏感元件材料本身物理特性的变化来实现信号的转换的。例如,利用材料在不同湿度下的变化特性制成的湿敏传感器,利用材料在光照下的变化特性制成的光敏传感器,利用材料在磁场作用下的变化特性制成的磁敏传感器等。

(2) 结构型传感器是依靠传感器元件的结构参数变化来实现信号的转换的,主要将机械结构的几何尺寸或形状的变化,转换为相应的电阻、电感、电容等物理量的变化,从而实现被测参数的测量。例如,变极距型电容式传感器就是通过极板间距的变化来实现位移、压力等物理量的测量的,变气隙式电感式传感器就是利用衔铁的位置变化来实现位移、振动等物理量的测量的。

化学传感器是将各种化学物质的特性(例如电解质浓度、空气湿度等)的变化定性或定量地转换成电信号的装置,例如离子敏传感器、气敏传感器、湿敏传感器和电化学传感器等。

无论何种类型的传感器,作为非电量测量与控制系统的首要环节,都应能达到快速、准确、可靠且经济地实现信息获取和转换的基本要求。具体的要求有:① 传感器反应速度快,可靠性高;② 传感器的输出量与被测对象之间具有确定的关系;③ 传感器的精度适当,稳定性好,满足静态、动态特性的要求;④ 传感器的适应性强,对被测对象影响小,不易受干扰;⑤ 传感器的工作范围或量程足够大,具有一定的过载能力;⑥ 传感器使用经济,成本低,寿命长。

4.1.4 传感器的发展方向

传感器技术是世界各国在高新技术领域争夺的一个制高点。从 20 世纪 80 年代起,日本将传感器技术列为优先发展的高新技术,美国和欧洲国家等也将此技术列为国家高科技和国防技术的重点内容,同时我国也将传感器技术列为国家高新技术发展的重点。有学者认为,今后传感器的研究和开发方向应是环保传感器、医疗卫生和食品业检测器、微机械传感器、汽车传感器、高精度传感器、新型敏感材料等。

传感器的发展趋势可概括为以下几个方面。

1. 传感器的小型化、集成化

由于航空航天和医疗器械的需要,以及为了减小传感器对被测对象的影响,传感器必须向小型化方向发展,以便减小仪器的体积和质量。同时为了减少转换、测量和处理环节,传感器也应向集成化方向发展,从而进一步减小体积、增加功能、提高稳定性和可靠性。

传感器的集成化分为三种情况:一是将具有同样功能的传感器集成在一起,从而使对一个点的测量变成对一个面或空间的测量;二是将不同功能的传感器集成在一起,从而形成一个多功能或具有补偿功能的传感器;三是将传感器与放大器、运算器及补偿器等器件一体化,组装成一个具有处理功能的器件。

集成传感器的优势是传统传感器无法达到的,它不是一个个传感器的简单叠加,而是将辅助电路中的元件与传感器元件同时集成在一块芯片上,使之具有校准、补偿、自诊断和网络通信功能,它可以降低成本、减小体积、增强抗干扰性能。

2. 传感器的智能化

智能化传感器就是将传统传感器与微处理器、测量电路、补偿电路等集成在一起或组装在一起的一种带微型计算机的传感器。它不仅具有传统传感器的感知功能,而且还具有判断和信息处理功能。与传统传感器相比,智能化传感器具有以下几个功能。

(1)具有修正、补偿功能:可在正常工作中通过软件对传感器的非线性、温度漂移、响应时间等进行修正和补偿。

(2)具有自诊断功能:传感器上电后,其内部程序就对传感器进行自检,如果某一部分出现了问题,能够指示传感器哪一点出现了故障或哪一部分出现了故障。

(3)多传感器融合和多参数测量功能。

(4)具有数据处理功能:通过设定的算法自动处理数据和存储数据。

(5)具有通信功能:传感器获取的数据,可以通过总线将测量结果传输给信息处理中心,信息处理中心也可以将算法或阈值等传输给传感器,从而实现信息的传输与反馈。

(6)可设置报警功能:可以通过总线设置报警的上限值和下限值。

3. 传感器的网络化

将多个传感器通过通信协议连接在一起,就组成了一个传感器网。特别是传感器与无线技术、网络技术相结合,出现了一个新网络——传感器网或物联网,它已经引起了人们广泛的关注。

基于 ZigBee 技术的无线传感器网以 IEEE 802.15.4 协议为基础,如今已得到了迅猛发展,它具有功耗极低、组网方式灵活、成本低等优点,在军事侦察、环境检测、医疗健康、科学研究等众多领域具有广泛的应用前景。

4. 生物传感器

生物传感器是利用生物特异性识别过程来实现检测的传感器。生物传感器中的生物敏感元件包括生物体、组织、细胞、细胞核、细胞膜、酶、抗体、核酸等，而生物传感器就是利用这些从微观到宏观多个层次相关物质的特异识别能力来实现检测的器件。传统上光学检测器是生物传感器的主流。近年来，随着界面科学（如分子自组装技术）与纳米科学（如扫描探针显微镜）的发展，电化学纳米生物传感器获得了前所未有的发展机遇并引起了极大的关注。

4.2 电阻式传感器

在众多传感器中，有一大类是通过电阻参数的变化来进行非电量信号的测量的，它们被统称为电阻式传感器。各种电阻材料受被测量（如位移、压力、温度、湿度等）作用而使材料本身电阻阻值发生相应改变，材料接入电路时引起导电特性随被测量的变化而变化。本节重点讨论电阻应变式传感器、压阻式传感器、热电阻式传感器、光敏电阻、气敏电阻、湿敏传感器等相关知识。

4.2.1 电阻应变式传感器

一、电阻应变式传感器的工作原理及结构

（一）电阻应变效应

导体或半导体材料在应力作用下产生机械形变，其电阻值也发生相应改变的这种效应称为电阻应变效应。

设有一截长度为 L、横截面积为 A、电阻率为 ρ 的金属丝，则它的电阻 R 可用下式表示

$$R = \rho \frac{L}{A} \tag{4-1}$$

当金属丝受到纵向应力 σ 作用而被拉伸（或压缩）时，由于电阻应变效应，电阻丝的电阻 R 发生变化，通过对式（4-1）两边取对数再进行微分，并以增量代替微分，即可求得电阻的相应变化为

$$\frac{\Delta R}{R} = \frac{\Delta L}{L} - \frac{\Delta A}{A} + \frac{\Delta \rho}{\rho} \tag{4-2}$$

对于直径为 $2r$ 的圆形横截面的电阻丝，因为 $A = \pi r^2$，所以有

$$\frac{\Delta A}{A} = 2\frac{\Delta r}{r} = -2\mu\varepsilon \tag{4-3}$$

式中，μ 为材料的泊松比，$\varepsilon = \Delta L/L$ 为材料的轴向线应变。

将式（4-3）代入式（4-2），可得

$$\frac{\Delta R}{R} = (1+2\mu)\varepsilon + \frac{\Delta \rho}{\rho} = \left(1+2\mu+\frac{\Delta\rho/\rho}{\varepsilon}\right)\varepsilon = K\varepsilon \tag{4-4}$$

式中，K 为金属丝的应变灵敏度系数。

式（4-4）表明，K 由两部分组成：$1+2\mu$ 部分由材料几何尺寸的改变引起，$\frac{\Delta\rho/\rho}{\varepsilon}$ 表示应变引起材料的电阻率 ρ 的变化而产生的灵敏度系数。通过实验研究发现，对于金属材料，应变灵敏度系数主要由 $1+2\mu$ 决定；对于半导体材料，应变灵敏度系数则主要由 $\frac{\Delta\rho/\rho}{\varepsilon}$ 来决定。表4-1

所示为应变片电阻丝材料性能。

表 4-1 应变片电阻丝材料性能

材 料	成 分	应变灵敏度系数	在 20 ℃ 时的电阻率 /$(\mu\Omega \cdot m)$	在 0～100 ℃ 内电阻温度系数 /$(\times 10^{-6}/℃)$	在 0～100 ℃ 内线膨胀系数 /$(\times 10^{-6} \cdot ℃)$	对铜的热电动势 /$(\mu V/℃)$	最高工作温度 /℃
康铜	60%Cu 40%Ni	1.7～2.1	0.47～0.51	−20～20	14.9	43	400
镍铬合金	80%Ni 20%Cr	2.1～2.5	0.9～1.1	110～150	14.0	4	800
铂铱合金	95%Pt 5%Ir	4.5	0.24	200	−13	—	1000～1100
卡玛合金	20%Cr 74%Ni 6%Fe	2.4	1.33	−10～10	1.33	3	—
铂	100%Pt	4～6	0.09～0.11	3900	—	7.6	
铂钨合金	92%Pt 8%W	3.5	0.68	227	—	6.1	

（二）电阻应变片的结构

电阻应变片的结构形式较多，但其主要组成部分基本相同。图 4-2 所示为金属应变片结构，图 4-3 所示为半导体应变片结构。

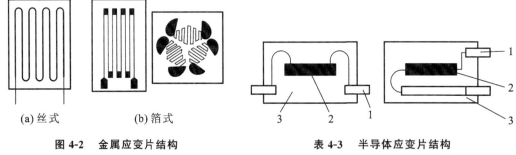

(a)丝式　　　　(b)箔式

图 4-2　金属应变片结构　　　　表 4-3　半导体应变片结构

1— 引线；2—Si；3— 基片

1. 电阻丝材料

从制作材料上来分，应变片分为金属应变片和半导体应变片两大类。从性能方面，对电阻丝的要求是：应变灵敏度系数较大，且线性范围宽；电阻率 ρ 值大，且稳定性好；耐腐蚀、耐疲劳。一般金属应变片线性度好但灵敏度不高，而半导体应变片线性度较差但灵敏度高。

2. 金属应变结构形状

图 4-4(a)所示为丝式应变片，基长 l 可在 1.5～75 mm 内变化，线栅宽 b 可在 2～10 mm 内变化，弯曲段的半径 r 的范围为 0.1～0.3 mm。为了减小弯曲段的横向效应，可制成图 4-4(c)所示的形状，也可以用铜或连接线代替弯曲段，成为图 4-4(b)所示的形状，或者是只由一条电阻丝制成，如图 4-4(e)所示。应用十分广泛的箔式应变片，如图 4-4(d)所示，是通过光刻、腐蚀等工序制成的一种很薄的金属箔栅，箔的厚度一般为0.003～0.01 mm，基片厚

度多为 0.03～0.05 mm,基片和覆盖层多为胶质膜.箔式应变片的优点在于表面积与截面积之比大,散热条件好,允许有较高的电流密度,灵敏度高,可制成任意形状,易加工,适于大量生产,成本低.

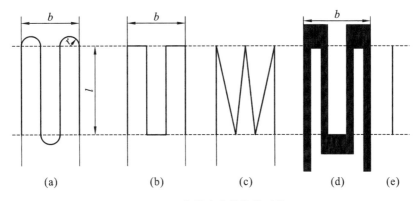

图 4-4 金属应变片结构形状

薄膜应变片是采用真空蒸镀技术在薄的绝缘基片上蒸镀上金属电阻材料薄膜,最后加上保护层制成的,其优点在于应变片灵敏度高,允许有较大的电流密度等.

几种常见的国产应变片的技术数据列于表 4-2 中.

表 4-2 几种常见的国产应变片的技术数据

型 号	形 式	阻值 /Ω	应变灵敏度系数 K	线栅尺寸 b/mm × l/mm
PZ-17	圆角线栅、纸基	120±0.2	1.95～2.1	2.8×17
8120	圆角线栅、纸基	118	2.0±0.01	2.8×18
PJ-120	圆角线栅、纸基	120	1.9～2.1	3×12
PJ-320	圆角线栅、纸基	320	2.0～2.1	11×11
PJ-5	箔式	120±0.5	2.0～2.2	3×5
2×3	箔式	87±0.4	2.05	2×3
2×1.5	箔式	35±0.4	2.05	2×1.5

3. 应变片的粘贴技术

应变片在使用时一般通过黏合剂把被测件与应变片黏合在一起.应变片要准确地把被测件的应变(或应力)测量出来.粘贴技术对于应变测量系统的精度起着相当重要的作用.粘贴技术主要体现在以下两个方面.

1)黏合剂的选取

在选用黏合剂时,要根据应变片的工作条件、工作温度、潮湿度、有无化学腐蚀、稳定性、加温加压固化的可能性及粘贴时间长短等因素来进行综合考虑,选择合适的黏合剂.

2)粘贴工艺

在粘贴时,必须遵循正确的粘贴工艺流程,进行正确的操作,保证粘贴质量.

二、电阻应变式传感器的测量电路及补偿

(一)测量电路

电阻应变式传感器的测量电路按工作电源分为直流电源测量电路和交流电源测量电路

两种。由于电阻应变片工作时,应变片的电阻发生了 $\pm \Delta R$ 的变化,且这种阻值的相对变化量是很小的,普通的测量电路是没办法准确测量的。例如,某电阻应变式传感器的应变片未工作时的电阻为 $R = 100\ \Omega$,工作时的机械应变 $\varepsilon = 1000 \times 10^{-6}$,应变片的应变灵敏度系数 $K = 2$,则电阻的相对变化量 $\Delta R/R = K\varepsilon = 2 \times 1000 \times 10^{-6} = 0.002$,这样小的电阻变化用一般的电阻测量仪表不易直接准确测出。目前最常用的测量电路为桥式测量电路,简称电桥电路。

1. 直流电桥电路

如图 4-5 所示,电桥各臂电阻分别表示为 R_1,R_2,R_3,R_4,U 为电桥的直流供电电压,则输出电压 U_o 可表示为

$$U_o = -\frac{R_1 R_3 - R_2 R_4}{(R_1 + R_2)(R_3 + R_4)}U \qquad (4\text{-}5)$$

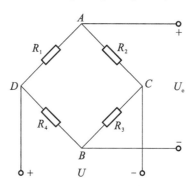

图 4-5 直流电桥电路

当 $U_o = 0$ 时,电桥处于平衡状态,此时

$$R_1 R_3 = R_2 R_4 \qquad (4\text{-}6)$$

$R_1 R_3 = R_2 R_4 \left(\text{或} \dfrac{R_1}{R_2} = \dfrac{R_4}{R_3}\right)$ 称为电桥的平衡条件。按照负载的不同要求,应变电桥可分为电压输出电桥和电流输出电桥。本节仅讨论在负载 $R_L \to +\infty$ 时电桥的电压输出特性,可分为如下几种情况。

1) 不对称电桥

不对称电桥满足电桥平衡条件 $R_1 R_3 = R_2 R_4$,但 $R_1 \neq R_3 \neq R_2 \neq R_4$。当接入桥臂的四个电阻均为应变片,每个电阻应变片在工作时分别有 ΔR_1,ΔR_2,ΔR_3,ΔR_4 的增量时,这时电桥的输出电压变化为

$$\Delta U_o = -\frac{(R_1 + \Delta R_1)(R_3 + \Delta R_3) - (R_2 + \Delta R_2)(R_4 + \Delta R_4)}{(R_1 + \Delta R_1 + R_2 + \Delta R_2)(R_3 + \Delta R_3 + R_4 + \Delta R_4)}U \qquad (4\text{-}7)$$

假设接入桥臂的四个电阻只有一个为应变片,其他三个为固定阻值电阻,即 $\Delta R_1 \neq 0$,$\Delta R_2 = \Delta R_3 = \Delta R_4 = 0$,这样的一种单臂工作状态输出电压变化可表示为

$$\Delta U_o = -\frac{(R_1 + \Delta R_1)R_3 - R_2 R_4}{(R_1 + \Delta R_1 + R_2)(R_3 + R_4)}U \qquad (4\text{-}8)$$

把平衡条件 $R_1 R_3 = R_2 R_4$ 代入式(4-8)并忽略高阶小量可得

$$\Delta U_o = \frac{-R_2}{(R_1 + R_2)^2}\Delta R_1 U = \frac{-R_1 R_2}{(R_1 + R_2)^2}\left(\frac{\Delta R_1}{R_1}\right)U \qquad (4\text{-}9)$$

2) 对称电桥

对称电桥在满足电桥平衡条件的基础上可分为以下两种情况。

（1）电源输入端对称电桥。如图 4-6(a) 所示，满足条件 $R_1 = R_4$，$R_2 = R_3$ 的电桥称为电源输入端对称电桥。当桥臂接入一个应变片 R_1 时，如图 4-6(b) 所示，这时电桥输出电压的变化可表示为

$$\Delta U_。 = -\frac{R_1 R_2}{(R_1 + R_2)^2}\left(\frac{\Delta R_1}{R_1}\right)U \tag{4-10}$$

当桥臂接入两个应变片，且接入的两个应变片关于电源输入端对称，如图 4-6(c) 所示，要求这两个应变片在工作时所产生的电阻相对增量大小相等、符号相反，则电桥输出电压的变化可表示为

$$\Delta U_。 = -\frac{2R_1 R_2}{(R_1 + R_2)^2}\left(\frac{\Delta R_1}{R_1}\right)U \tag{4-11}$$

（2）桥路输出端对称电桥。满足 $R_1 = R_2$，$R_3 = R_4$ 的电桥称为桥路输出端对称电桥。当 R_1 为应变片，产生 $\Delta R_1 = \Delta R$ 的增量，其他三个为固定阻值电阻时，桥路输出电压的变化可表示为

$$\Delta U_。 = -\frac{R_1 R_2}{(R_1 + R_2)^2}\frac{\Delta R_1}{R_1}U = -\frac{1}{4}U\frac{\Delta R}{R} = -\frac{1}{4}UK\varepsilon \tag{4-12}$$

当桥路接入两个应变片，且这两个应变片满足桥路输出端对称，假设 R_1，R_2 为两个应变片，则当 R_1 产生 $+\Delta R$ 的变化时，R_2 产生 $-\Delta R$ 的变化，这时桥路输出电压的变化可表示为

$$\Delta U_。 = -\frac{1}{2}UK\varepsilon \tag{4-13}$$

3）全等臂电桥

当 $R_1 = R_2 = R_3 = R_4 = R$ 时，这样的电桥称之为全等臂电桥。全等臂电桥可分为三种情况来表示其输出电压的变化量。

通式

$$\Delta U_。 = -\frac{U}{4}K\left(\frac{\Delta R_1}{R_1} - \frac{\Delta R_2}{R_2} + \frac{\Delta R_3}{R_3} - \frac{\Delta R_4}{R_4}\right) \tag{4-14}$$

（1）接入一个应变片，则

$$\Delta U_。 = -\frac{1}{4}UK\varepsilon \tag{4-15}$$

（2）接入两个应变片，应变片接入电桥保持相邻臂接入且邻臂接入的应变片所产生的电阻增量大小相等、符号相反，则

$$\Delta U_。 = -\frac{1}{2}UK\varepsilon \tag{4-16}$$

（3）接入四个应变片，如图 4-6(d) 所示，应变片接入电桥保持相邻臂接入相反应变片（电阻增量大小相等、符号相反），对臂接入相同应变片（电阻增量大小相等、符号相同），则

$$\Delta U_。 = -UK\varepsilon \tag{4-17}$$

通常，全等臂电桥的应用较为广泛。从上面的分析来看，对于全等臂电桥来讲，应变片接入四个应变片时灵敏度最高。

2. 交流电桥电路

图 4-7 所示为交流电桥电路。对于交流电桥电路，由于它的电桥供电电压为交流电压，因此它的输出电压也是交流电压，应变的大小可以通过输出电压的幅值来判断，但无法通过输出电压来判断应变的方向。在考虑交流电桥的平衡条件时要满足阻抗相平衡，即

$$Z_1 Z_3 = Z_2 Z_4 \tag{4-18}$$

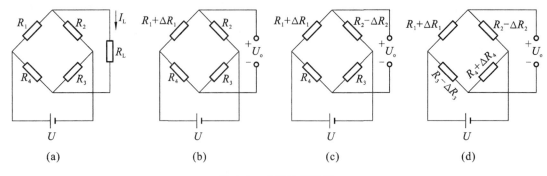

图 4-6 几种电桥电路

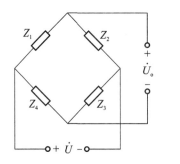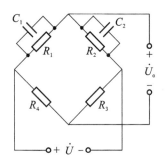

图 4-7 交流电桥电路

由于

$$Z_i = R_i + jX_i = z_i e^{j\Phi_i} \quad (i = 1,2,3,4)$$

式中，R_i，X_i 分别为各桥臂的电阻和电抗；z_i，Φ_i 分别为各桥臂的复阻抗的模和辐角。

因此式(4-18)可以由下式代替

$$\begin{cases} z_1 z_3 = z_2 z_4 \\ \Phi_1 \Phi_3 = \Phi_2 \Phi_4 \end{cases} \tag{4-19}$$

或

$$(R_1 + jX_1)(R_3 + jX_3) = (R_2 + jX_2)(R_4 + jX_4)$$

（二）电桥的调平衡

当应变片接入桥式测量电路时，理论上来说，满足电桥平衡条件可使应变片未工作时的桥路输出为零，但在实际测量电路中，由于各桥臂的性能参数不可能保持完全对称，再加上引线电阻、分布电容（桥臂）等因素的影响，可能会影响到交直流电桥的初始平衡条件和输出。因此，在应变片未工作时必须进行电桥的平衡调节。对于直流电桥（或纯电阻电桥）来讲，电桥的调平衡可采用串联电位器法（见图 4-8(a)）和并联电位器法（见图 4-8(b)）；对于交流电桥来讲，一般采用阻容调平衡法（见图 4-9）。

（三）温度补偿

造成应变片测量产生误差的原因有很多，其中温度影响是最重要的。当环境温度发生变化时，会导致应变片本身电阻阻值发生变化。这主要有两个原因：一是电阻丝本身的电阻温度系数发生变化，二是电阻丝与被测件的线膨胀系数不同。

若环境温度变化 Δt 时，应变片电阻的增量 ΔR_t 可由下式表示

$$\Delta R_t = R_0 a \Delta t + R_0 K(\beta_1 - \beta_2)\Delta t = R_0 [a + K(\beta_1 - \beta_2)]\Delta t \tag{4-20}$$

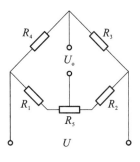 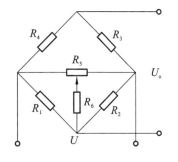

(a) 串联电位器法   (b) 并联电位器法

图 4-8　直流电桥的调平衡

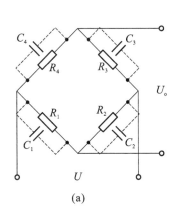 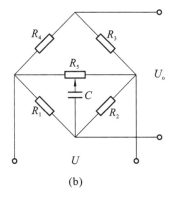 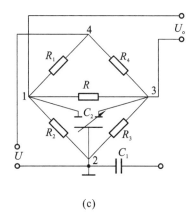

(a)   (b)   (c)

图 4-9　阻容调平衡法

令

$$a_t = a + K(\beta_1 - \beta_2)$$

所以

$$\Delta R_t = R_0 a_t \Delta t \tag{4-21}$$

式中，R_0 为 0 ℃ 时电阻丝应变片的电阻值，Ω；a 为电阻丝材料的电阻温度系数，$℃^{-1}$；β_1 为被测件材料的线膨胀系数，$℃^{-1}$；β_2 为电阻丝材料的线膨胀系数，$℃^{-1}$；K 为电阻丝的应变灵敏度系数；a_t 为电阻丝应变片的电阻温度系数，$℃^{-1}$。

由于温度变化会引起应变片电阻阻值变化，对测量造成误差，因此要消除误差或对桥路输出进行补偿，这种补偿叫温度补偿。电阻丝应变片的温度补偿方法通常有电桥补偿法和应变片自补偿两大类。

1. 电桥补偿法

电桥补偿法利用电桥相邻相等两臂同时产生大小相等、符号相同的电阻增量而不会破坏电桥平衡（无输出）的特性来达到补偿。

将两个相同的应变片由相同的方法粘贴在同样材质的两个试件上，把这两个试件放置在相同的环境温度下，一个试件上的应变片作为工作片，另外一个作为补偿片。测量时，当环境温度发生变化时，两个应变片所产生的电阻增量相同，由于它们采用的是相邻臂接入，桥路平衡，温度不会对桥路输出产生影响。

2. 应变片自补偿

使用特殊的应变片，当温度发生变化时，应变片本身的电阻增量为零，这种应变片称为自补偿片。

1) 选择式自补偿片

由式(4-21)可知,使应变片实现自补偿的条件是 $a_t = 0$,即

$$a_t = a + K(\beta_1 - \beta_2) = 0$$
$$a = -K(\beta_1 - \beta_2)$$

（4-22）

2) 组合式自补偿片

利用某些电阻材料的电阻温度系数有正、负的特征,将这两种不同的电阻丝串接在一起,形成一个应变片,只要满足两段电阻丝随温度变化而产生的电阻增量大小相等、符号相反的条件,即 $\Delta R_1 = -\Delta R_2$,在一定的温度范围内即可实现温度补偿。两段电阻丝的电阻大小可由下式来进行选择

$$\frac{R_1}{R_2} = \frac{\dfrac{\Delta R_2}{R_2}}{\dfrac{\Delta R_1}{R_1}} = \frac{K_2 \varepsilon}{K_1 \varepsilon} = \frac{K_2}{K_1}$$

（4-23）

这种补偿主要补偿的是电阻丝的温度系数产生的误差,而不能对电阻丝和被测件材料的热膨胀系数不同所产生的测量误差进行补偿。

三、应变式传感器的应用

应变片作为一种转换元件,除了可以直接测量试件的应变和应力外,还可以与不同结构的弹性元件相结合,制成各种形式的应变式传感器。应变式传感器的结构组成框图如图4-10所示,这里的弹性元件是整个系统的一个传递环节。

被测量 → 弹性元件 → 应变片 → 测量电路

图 4-10　应变式传感器的结构组成框图

弹性元件的结构形式有很多,可以根据不同的结构特征,构成用于测量力、力矩、压力、加速度等参量的应变式传感器。以下分别对几种最常见的应变式传感器的结构特性进行讨论。

1. 应变式压力传感器

1) 平膜片式应变测压传感器

假设有一个周边固支的圆形平膜片,其最大挠度不大于 1/3 膜厚,因而属于小挠度理论范围,被测压力均匀作用于平膜片表面。工作时,圆形平膜片承受均匀载荷,如图4-11所示。

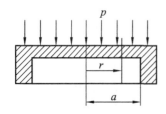

图 4-11　周边固支的圆形平膜片

图 4-12 所示的是平膜片式应变测压传感器(简称平膜片式传感器)的四种基本结构。平膜片可以看作是周边固支的圆形平板,被测压力作用于平膜片的一面,而应变片粘贴在平膜片的另一面。图 4-13 所示的是一个典型的测量气体或液体压力的简易平膜片式传感器。平膜片的径向应变在中心附近是正值,在板的边缘则为负值。设计平膜片式应变测压传感器时,可以利用这个特点,适当地布置应变片,使应变电桥工作在推挽状态。

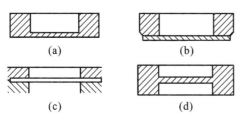
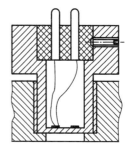

图 4-12 平膜片式传感器的四种基本结构 图4-13 简易平膜片式传感器

图 4-14 所示的是应变片在平膜片上的几种典型的布置方式。图 4-14(a) 所示的是一种半桥布置方式,其中 R_1 承受正的径向应变,R_2 则承受负的径向应变。R_1,R_2 分别接入电桥的相邻两臂,处于半桥工作状态。

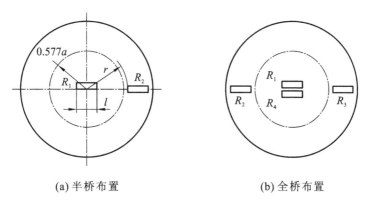

(a) 半桥布置   (b) 全桥布置

图 4-14 应变片在平膜片上的几种典型的布置方式

为了保证电桥工作在对称的推挽状态,应保证 $R_1 = R_2$,$K_1 = K_2$ 和 ΔR_1 与 ΔR_2 的符号相反。前两条要求主要依靠应变片本身保证,第三条要求则依靠正确地布置应变片的位置来保证。根据应力和应变的分布情况,R_1(或 R_1 和 R_4)应粘贴在中心正应变最大区,如图 4-14(a) 中 R_1 的位置和图 4-14(b) 中 R_1,R_4 的对称位置;R_2(或 R_2 和 R_3)则粘贴在负应变最大区,如图 4-14(a) 中 R_2 的位置和图 4-14(b) 中 R_2,R_3 的对称位置。图 4-14(a) 中的 R_1 和 R_2 按半桥工作方式连接,图 4-14(b) 中的 R_1 和 R_4,R_2 和 R_3 按全桥工作方式连接,这样既可以增大传感器的灵敏度,又能起到温度补偿的作用。

传感器在冲击或振动加速度很大的地方工作时,可以采用双平膜片结构来消除加速度的干扰。图 4-15(a) 所示的是双平膜片的结构示意图。两个结构尺寸和材料性质严格相同的平膜片同心地安装在一起,并按半桥工作的方式各粘贴两片应变片,即按图 4-15(b) 所示的方式组成全桥。两个平膜片测压时只有一个受到压力,受压平膜片的两个应变片就按半桥的方式工作,而补偿平膜片的应变片并没有什么变化。当传感器本体受到加速度作用时,两个平膜片将产生相同的变化。因此,有 $\Delta R_1 = \Delta R'_1$,$\Delta R_2 = \Delta R'_2$,也就是说,电桥相邻的桥臂有相同的变化,电桥不会有输出,这样就可以将加速度的干扰信号去除。

平膜片式传感器的突出优点是结构简单且工作端平整,但这种传感器的灵敏度与频率响应之间存在着比较突出的矛盾,并且温度对平膜片式传感器的性能影响也比较大。

2) 薄壁圆筒式应变压力传感器

薄壁圆筒式应变压力传感器是较为常用的测压传感器,主要用来测量液体的压力。

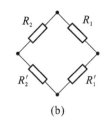

图 4-15　双平膜片的结构示意图

图 4-16(a)所示为该应变压力传感器的敏感元件——薄壁圆筒(应变管)的结构示意图。所谓薄壁圆筒,就是指壁厚($t=R-r$)远小于其外径 $D(t<D/20)$ 的圆筒,其一端与被测体连接,被测压力 p 作用在薄壁圆筒的腔内,使圆筒发生形变。

薄壁圆筒的轴向应变比切向应变小得多。因此,环向粘贴应变片可提高传感器的灵敏度。图 4-16(b) 所示就是采用这种方式粘贴应变片的。图中,在盲孔的外端部有一个实心部分,制作传感器时,在圆筒壁和端部沿环向各贴一片应变片,端部在圆筒内有压力时不产生形变,只做温度补偿用。为了提高传感器的灵敏度,还可用两片应变片作为传感器工作,另选两片应变片放在端部做温度补偿用。

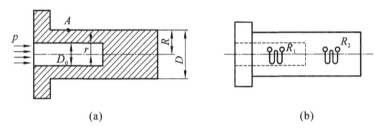

图 4-16　薄壁圆筒式应变压力传感器

在环向粘贴应变片时,传感器应变片的固有振荡频率可按以下经验公式计算

$$f = \frac{0.13}{L} \sqrt{\frac{E}{\rho}}$$

式中,L 为应变管的有效长度,ρ 为应变管材料的密度。

通常,薄壁圆筒式应变压力传感器的固有频率相当高,但使用时由于应变管内需注入油液,因此注入的液柱限制了传感器的固有频率。当液柱的柱长 L_0 大于液柱半径的 1.7 倍时,应变管的固有频率可根据式(4-24)计算

$$f = \frac{C}{4L_0} \tag{4-24}$$

式中,C 为油液的传声速度。

2）应变式加速度传感器

上面两类传感器都是力(集中力和均匀分布力)直接作用在弹性元件上,将力的作用变为弹性元件的应变。然而加速度是运动参数,所以首先要经过质量弹簧的惯性系统将加速度转换为力 F,再作用在弹性元件上。

应变式加速度传感器的结构如图 4-17 所示,在等强度梁 2 的一端固定惯性质量块 1,梁的另一端用螺钉固定在壳体 6 上,在梁的上、下两面粘贴应变片 5,梁和惯性质量块的周围充满阻尼液(硅油),用以产生必要的阻尼。测量加速度时,将传感器壳体和被测对象刚性连接。当有加速度作用在壳体上时,由于梁的刚度很大,惯性质量块也以同样的加速度运动,其产生的惯性力正比于加速度 a 的大小,惯性力作用在梁的端部,使梁产生形变。限位块 4 保护传感器在过载时不被破坏。这种传感器在低频振动测量中有着广泛的应用。

4.2.2 压阻式传感器

金属应变片性能稳定,测量精度高,但应变灵敏度系数低。半导体应变片应变灵敏度系数是金属应变片应变灵敏度系数的几十倍,半导体应变片在微应变测量中有广泛应用。半导体应变片有体型半导体应变片和扩散型半导体应变片两种,其工作原理是基于半导体的压阻效应。

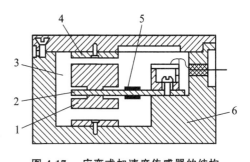

图 4-17　应变式加速度传感器的结构
1— 惯性质量块;2— 等强度梁;3— 腔体;
4— 限位块;5— 应变片;6— 壳体

1. 半导体的压阻效应

半导体的压阻效应是指单晶半导体材料沿某一轴向受到作用力时,其电阻率发生变化的现象。

长度为 L,截面积为 S,电阻率为 ρ 的均匀条形半导体,受到沿纵向的应力时,其电阻的相对变化为

$$\frac{\Delta R}{R} = (1 + 2\mu)\varepsilon + \frac{\Delta\rho}{\rho} \tag{4-25}$$

电阻率的相对变化为

$$\frac{\Delta\rho}{\rho} = \pi_L\sigma = \pi_L E \varepsilon \tag{4-26}$$

式中,π_L 为半导体的压阻系数,它与半导体材料种类及应力与晶轴方向的夹角有关。

$$\frac{\Delta R}{R} = (1 + 2\mu + \pi_L E)\varepsilon \approx \pi_L E \varepsilon = \pi_L \sigma \tag{4-27}$$

对于半导体材料,$\pi_L E \gg 1 + 2\mu$。

2. 半导体应变片的结构

体型半导体应变片是从单晶硅或锗上切下薄片制作而成的,其结构如图 4-18 所示,其优点是应变灵敏度系数大,横向效应和机械滞后小;缺点是温度稳定性差,非线性度较大。

扩散型半导体应变片是在 N 型单晶硅(弹性元件)上,蒸镀半导体电阻应变薄膜制作而成的。扩散型压阻式传感器的工作原理与体型压阻式传感器的工作原理相同,它们的不同之处在于前者是采用扩散工艺制作的,后者采用粘贴方法制作。

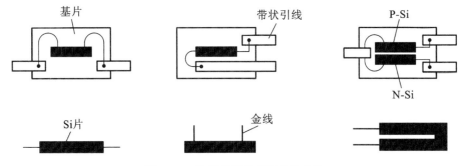

图 4-18　体型半导体应变片的结构

3. 测量电路与温度补偿

无论是体型压阻式传感器还是扩散型压阻式传感器,均采用四个应变片组成全桥电路,

其中一对对角线电阻受拉,另外一对对角线电阻受压,以使电桥输出电压最大,如图4-19所示。

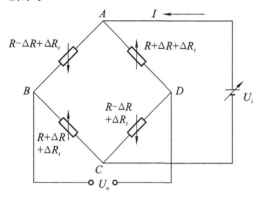

图 4-19　恒流(压)源供电电桥

电桥供电电源可采用恒压源或恒流源。对于恒压源,设四个桥臂的电阻由应变引起的变化为 ΔR,由温度变化引起的电阻值的增量为 ΔR_t,则电桥的输出电压为

$$U_o = \left(\frac{R + \Delta R + \Delta R_t}{2R + 2\Delta R_t} - \frac{R - \Delta R + \Delta R_t}{2R + 2\Delta R_t} \right) U_i$$

$$= \frac{\Delta R}{R + \Delta R_t} U_i \qquad (4-28)$$

桥路输出受到环境温度变化的影响,但影响甚微。若电桥采用恒流源供电,则桥路的输出电压为

$$U_o = U_{BD} = \frac{1}{2} I(R + \Delta R + \Delta R_t) - \frac{1}{2} I(R - \Delta R + \Delta R_t) = I\Delta R \qquad (4-29)$$

电桥的输出电压与电阻的变化成正比,与恒流源的电流成正比,与温度无关,消除了环境温度的影响。

4. 半导体压阻式传感器的应用

扩散型压阻式压力传感器的结构如图4-20所示,其核心部分是一块圆形硅膜片。在硅膜片上利用集成电路的工艺方法设置四个阻值相等的电阻,用低阻导线连接成平衡电桥。硅膜片四周用一圆环(硅杯)固定。硅膜片两边有两个压力腔,一个是与被测系统相连接的高压腔,另一个是与大气相通的低压腔。

当硅膜片两边存在压力差时,硅膜片产生变形,硅膜片上各点产生应力。受均匀压力的圆形硅膜片上各点的径向应力和切向应力可分别由下列公式计算

$$\sigma_r = \frac{3p}{8h^2} [(1+\mu)r_0^2 - (3+\mu)r^2] \qquad (4-30)$$

$$\sigma_t = \frac{3p}{8h^2} [(1+\mu)r_0^2 - (1+3\mu)r^2] \qquad (4-31)$$

式中,p 为压力;r_0, r, h 分别为硅膜片的有效半径、计算点半径、厚度;μ 为硅材料的泊松比。

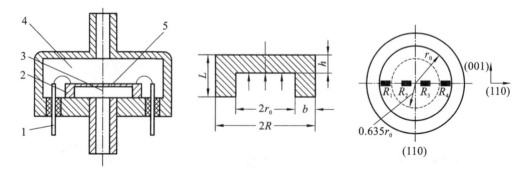

图 4-20　扩散型压阻式压力传感器的结构
1—引线;2—硅杯;3—高压腔;4—低压腔;5—硅膜片

四个电阻的布置位置按硅膜片上的径向应力和切向应力的分布情况确定。

(1) 当 $r = 0.635r_0$ 时,$\sigma_r = 0$;当 $r < 0.635r_0$ 时,$\sigma_r > 0$,为拉应力;当 $r > 0.635r_0$ 时,

σ_r < 0,为压应力。

(2) 当 $r = 0.812r_0$ 时，$\sigma_t = 0$，仅有 σ_r 存在，且 $\sigma_r < 0$。

设计时，根据应力分布情况，合理安排电阻位置，组成差动电桥，输出较高的电压。

图 4-20 中，沿径向对称于 $0.635r_0$ 两侧采用扩散工艺制作四个电阻，其中 R_1，R_4 接于电桥对角线桥臂中，R_2，R_3 接于电桥另外一个对角线桥臂中。当硅膜片两边存在压力差时，硅膜片上各点产生应力，四个电阻在应力的作用下阻值发生变化，电桥失去平衡，输出相应的电压，此电压与硅膜片两边的压力差成正比。测得不平衡电桥的输出电压，就能求得硅膜片所受的压力差大小。

4.2.3　热电阻式传感器

物质的电阻率随温度变化而变化的物理现象称为热电阻效应。利用电阻率随温度变化而变化的特性（即热电阻效应）制成的传感器称为热电阻传感器。热电阻传感器主要用于检测温度和与温度有关的参量。热电阻按性质划分，可分为金属热电阻和半导体热电阻两大类，前者通称为热电阻，后者通称为热敏电阻。

一、热电阻测量原理

大多数金属导体的电阻随温度的升高而增加。在金属中参加导电的是自由电子。当温度升高时，虽然自由电子的数目基本不变（当温度变化范围不是很大时），但每个自由电子的动能将增加。因此，在一定的电场作用下，这些杂乱无章的电子做定向运动的阻力将加大，从而导致金属电阻随温度升高而增大，可用式(4-32)表示

$$R_t = R_0[1 + \alpha(t - t_0)] \tag{4-32}$$

式中，R_t，R_0 分别为热电阻在 t 和 t_0 时的电阻值，Ω；α 为热电阻的电阻温度系数，$℃^{-1}$。

由式(4-32)可知，如果保持 α 为一常数，则金属电阻 R_t 将随温度 t 线性增加，如图 4-21 所示，其灵敏度 S 为

$$S = \frac{1}{R_0}\frac{dR_t}{dt} = \alpha$$

很显然，α 越大，灵敏度就越高。一般纯金属的电阻温度系数 α 为 $0.003 \sim 0.006\ ℃^{-1}$。

但是，对于绝大多数金属导体来说，其电阻温度

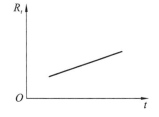

图 4-21　金属的电阻-温度特性曲线

系数 α 并非常数，而是随温度变化的，仅在某一温度范围内可近似看作是常数。

二、金属热电阻

金属热电阻由电阻体、引出线、绝缘套管和接线盒等部件组成，其中电阻体是热电阻最主要的部分。作为电阻体的材料，应满足以下要求。

(1) 电阻温度系数 α 要比较大，并且最好为一常数。α 越大，则热电阻的灵敏度越高；α 为常数，将会使电阻和温度呈线性关系。

(2) 电阻率 ρ 应尽可能大，以便在同样灵敏度下减小热电阻体积，减小热惯性。

(3) 在热电阻的使用温度范围内，材料的物理和化学性能稳定。

(4) 材料的提纯、压延、复制等工艺性好，价格便宜。

比较符合以上要求的金属材料有铂、铜、铁和镍等，其中尤以铂和铜应用最为广泛。

（一）铂热电阻

由于金属铂具有物理和化学性能非常稳定、耐氧能力很强、工作温度范围宽、电阻率较高、易于提纯、复制性好、容易加工（可制成极细的铂丝或极薄的铂箔）等突出的优点，故金属铂是目前制作热电阻的最佳材料。铂热电阻已成为温度基准，可以传递 $13.81 \sim 903.89$ K 范围内的国际实用温标，同时它也可以用于高精度的工业测量。其缺点是电阻温度系数较小，在还原性介质中工作会使铂丝变脆，价格昂贵等。

在 $-200 \sim 0$ ℃ 范围内，铂热电阻的电阻值与温度之间的关系可表示为

$$R_t = R_0 [1 + At + Bt^2 + C(t - 100)t^3] \tag{4-33}$$

式中，R_t 为 t（℃）时铂热电阻的电阻值；R_0 为 0 ℃ 时铂热电阻的电阻值；A 为实验确定的常数，$A = 3.968\,47 \times 10^{-3}$ ℃$^{-1}$；B 为实验确定的常数，$B = -5.847 \times 10^{-7}$ ℃$^{-2}$；C 为实验确定的常数，$C = 4.22 \times 10^{-12}$ ℃$^{-4}$。

在 $0 \sim 630.74$ ℃ 范围内，铂热电阻的电阻值与温度之间的关系可用式（4-34）表示

$$R_t = R_0 (1 + At + Bt^2) \tag{4-34}$$

铂的电阻值与其纯度密切相关，纯度越高，其电阻率越大。铂的纯度通常用百度电阻比 $W(100)$ 来表示

$$W(100) = \frac{R_{100}}{R_0}$$

式中，R_{100} 为 100 ℃ 时铂热电阻的电阻值，R_0 为 0 ℃ 时铂热电阻的电阻值。

根据国际温标的规定，要求标准铂热电阻 $W(100) \geqslant 1.392\,5$。$W(100)$ 越大，纯度越高。目前可以提纯到 $W(100) = 1.393\,0$，对应的铂纯度为 99.999 5%。

目前我国常用的工业铂热电阻分度号有 Pt10、Pt100 等，其中 Pt10 取 $R_0 = 10.00\ \Omega$，Pt100 取 $R_0 = 100.00\ \Omega$。

（二）铜热电阻

由于铂是贵重金属，铂热电阻价格昂贵，在一些测量精度要求不是很高且温度较低的场合，普遍采用铜热电阻。铜热电阻可以用来测量 $-50 \sim +150$ ℃ 的温度。

铜热电阻的优点是：在 $-50 \sim +150$ ℃ 温度范围内具有良好的线性（可近似为 $R_t = R_0(1 + \alpha t)$）；电阻温度系数比铂的电阻温度系数高，$\alpha = 4.25 \times 10^{-3} \sim 4.28 \times 10^{-3}$ ℃$^{-1}$；易于提纯，价格便宜。其缺点是电阻率小（$\rho_{Cu} = 1.7 \times 10^{-8}\ \Omega \cdot m$，$\rho_{Pt} = 9.81 \times 10^{-8}\ \Omega \cdot m$），因而相应的铜电阻丝与铂电阻丝相比，铜电阻丝既细又长，使得其机械强度较低、体积较大。此外，当温度超过 100 ℃ 时，铜极易氧化，故铜热电阻仅适用于低温和无侵蚀性介质。

在 $-50 \sim +150$ ℃ 温度范围内，铜热电阻的电阻值与温度之间的关系可用式（4-35）表示

$$R_t = R_0 (1 + At + Bt^2 + Ct^3) \tag{4-35}$$

式中，R_t 为 t（℃）时铜热电阻的电阻值；R_0 为 0 ℃ 时铜热电阻的电阻值；A，B，C 为常数，$A = 4.288\,99 \times 10^{-3}$ ℃$^{-1}$，$B = -2.133 \times 10^{-7}$ ℃$^{-2}$，$C = 1.233 \times 10^{-9}$ ℃$^{-3}$。

我国常用的铜热电阻代号为 WZC，R_0 有 50 Ω 和 100 Ω 两种，分度号分别为 Cu50 和 Cu100，其 $W(100) \geqslant 1.425$。铜热电阻在 $-50 \sim +50$ ℃ 温度范围内误差为 ± 0.5 ℃，在 $50 \sim 150$ ℃ 温度范围内误差为 $\pm 1\% t$。

（三）其他热电阻

由于镍和铁的电阻温度系数较大，电阻率也较高，故也常被用作热电阻。镍热电阻的使用温度范围是 $-50 \sim +100$ ℃，而铁热电阻的使用温度范围是 $-50 \sim +150$ ℃。但铁易被氧

化,化学性能不稳定,镍的非线性度大,且材料提纯较困难,故这两种热电阻应用较少。

近年来,在低温和超低温测量领域出现了一些较新颖的热电阻,主要有以下几种。

1) 铟热电阻

铟热电阻可用于低温高精度的测量。在 $-269 \sim -258\ ℃$ 范围内,其灵敏度是铂热电阻灵敏度的 10 倍,故常用于无法使用铂热电阻的低温情况。采用 99.999% 高纯度铟丝制成的铟热电阻,在 $-269 \sim 20\ ℃$ 范围内的复现性可达 $\pm 0.001\ K$。铟热电阻的缺点是材料较软,不易复制。

2) 锰热电阻

锰热电阻在 $-271 \sim -210\ ℃$ 的低温范围内,电阻温度系数大,灵敏度高。在 $-271 \sim -257\ ℃$ 的温度范围内,其电阻率随温度的平方变化。此外,磁场对锰热电阻的影响较小,且具有规律性。锰热电阻的缺点是脆性较大,拉丝较难,易损坏。

3) 碳热电阻

碳热电阻适合于 $-273 \sim -268.5\ ℃$ 的温度范围内使用,具有灵敏度高、热容量小、对磁场不敏感、价格低廉、使用方便等优点,其较明显的缺点是热稳定性较差。

三、热敏电阻

热敏电阻是半导体热电阻的简称,它是利用半导体材料的电阻率随温度变化而变化的性质制成的温度敏感元件。对于金属热电阻,其电阻值会随温度的升高而增大($0.004 \sim 0.006\ \Omega/℃$),而半导体热电阻的电阻值却随温度的升高而急剧下降($0.03 \sim 0.06\ \Omega/℃$)。热敏电阻随温度变化的灵敏度高。由于半导体内部参与导电的是载流子,其数目比金属内部的自由电子的数目少得多,致使半导体的电阻率较大。当温度升高时,半导体内部的价电子受热激发跃迁,产生新的参与导电的载流子,因而电阻率下降。由于半导体载流子的数目随温度的升高呈指数增加,故半导体的电阻率随温度的升高而成指数下降。

热敏电阻通常分为三类,即负温度系数热敏电阻(NTC 热敏电阻)、正温度系数热敏电阻(PTC 热敏电阻)和临界温度系数热敏电阻(CTR 热敏电阻)。它们的特性曲线如图 4-22 所示。

1. 负温度系数热敏电阻

负温度系数热敏电阻具有电阻率 ρ 随温度的升高而显著减小的特性,是一种缓变型热敏电阻,可测温度范围较宽。该电阻具有较为均匀的感温特性。它由负电阻温度系数很大的固体多晶半导体氧化物(如铜、铁、铝、锰、镍等的氧化物)按一定比例混合后烧结制成。通过改变其中氧化物的成分和比例,可以得到不同测量范围、阻值和温度系数的 NTC 热敏电阻。

NTC 热敏电阻的热电特性(即热敏电阻的电阻值与温度之间的关系)可近似用以下经验公式描述

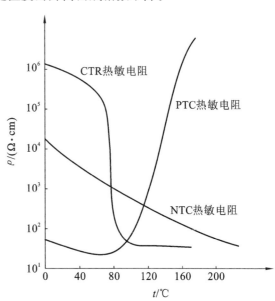

图 4-22　三种热敏电阻的特性曲线

$$R_T = R_{T_0} \exp\left[B\left(\frac{1}{T} - \frac{1}{T_0} \right) \right] \tag{4-36}$$

式中，T，T_0 分别为被测温度和参考温度，K；R_T，R_{T_0} 分别为温度为 T 和 T_0 时 NTC 热敏电阻的电阻值；B 为实验获得的 NTC 热敏电阻材料常数，通常 $B = 2000 \sim 6000$ K，高温下使用时，B 值将增大。

NTC 热敏电阻热电特性的一个重要指标是热敏电阻的温度系数 α_T，它用温度变化 1 ℃时热敏电阻电阻值的相对变化量来表示，即

$$\alpha_T = \frac{1}{R_T} \frac{\mathrm{d}R_T}{\mathrm{d}T} \tag{4-37}$$

由式(4-37)可得

$$\alpha_T = -\frac{B}{T^2} \tag{4-38}$$

由式(4-38)可见，α_T 随温度的降低而迅速增大。若 $B = 4000$ K，当 $T = 293.15$ K(20 ℃)时，由上式可求得温度系数 $\alpha_T = -0.0465$ K^{-1}，约为铂热电阻的 12 倍，可见其具有很高的灵敏度。

NTC 热敏电阻除了具有温度系数大、灵敏度高的优点外，还有稳定性好、体积小、功耗小、响应速度快(可达几十微秒)、无须冷端温度补偿、适宜远距离测量与控制、价格便宜等优点。其缺点主要是同一型号产品的特性和参数差别较大，致使互换性差。此外，它的热电特性还有较大的非线性，给使用带来很大不便。

2. 正温度系数热敏电阻

PTC 热敏电阻具有在工作温度范围内电阻值随温度升高而显著增大的特性，通常以强电介质 $BaTiO_3$ 系列为基本原料，掺入适量 La、Nb 等稀土元素，再经陶瓷工艺高温烧结制成。$BaTiO_3$ 的居里点是 120 ℃，加入适量的掺杂元素后，可以调节居里点在 $-20 \sim 300$ ℃ 之间变化。PTC 热敏电阻的电阻值与温度之间的关系可用以下经验公式表示

$$R_T = R_{T_0} \exp[B_P(T - T_0)] \tag{4-39}$$

式中，R_T，R_{T_0} 分别为 T 和 T_0 时 PTC 热敏电阻的电阻值，Ω；B_P 为 PTC 热敏电阻的材料系数。

PTC 热敏电阻的特点如下：具有恒温、调温和精确自动控制的特殊功能，无明火，安全可靠，热交换率高，响应速度快，寿命长等。

4. 临界温度系数热敏电阻

CTR 热敏电阻的电阻值会在某一特定温度(约 68 ℃)下发生突变，它是由 V、Ba、P 等的氧化物烧结而成的固熔体。CTR 热敏电阻的适用温度范围是 $60 \sim 70$ ℃。它适合在某一较窄的温度范围内做温度控制开关或监测装置使用。

四、热电阻式传感器的应用

(一)金属热电阻传感器

工业上将金属热电阻传感器应用于 $-200 \sim +500$ ℃ 范围内的温度测量。在特殊情况下，测量的低温可达 3.4 K，甚至可低至 1 K，高温可测 1000 ℃，且测量电路较为简单。金属热电阻传感器用于温度测量时的主要特点是测量精度高，适于测低温(测高温时常用热电偶传感器)，便于远距离、多点、集中测量和自动控制。

经常使用电桥作为金属热电阻传感器的测量电路。为了减小连接线电阻因温度变化引起的误差，工业用铂热电阻采用三根引线，标准或实验室用铂热电阻采用四线制，即金属热电阻的两端各焊上两根引线，以便消除连接线电阻的影响和测量电路中寄生电动势引起的误差。金属热电阻传感器常用的测量电路如图 4-23 所示，其中 r_1，r_2，r_3，r_4 为引线电阻。

在以上测温过程中，要注意避免使流过电阻丝的电流过大，否则会产生较大的热量而影响测量精度，此电流值一般为 $4 \sim 5$ mA。

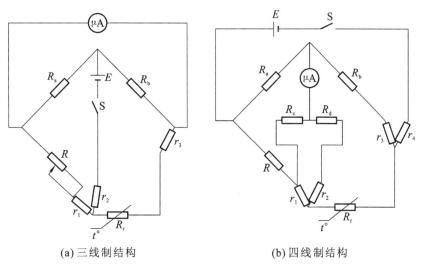

(a) 三线制结构   (b) 四线制结构

图 4-23　金属热电阻传感器常用的测量电路

（二）半导体热电阻传感器

热敏电阻具有体积小、响应速度快、灵敏度高、价格便宜等优点，故被广泛用于温度测量、温度控制、温度补偿、火灾报警、过载保护、稳压稳幅、自动增益调整等电气设备中。限于篇幅，在此仅举几例应用。

1. 温度测量

热敏电阻可用于液体、气体、固体、固熔体、海洋、深井、高空气象等方面的温度测量。通常它的测温范围为 $-10 \sim +300 \, ℃$，也可实现 $-200 \sim -10 \, ℃$ 和 $300 \sim 1200 \, ℃$ 范围内的温度测量。常用的热敏电阻测量电路如图 4-24 所示。其中 R_t 为热敏电阻，R_1 为起始电阻，R_2, R_3 为平衡电阻，R_4 为满刻度电阻，R_5, R_6 为电流表修正、保护电阻，R_7, R_8 为分压电阻。也可以将电桥输出接至放大器的输入端或自动记录仪表上。此测量电路的精度可达 $0.1 \, ℃$，感温时间小于 10 s。

双电桥可用于温差测量，如图 4-25 所示。图中两个电桥共用一个指示仪表 P，热敏电阻 R_t 和 R_t' 放在不同的两个测温点，使流经仪表 P 的两个不平衡电流方向恰好相反，仪表 P 指示的电流值为两电流的差值。在此温差测量电路中，两个热敏电阻要具有相同的特性，且电阻值误差不应超过 $\pm 1\%$。

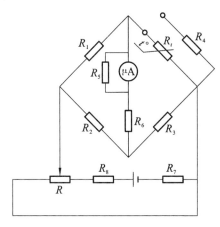

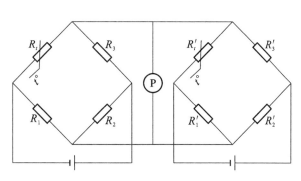

图 4-24　常用的热敏电阻测量电路   **图 4-25　双电桥测温差电路**

2. 温度控制

利用热敏电阻作测量元件可以构成温度自动控制系统.图4-26所示为应用热敏电阻的温度自动控制加热器电路.图中接在测温点(加热器R)附近的R_t作为由VT_1、VT_2组成的差动放大器的偏置电阻.当温度变化时,R_t的值也发生变化,从而引起VT_1集电极电流的变化,再经二极管VD_2引起电容C充电速度的变化,进而使单结晶体管UJT的输出脉冲移相,改变了晶闸管T的导通角,调整了加热器R的电源电压,最后达到温度自动控制的目的。

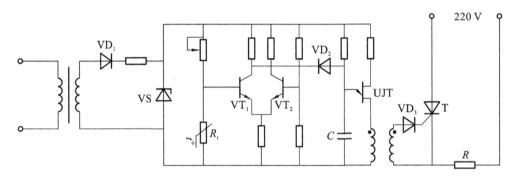

图4-26 应用热敏电阻的温度自动控制加热器电路

3. 热过载保护

热敏电阻利用很高的负温度系数的特性,可应用于图4-27所示的电动机过热保护电路中.图中三只特性相同的热敏电阻R_{t1},R_{t2}和R_{t3}分别放在电动机的三相绕组上并串联,作为三极管VT的偏置电阻.电动机正常工作时其绕组温度较低,三极管VT截止,继电器不动作.当电动机过载或断相时,电动机绕组温度急剧上升,热敏电阻的电阻值迅速减小,使得三极管立即导通,继电器K得电,断开电动机控制电路,起到保护电动机的作用.实践表明,这种热敏电阻过载保护电路比熔丝或双金属片热继电器的效果更好。

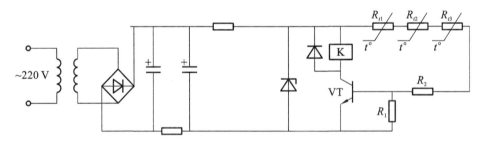

图4-27 电动机过热保护电路

4. 温度补偿

采用具有负温度系数的热敏电阻,可以对仪表中具有正温度系数的金属零件进行温度补偿,以便抵消由于温度变化所引起的误差.在实际应用中,通常将负温度系数的热敏电阻与锰铜丝电阻并联后再与被补偿元件串联,如图4-28所示。

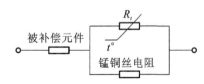

图4-28 仪表中电阻的温度补偿

4.2.4 光敏电阻

光敏电阻是基于半导体内光电效应制成的光电器

件,又称为光导管。它没有极性,是一个电阻器件,使用时可加直流电压,也可加交流电压。

1. 光敏电阻的结构与工作原理

光敏电阻的结构如图 4-29 所示。在玻璃基板上均匀涂上一薄层半导体物质,如硫化镉(CdS)等,然后在半导体两端装上金属电极,再将其封装在塑料壳体内。为了增大光照面积,获得较高的相对灵敏度,光敏电阻的电极一般采用梳状。光敏电阻的工作原理如图 4-30 所示。

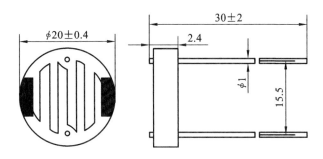

图 4-29　光敏电阻的结构

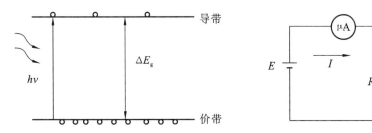

图 4-30　光敏电阻的工作原理

无光照时,光敏电阻的阻值很大,大多数光敏电阻的阻值在兆欧级以上,将光敏电阻接入电路,电路的暗电流很小;当受到一定波长范围的光照射时,其阻值急剧下降,电阻可降到千欧级以下,电路中的电流增大。其原因是光照射到本征半导体上,当光子能量大于半导体材料的禁带宽度时,材料中的价带电子吸收了光子能量跃迁到导带,激发出电子-空穴对,增强了导电性能,使阻值降低。光照停止,电子-空穴对复合,阻值恢复。为了产生内光电效应,要求入射光子的能量大于半导体的禁带宽度。

$$h\frac{c}{\lambda} \geqslant \Delta E_g \tag{4-40}$$

刚好产生内光电效应的临界波长(单位为 nm)为

$$\lambda_0 = \frac{1293}{\Delta E_g} \tag{4-41}$$

制作光敏电阻的材料一般是金属硫化物和金属硒化物,CdS 的禁带宽度为 $\Delta E_g = 2.4$ eV,CdSe 的禁带宽度为 $\Delta E_g = 1.8$ eV。

光敏电阻具有很高的相对灵敏度和很好的光谱特性,光谱响应从紫外区一直到红外区,而且体积小,重量轻,性能稳定,因此广泛应用于防盗报警、火灾报警电气控制等自动化技术中。

2. 光敏电阻的主要参数和基本特性

1) 光敏电阻的主要参数

(1) 暗电阻、暗电流。在室温条件下,光敏电阻在未受到光照时的阻值为暗电阻,相应电路中流过的电流为暗电流。

（2）亮电阻、亮电流。光敏电阻在受到一定光照下的阻值为亮电阻，相应电路中流过的电流为亮电流。

（3）光电流。亮电流与暗电流之差称为光电流，即

$$I_光 = I_亮 - I_暗 \tag{4-42}$$

光敏电阻的暗电阻越大、亮电阻越小，性能越好。光敏电阻的暗电阻一般在兆欧数量级以上，亮电阻在千欧数量级以下。

2）光敏电阻的基本特性

（1）伏安特性。在一定的光照下，光敏电阻两端所加的电压与光敏电阻电流之间的关系，称为伏安特性，如图 4-31 所示。在给定偏压下，光照度越大，光电流也越大；当光照一定时，所加偏压越大，光电流也越大，并且没有饱和现象。考虑光敏电阻最大额定功率限制，所加偏压应小于其最大工作电压。

（2）光照特性。光敏电阻的光电流与光通量或光照度之间的关系，称为光敏电阻的光照特性。光敏电阻的光照特性为非线性，如图 4-32 所示。它不宜做检测元件，一般作为开关式传感器用于自动控制系统中，如被动式人体红外报警器的控制、路灯的开启控制。

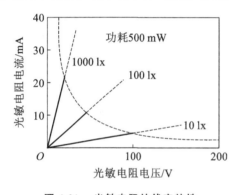

图 4-31　光敏电阻的伏安特性

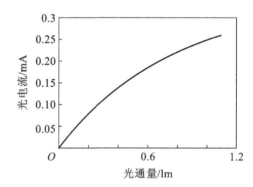

图 4-32　光敏电阻的光照特性

（3）光谱特性。光敏电阻的相对灵敏度与入射波长的关系称为光谱特性，亦称为光谱响应。

$$S_t = \frac{I_0}{I_{0max}} \times 100\% \tag{4-43}$$

式中，I_{0max} 为峰值波长入射光照射时光敏电阻输出的光电流，I_0 为实际波长入射光照射时光敏电阻输出的光电流。

图 4-33 为光敏电阻的光谱特性，不同材料的光敏电阻，其峰值波长不同。硫化镉光敏电阻的光谱响应峰值波长在可见光区，硫化铅的光谱响应峰值波长在红外区。同一种材料，对不同波长的入射光，其相对灵敏度不同，响应电流不同。应根据光源的性质，选择合适的光电元件，达到最佳匹配，使光电元件得到较高的相对灵敏度。

（4）频率特性。光敏电阻受到交变（调制）光作用，光电流与频率之间的关系反映光敏电阻的响应速度。光敏电阻受到交变（调制）光作用，光电流不能立刻随着光照的变化而变化，产生光电流有一定的惯性，该惯性可用时间常数表示。光敏电阻自光照起到光电流上升到稳定值的 63% 所需要的时间为上升时间 t_1，从停止光照起到光电流下降到原来的 37% 所需要的时间为下降时间 t_2。上升时间和下降时间是表征光敏电阻性能的重要参数之一，如图 4-34

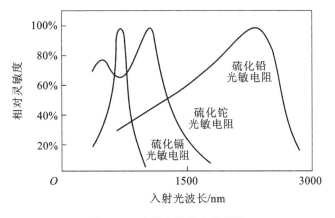

图 4-33 光敏电阻的光谱特性

所示。

上升时间和下降时间越短,其惰性越小,响应速度越快。绝大多数光敏电阻的时间常数较大。

图 4-35 所示为硫化铊光敏电阻和硫化铅光敏电阻的频率特性。可以很明显地看出,硫化铅光敏电阻的频率特性优于硫化铊光敏电阻的频率特性,其适用范围较大。

(5)温度特性。作为半导体元件的光敏电阻,有一定的温度系数,受温度影响较大。温度升高,暗电阻和相对灵敏度下降。同时,温度升高对光敏电阻的光谱特性也有较大

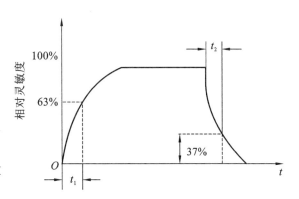

图 4-34 光敏电阻的响应曲线

的影响,光敏电阻的峰值波长随着温度上升向波长短的方向移动,如图 4-36 所示。峰值波长 λ_m 与温度 T 的关系满足维恩位移定律,即

$$\lambda_m = \frac{B}{T} \tag{4-44}$$

因此,有时为了提高光敏电阻的相对灵敏度或能够接收红外辐射,常采取一些降温措施。

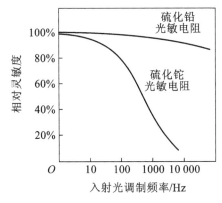

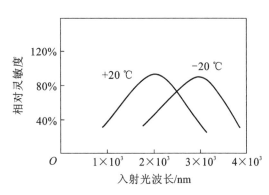

图 4-35 硫化铊光敏电阻和硫化铅光敏电阻的频率特性　　　**图 4-36 光敏电阻的温度特性**

67

4.2.5 气敏电阻

在现代社会的生产和生活中,人们往往会接触到各种各样的气体,因而需要对它们进行检测和控制。比如化工生产中气体成分的检测和控制,煤矿瓦斯浓度的检测与报警,环境污染情况的检测,煤气泄漏、火灾报警、燃料情况的检测与控制等。气敏电阻传感器可以把某种气体的成分、浓度等参数转换成电阻变化量,再转换为电流、电压信号,主要用于工业上天然气、煤气、石油化工等部门的易燃、易爆、有毒、有害气体的监测、预报和自动控制。

1. 气敏电阻的工作原理

气敏电阻的材料是金属氧化物半导体,当吸附气体时,这些材料的电阻率会发生变化,利用这个原理可以制成气敏元件和气敏电阻传感器,并通过电阻率的变化监视气体浓度。

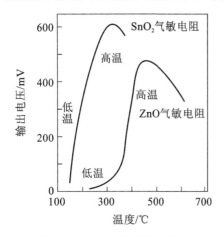

图 4-37 气敏电阻的温度特性

金属氧化物半导体分 N 型半导体和 P 型半导体两种。用于制作 N 型半导体的金属氧化物有氧化锡、氧化铁、氧化锌、氧化钨等,用于制作 P 型半导体的金属氧化物有氧化钴、氧化铅、氧化铜、氧化镍等,其中最典型的有氧化锡和氧化锌。

气敏电阻的温度特性如图 4-37 所示,图中纵坐标为灵敏度,即由电导率的变化所引起的负载上所得到的信号电压。由图 4-37 中的曲线可以看出,虽然气敏电阻在室温下能吸附气体,但其电导率变化不大,但当温度升高后,电导率就会发生较大的变化,因此气敏元件使用时需要加温。

此外,在气敏元件的材料中加入微量的铅、铂、银等元素及一些金属盐类催化剂,可以在低温时获得较高的灵敏度,也可以增强气敏元件对气体种类的选择性。

2. 常用气敏电阻

1) 氧化锡气敏电阻

图 4-38 所示是氧化锡气敏电阻的几种结构形式,图 4-38(a)和图 4-38(b)为烧结型氧化锡气敏电阻,图 4-38(c)为薄膜型氧化锡气敏电阻。

气敏电阻根据加热方式可以分为直接式和旁热式两种。图 4-38(a)为直接式气敏电阻,而图 4-38(b)和图 4-38(c)为旁热式气敏电阻。直接式气敏电阻消耗功率大,稳定性差,故应用逐渐减少。旁热式气敏电阻性能稳定,消耗功率小,其结构上往往加有封压双层的防爆不锈钢网罩,因此安全可靠,应用范围较广。图 4-38(d)为旁热式气敏电阻的整体结构。

2) 氧化锌气敏电阻

ZnO 半导体属于 N 型金属氧化物半导体,也是一种应用较广泛的气敏电阻器件。ZnO 气敏电阻通过掺杂而获得对不同气体的选择性,如掺铂可对异丁烷、丙烷、乙烷等气体有较高的灵敏度,而掺钯则对氢、一氧化碳、甲烷、烟雾等有较高的灵敏度。

ZnO 气敏电阻的结构如图 4-39 所示。这种气敏元件的结构特点是:在圆筒形基板上涂敷 ZnO 主体成分,当中加上隔膜层,将其与氧化剂分成两层。

3) 氧化铁气敏电阻

图 4-40 所示是 $\gamma\text{-}Fe_2O_3$ 材料制成的气敏电阻的整体结构。

当还原性气体与多孔的 $\gamma\text{-}Fe_2O_3$ 接触时,气敏电阻的晶粒表面受到还原作用转变为

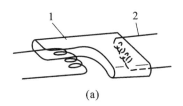
(a)

1—SnO₂烧结体；2—加热丝兼电极

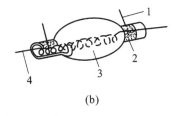
(b)

1—引线；2—电极；3—SnO₂烧结体；4—加热丝

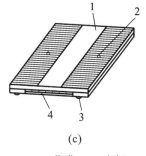
(c)

1—SnO₂薄膜；2—电极；
3—加热电极；4—加热器

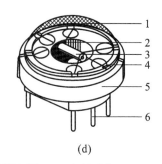
(d)

1—不锈钢网罩；2—电极引线；3—SnO₂烧结体；
4—加热器电极；5—陶瓷座；6—引脚

图 4-38 SnO₂ 气敏电阻的结构形式

Fe_3O_4，其电阻率迅速降低。这种敏感元件用于检测烷类气体时特别敏感。

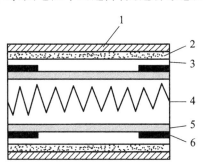

图 4-39 ZnO 气敏电阻的结构

1—催化剂；2—隔膜；3—ZnO 涂层；
4—加热丝；5—绝缘基板；6—电极

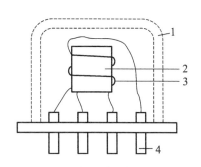

图 4-40 γ-Fe₂O₃ 材料制成的气敏电阻的整体结构

1—双层网罩；2—烧结体；3—加热丝；4—引脚

4.2.6 湿敏传感器

1. 湿度的表示方法

通常,湿度是指大气中所含的水蒸气量,常用绝对湿度和相对湿度表示。

绝对湿度的定义为单位体积空气里所含水蒸气的质量,即

$$\rho = \frac{M_V}{V} \qquad (4-45)$$

式中,ρ 为待测空气的绝对湿度,g/m^3；M_V 为待测空气中的水蒸气质量,g；V 为待测空气的总体积,m^3。

相对湿度(RH)的定义为空气中实际所含水蒸气分压和相同温度下的饱和水蒸气分压的百分比,即

$$\rho_R = \frac{P_V}{P_W} \times 100\% \qquad (4\text{-}46)$$

式中,ρ_R 为相对湿度,无量纲;P_V 为温度为 t 时空气中实际所含水蒸气分压;P_W 为温度为 t 时饱和水蒸气分压。

2. 湿敏传感器的特性参数

湿敏传感器将湿度转换为与其成一定比例的电量输出,湿敏传感器的特性参数主要有湿度量程、感湿特性、灵敏度、湿度温度系数、响应时间、湿滞回线和湿滞回差等。

1) 湿度量程

湿度量程是指在规定的精度内能够测量的最大范围。由于各种湿敏传感器的敏感元件所使用的功能材料不同,以及所依据的物理效应或化学反应不同,不是所有敏感元件都能在整个相对湿度范围内(0%~100%)具有可用的湿度敏感特性。某些湿度敏感元件只能适用于某一段相对湿度范围,例如氯化锂湿度敏感元件的每片适用范围大约只有 20%RH,因此使用时就需要采用多片组合的形式。

2) 感湿特性

感湿特性表示湿敏传感器的感湿特征量(电阻)随被测量(相对湿度)变化的规律。一般可从感湿特性曲线上确定湿敏传感器的灵敏度及最佳使用范围。对于性能良好的湿敏传感器,其感湿特性曲线应在整个相对湿度范围内连续变化,且斜率保持不变。图 4-41 所示为以二氧化钛/五氧化二钒为敏感元件的湿敏传感器感湿特性曲线。

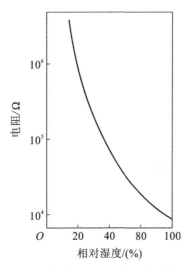

图 4-41 以二氧化钛/五氧化二钒为敏感元件的湿敏传感器感湿特性曲线

3) 灵敏度

灵敏度是指湿敏传感器输出增量与输入增量之比,它反映被测湿度做单位变化时所引起的感湿特征量的变化程度,即对应着感湿特性曲线的斜率。但是,对于一般的湿敏传感器来说,其特性是非线性的,因此在不同的被测湿度下,其灵敏度是不同的。

4) 湿度温度系数

湿度温度系数定义为在感湿特征量保持不变的条件下,环境相对湿度随环境温度的变化率,它通常用 α 表示,即

$$\alpha = \frac{d\rho_R}{dT}\bigg|_{K=\text{常数}} \qquad (4\text{-}47)$$

式中,T 为热力学温度,K 为感湿特征量,α 为湿度温度系数。

湿度温度系数是表示感湿特性曲线随环境温度变化而改变的特性参数。在不同的环境温度下,湿敏传感器的感湿特性是不相同的,这直接给测量带来误差,由湿度温度系数 α 值可知由环境温度变化所引起的测湿误差。图 4-42 所示为某湿敏传感器在 0 ℃,25 ℃ 和 50 ℃ 环境温度下的感湿特性曲线。

5) 响应时间

响应时间是指在规定的环境温度下,由起始相对湿度达到稳定相对湿度时,感湿特征量由起始值变化到稳定相对湿度对应值所需要的时间。通常情况下,当被测相对湿度 ρ_R 阶跃变

化时,输出感湿特征量 R 将按指数规律随时间而变化,即

$$\Delta R_t = \Delta R(1 - e^{-t/\tau}) \qquad (4\text{-}48)$$

式中,ΔR 为对应于 $\Delta\rho_R$ 的输出量的稳定值,τ 为时间常数。

由式(4-48)可知,当 $t = \tau$ 时,$\Delta R_t \approx 0.632\Delta R$,即此时的输出量为最终稳定值的 63.2%。在实际中,常用时间常数 τ 来度量传感器的响应时间。

6)湿滞回线和湿滞回差

湿滞回线是指湿敏传感器的吸湿特性曲线与脱湿特性曲线不一致而形成的回线,如图 4-43 所示。湿滞回线表示湿敏传感器在吸湿和脱湿两

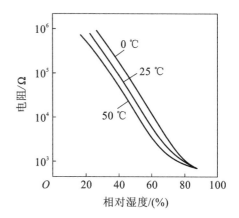

图 4-42 某湿敏传感器在 $0\ ℃$,$25\ ℃$ 和 $50\ ℃$ 环境温度下的感湿特性曲线

种情况下,对应同一数值的感湿特征量所指示的相对湿度不一致,最大差值称为湿滞回差。显然,湿敏传感器的湿滞回差越小越好。

3. 半导体陶瓷湿敏电阻导电机理

半导体陶瓷湿敏电阻是由不同类型的金属氧化物材料烧结而成的,常见的有 $ZnO\text{-}LiO_2\text{-}V_2O_5$ 系、$Si\text{-}Na_2O\text{-}V_2O_5$ 系、$TiO_2\text{-}MgO\text{-}CrO_3$ 系和 Fe_3O_4 系等。其中,前三种材料制成的半导体陶瓷湿敏电阻的电阻率随着湿度的增加而下降,其感湿特性称为负感湿特性;最后一种材料制成的半导体陶瓷湿敏电阻的电阻率随着湿度的增加而增加,其感湿特性称为正感湿特性。

图 4-44 所示为半导体陶瓷湿敏电阻的负感湿特性。由图示可知,当水分子吸附在半导体表面时,从半导体陶瓷表面层俘获电子,使其表面层带负电。半导体若为 P 型,则由于水分子吸附,其表面层电势下降,从而有更多的空穴到达其表面,使表面层的电阻下降;半导体若为 N 型,水分子的吸附同样导致半导体表面层电势下降,不仅使表面层电子耗尽,而且将吸引更多的空穴到达表面层,这将使到达表面层的空穴浓度大于电子浓度,使 N 型半导体表面层的电阻下降。

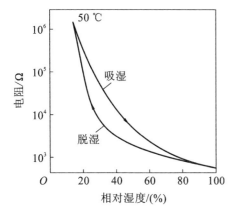

图 4-43 湿敏传感器的湿滞回线

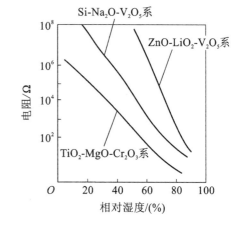

图 4-44 半导体陶瓷湿敏电阻的负感湿特性

图 4-45 所示为半导体陶瓷湿敏电阻的正感湿特性。由图可知,当水分子吸附在正感湿特性的半导体陶瓷材料表面时,导致其表面层电子浓度下降,但仍以电子导电为主,于是半导体表

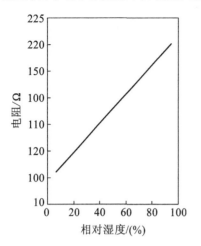

面层电阻将由于电子浓度的下降而加大,从而使半导体表面电阻随湿度的增加而加大。

图 4-45 半导体陶瓷湿敏电阻的正感湿特性

由图 4-44 和图 4-45 可知,当相对湿度从 0% 变化到近 100% 时,负感湿特性的材料的阻值下降几个数量级,而正感湿特性的材料的阻值只增加大约 1 倍。因此,正感湿特性的湿敏电阻的灵敏度要比负感湿特性的湿敏电阻的灵敏度小。

4. 常用半导体湿敏电阻

半导体湿敏电阻不仅具有较好的热稳定性和较强的抗污染能力,能在恶劣、易污染的环境中工作,而且具有响应快、使用温度范围广(可在 150 ℃ 以下使用)、可加热清洗等特点,在日常生活中和工业控制中得到了较好的应用。目前,常用的半导体湿敏电阻有烧结型半导体陶瓷湿敏电阻、涂覆膜型 Fe_3O_4 湿敏元件和 ZnO-Cr_2O_3 陶瓷湿敏元件。

烧结型半导体陶瓷湿敏电阻的感湿体为 $MgCr_2O_4$-TiO_2 多孔陶瓷,气孔率达到 30% ~ 40%。$MgCr_2O_4$-TiO_2 是负感湿特性的半导体陶瓷,为 P 型半导体,由于它的电阻率较低,所以其阻值温度特性好。为了提高其机械强度和抗热骤变特性,在原料中增加了 TiO_2,$MgCr_2O_4$-TiO_2 和 TiO_2 的比例为 7:3。将原料置于 1300 ℃ 的温度中烧结而成陶瓷,然后将该瓷体切割成薄片,在薄片两面再印制并烧结叉指型氧化钌电极便成了感湿体。图 4-46 所示为烧结型半导体陶瓷湿敏传感器的结构及等效电路示意图。

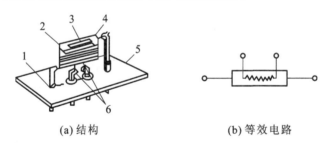

(a) 结构　　　　　　　　　　　　(b) 等效电路

图 4-46 烧结型半导体陶瓷湿敏传感器的结构及等效电路示意图
1—加热电极;2—感湿体;3—电极;4—加热丝;5—底座;6—湿敏陶瓷输出线

涂覆膜型湿敏元件是由金属氧化物微粒经过堆积、黏结而成的材料,具有较好的感湿特性。该类湿敏元件的品种有多种,其中比较典型且性能较好的是 Fe_3O_4 湿敏元件。Fe_3O_4 湿敏元件主要由基片、电极和感湿膜等组成。通过在基片上用丝网印刷工艺制成梳状金电极,将预先配置的 Fe_3O_4 的胶液涂在已有的金电极基片上,膜厚一般为 20 ~ 30 μm,然后,经低温烘干后引出电极。其中,基片材料选用滑石瓷。Fe_3O_4 湿敏元件的主要优点有:在常温、常湿下性能比较稳定,有较强的抗结露能力;在全湿度范围内有相当好的湿敏特性,在精度要求不高(相对湿度在 ±4% 范围内)时均可使用。其主要缺点是响应缓慢,并有明显的湿滞效应。

ZnO-Cr_2O_3 陶瓷湿敏元件的结构是将多孔材料的电极烧结在多孔陶瓷圆片的两表面上,并焊上铂引线,然后将湿敏元件装在有网眼过滤的方形塑料盒中并用树脂固定。该湿敏元件的电阻率几乎不随温度改变,不易老化。

5．湿敏传感器的应用

1）SMC-2 型湿敏传感器

图 4-47 所示为 SMC-2 型湿敏传感器湿度检测原理框图,它用湿敏器件实现湿—电转换。其中,湿敏器件是用金属氧化物半导体材料($MgCr_2O_4$-TiO_2)制成的多孔半导体陶瓷,它的电导率随着对水蒸气的吸附、脱附而发生变化,从而可将湿度转换成电压输出。

图 4-47　SMC-2 型湿敏传感器湿度检测原理框图

在实际测量时,必须对湿敏传感器进行热清洗,为了保证测量精度,SMC-2 型湿敏传感器必须按图 4-48 所示的程序工作。

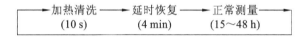

图 4-48　SMC-2 型湿敏传感器工作程序图

SMC-2 型湿敏传感器除具有测湿范围宽(1%RH ～ 100%RH)、响应时间快、寿命长、测量精度高、小型轻便等优点外,还能很方便地经 A/D 转换后与计算机相连接,构成自动测湿系统。

2）自动去湿控制

图 4-49 所示是一种用于汽车驾驶室挡风玻璃的自动去湿电路,其目的是防止驾驶室的挡风玻璃结露或结霜,保证驾驶员视线清晰,避免事故发生。图中,R_s 为加热电阻丝,将其埋入挡风玻璃内。H 为结露湿敏元件,晶体管 VT_1,VT_2 为施密特触发电路,VT_2 的集电极负载为继电器 K 的线圈绕组。R_1,R_2 为 VT_1 基极偏置电阻,R_P 为湿敏元件 H 的等效电阻。

在不结露时,调整各电阻值,使 VT_1 导通,VT_2 截止。一旦湿度增大,湿敏元件 H 的等效电阻 R_P 值下降到某一特定值,R_P//R_2 减小,使 VT_1 截止,VT_2 导通,VT_2 集电极负载——继电器 K 线圈通电,它的常开触点 2 接通加热电源 E_c,并且指示灯点亮,电阻丝 R_s 通电,挡风玻璃被加热,驱散湿度。当湿气少到一定程度时,R_P//R_2 回到不结露时的阻值,VT_1,VT_2 恢复初始状态,指示灯熄灭,电阻丝 R_s 断电,停止加热,从而实现了自动去湿控制。

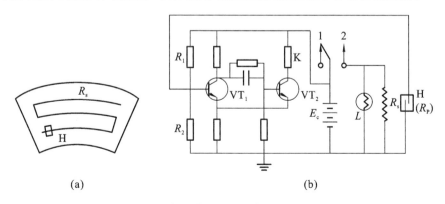

(a)　　　　　　　　　　　　　　　　(b)

图 4-49　汽车驾驶室挡风玻璃的自动去湿电路

4.3 电容式传感器

电容式传感器是一种将被测非电量的变化转换为电容量变化的传感器。它具有结构简单,体积小,分辨力高,具有平均效应,测量精度高,可实现非接触测量,并能够在高温、辐射和振动等恶劣条件下工作等一系列优点。广泛应用于压力、位移、加速度、液位、振动及湿度等参量的测量。

4.3.1 电容式传感器的工作原理及分类

电容式传感器的基本工作原理可以用图 4-50 所示的平板电容器来说明。设两极板相互覆盖的有效面积为 A,两极板间的距离为 d,极板间的介质的介电常数为 ε。在忽略极板边缘效应影响的条件下,可写出平板电容器电容量表达式为

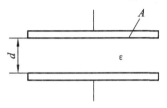

图 4-50 平板电容器

$$C = \frac{\varepsilon A}{d} \tag{4-49}$$

由式(4-49)可以看出,ε,A,d 三个参数都直接影响着电容量 C 的大小。如果保持其中两个参数不变,而使另一个参数改变,则电容量将会随之发生改变。如果变化的这个参数与被测量之间存在一定的函数转换关系,那么被测量的变化就可以直接由电容量的变化反映出来。所以,电容式传感器在结构上可以分为三种类型:改变极板面积的变面积式电容传感器;改变极板距离的变间隙式电容传感器;改变介电常数的变介电常数式电容传感器。

下面就三种类型的电容式传感器的工作特性进行分析。

1. 变面积式电容传感器

图 4-51 所示为一直线位移型电容式传感器示意图,当动极板移动 Δx 后,覆盖面积就产生了变化,电容量也随之发生改变,其值为

$$C = \frac{\varepsilon b (a - \Delta x)}{d} = C_0 - \frac{\varepsilon b}{d} \Delta x \tag{4-50}$$

式中,$C_0 = \dfrac{\varepsilon ab}{d}$。

电容量因平板位移而产生的变化量为

$$\Delta C = C - C_0 = -\frac{\varepsilon b}{d} \Delta x = -C_0 \frac{\Delta x}{a} \tag{4-51}$$

灵敏度表示为

$$S = \frac{\Delta C}{\Delta x} = -\frac{\varepsilon b}{d} \tag{4-52}$$

由式(4-52)可知,增加 b 或减小 d 均可以提高直线位移型电容式传感器的灵敏度。

变面积式电容传感器的派生型如图 4-52 所示。其中,图 4-52(a)所示为角位移型变面积式电容传感器。当动片有一角位移 θ 时,两极板相对覆盖面积就发生变化,从而导致了电容量的变化,此时电容量可表示为

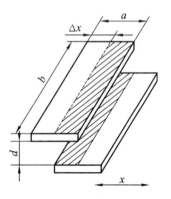

图 4-51 直线位移型电容式
传感器示意图

$$C = \frac{\varepsilon A \left(1 - \dfrac{\theta}{\pi}\right)}{d} = C_0 - C_0 \frac{\theta}{\pi} \tag{4-53}$$

灵敏度表示为

$$S = \frac{\Delta C}{\theta} = \frac{C - C_0}{\theta} = -\frac{C_0}{\pi} \tag{4-54}$$

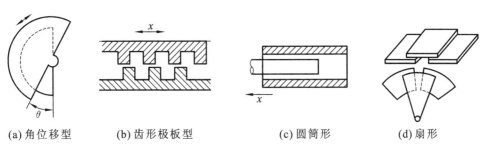

(a) 角位移型   (b) 齿形极板型   (c) 圆筒形   (d) 扇形

图 4-52   变面积式电容传感器的派生型

2. 变间隙式电容传感器

图 4-53 所示为变间隙式电容传感器的结构原理图。

图中 1 为固定极板,2 为可动极板,其位移是由被测量变化引起的,当可动极板移动距离 x 后,其电容量可表示为

$$C = \frac{\varepsilon A}{d - x} = C_0 \frac{1 + \dfrac{x}{d}}{1 - \dfrac{x^2}{d^2}} \tag{4-55}$$

式中,$C_0 = \dfrac{\varepsilon A}{d}$。

当 $x \ll d$ 时,即 $1 - \dfrac{x^2}{d^2} \approx 1$ 时,则

$$C = C_0 \left(1 + \frac{x}{d}\right) \tag{4-56}$$

式(4-55)表明,电容量 C 与 x 不是线性变化关系,只有当 $x \ll d$ 时,才可以认为是近似线性关系,因此这种类型的传感器一般用来对微小位移量进行测量,一般被测量为 $0.01~\mu m$ 到几个 mm 的线位移。同时,变间隙式电容传感器要提高灵敏度,应减小起始间隙 d。但当 d 过小时,又容易造成电容式传感器的击穿,这增加了加工难度。为此,一般在极板间放置云母、塑料膜等介电常数高的介质来改善这种情况。实际应用中,为了提高灵敏度,减小非线性度,变间隙式电容传感器一般采用差动结构。

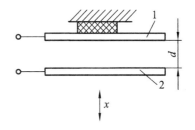

图 4-53   变间隙式电容传感器的结构原理图
1—固定极板;2—可动极板

3. 变介电常数式电容传感器

变介电常数式电容传感器的结构原理图如图 4-54 所示。

这种类型的传感器大多数用来测量电介质的厚度、位移、液位、液量,还可以根据极板间介质的介电常数随温度、湿度、容量的改变而改变来测量温度、湿度、容量等量。图中所示为

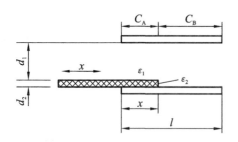

图 4-54 变介电常数式电容传感器的结构原理图

测量介质的插入深度,其电容量可表示为

$$C = C_A + C_B$$

其中

$$C_A = \frac{bx}{\dfrac{d_1}{\varepsilon_1} + \dfrac{d_2}{\varepsilon_2}}$$

$$C_B = \frac{b(l-x)}{\dfrac{d_1 + d_2}{\varepsilon_1}}$$

设极板间无 ε_2 介质时的电容量为

$$C_0 = \frac{\varepsilon_1 bl}{d_1 + d_2}$$

当 ε_2 介质插入两极板后的电容量为

$$C = C_A + C_B = \frac{bx}{\dfrac{d_1}{\varepsilon_1} + \dfrac{d_2}{\varepsilon_2}} + \frac{b(l-x)}{\dfrac{d_1 + d_2}{\varepsilon_1}}$$

$$= C_0 + C_0 \frac{1 - \dfrac{\varepsilon_1}{\varepsilon_2}}{\dfrac{d_1}{d_2} + \dfrac{\varepsilon_1}{\varepsilon_2}} \cdot \frac{x}{l} \tag{4-57}$$

式(4-57)表明,电容量 C 与位移 x 呈线性关系。

4.3.2　电容式传感器的等效电路

在大多数情况下,电容式传感器的使用环境温度不高、湿度不大,可用一个纯电容代表。

如果考虑温度、湿度和电源频率等外界影响,电容式传感器就不是一个纯电容,而是有引线电感和分布电容等,其等效电路如图 4-55 所示。图中:C 为传感器电容,包括寄生电容;R 包括引线电阻、极板电阻和金属支架电阻;L 为引线电感和电容器电感之和;R_P 为极板间的等效损耗电阻。

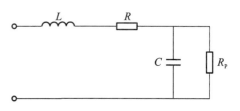

图 4-55　电容式传感器的等效电路

高频激励时,在忽略 R 和 R_P 的前提下,传感器的有效电容 C_e 可表示为

$$\frac{1}{j\omega C_e} = j\omega L + \frac{1}{j\omega C}$$

$$C_e = \frac{C}{1 - \omega^2 LC} \tag{4-58}$$

被测量变化,等效电容增量为

$$\Delta C_e = \frac{\Delta C}{(1 - \omega^2 LC)^2} \tag{4-59}$$

等效电容的相对变化量 $\dfrac{\Delta C_e}{C_e}$ 为

$$\frac{\Delta C_e}{C_e} = \frac{1}{1 - \omega^2 LC} \frac{\Delta C}{C} \tag{4-60}$$

由 $S = \dfrac{\Delta C}{\Delta d}$,传感器的等效灵敏度为

$$S_e = \frac{\Delta C_e}{\Delta d} = \frac{S}{(1 - \omega^2 LC)^2} \tag{4-61}$$

S_e 与传感器的固有电感(包括电缆电感)有关,且随 ω 变化而变化。使用电容式传感器时,不宜随便改变引线电缆的长度,改变激励频率或改变电缆长度都要重新校正传感器的灵敏度。

4.3.3 电容式传感器的测量电路

电容式传感器将被测物理量转换为电容量的变化以后,由后续电路转换为电压、电流或频率信号。常用的电路有下列几种。

1. 电桥型电路

电桥型电路将电容式传感器作为桥路的一部分,由电容变化转换为电桥的电压输出,通常采用电阻、电容或电感、电容组成的交流电桥。图 4-56 是一种电感、电容组成的桥路,电桥的输出为一调幅波,经放大、相敏解调、滤波后获得输出,再推动显示仪表。

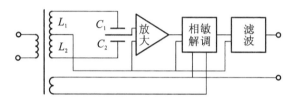

图 4-56 电桥型电路

2. 直流极化电路

直流极化电路又称为静压电容式传感器电路,多用于电容式传感器或压力传感器。如图 4-57 所示,弹性膜片在外力(气压、液压等)的作用下发生位移,使电容量发生变化。电容器接于具有直流极化电压 E_0 的电路中,电容的变化由高阻值电阻 R 转换为电压的变化。由图可知,输出电压为

$$u_o = RE_0 \frac{dC}{dt} = -RE_0 \frac{\varepsilon_0 \varepsilon A}{\delta_2} \frac{d\delta}{dt} \tag{4-62}$$

显然,输出电压与膜片位移速度成正比,因此这种传感器可以测量气流(或液流)的振动速度,进而得到压力。

3. 谐振电路

图 4-58 所示为谐振电路原理及工作特性。电容式传感器的电容 C_x 作为谐振电路(L_2,$C_2 // C_x$ 或 $C_2 + C_x$)调谐电容的一部分。此谐振回路通过电压耦合,从稳定的高频振荡器获得振荡电压。当传感器电容量 C_x 发生变化时,谐振回路的阻抗发生相应变化,并被转换成电压或电流输出,经放大、检波,即可得到输出。为了获得较好的线性,一般工作点应选择在谐振曲线一边的线性区域内。这种电路比较灵敏,但缺点是工作点不易选好,变化范围也较窄,传感器连接电缆的分布电容影响比较大。

4. 调频电路

调频电路如图 4-59 所示,传感器电容是振荡器谐振回路的一部分,当输入量使传感器电容量发生变化时,振荡器的振荡频率发生变化,频率的变化经过鉴频器变为电压的变化,再经过放大后由记录器或显示仪表指示。这种电路具有抗干扰性强、灵敏度高等优点,可测 $0.01~\mu m$ 的位移变化量。缺点是电缆分布电容的影响较大,使用中有一些麻烦。

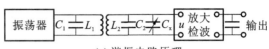

(a) 谐振电路原理

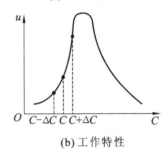

图 4-57 直流极化电路

(b) 工作特性

图 4-58 谐振电路原理及工作特性

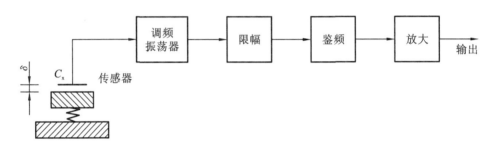

图 4-59 调频电路

5. 运算放大电路

由前述已知,变间隙式电容传感器的间隙变化与电容变化量成非线性关系,这一缺点使

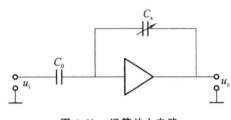

图 4-60 运算放大电路

传感器的应用受到一定限制。为此采用比例运算放大电路可以得到输出电压 u_o 与位移量的线性关系,如图 4-60 所示。输入阻抗采用固定电容 C_0,反馈阻抗采用传感器电容 C_x,根据比例器的运算关系,当激励电压为 u_i 时,有

$$u_o = - u_i \frac{C_0}{C_x}$$
$$u_o = - u_i \frac{C_0 \delta}{\varepsilon_0 \varepsilon A}$$

(4-63)

由式(4-63)可知,输出电压 u_o 与电容式传感器间隙 δ 呈线性关系。这种电路用于位移测量传感器。

4.3.4 电容式传感器的应用

电容式传感器的应用十分广泛,它不仅可广泛地应用在厚度、位移、压力、速度、浓度等物理量测量中,而且还可用于测量力、差压、流量、成分、液位等参数。下面举几例来说明电容式传感器的应用情况。

1. 电容式传感器在板材轧制装置中的应用——电容式测厚仪

电容式测厚仪的关键部件之一就是电容测厚传感器。在板材轧制过程中由它监测金属板材的厚度变化情况,该厚度量的变化阶段常采用独立双电容测厚传感器来检测。它能克服

两电容并联或串联式传感器的缺点。应用独立双电容传感器,通过对被测板材在同一位置、同一时刻实时取样能使其测量精度大大提高。

图 4-61 所示为电容式传感器组成的测厚仪的工作原理图。在被测板材的上、下两侧各置一块面积相等、与板材距离相等的极板,这样极板与板材就构成了两个电容器 C_1 和 C_2。把两块极板用导线连成一个电极,而板材就是电容的另一个电极,其总电容 $C_x = C_1 + C_2$,电容 C_x 与固定电容 C_0、变压器的次级 L_1 和 L_2 构成电桥。信号发生器提供变压器初级信号,经耦合作交流电桥的供桥电源。

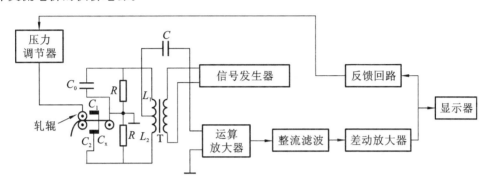

图 4-61 电容式测厚仪的工作原理图

当被轧制板材的厚度相对于要求值发生变化时,则 C_x 变化。若 C_x 增大,表示板材厚度变厚;反之,则表示板材变薄。此时电桥输出信号也将发生变化,变化量经耦合电容 C 输出给运算放大器放大整流和滤波;再经差动放大器放大后,一方面由显示器显示此时的板材厚度,另一方面通过反馈回路将偏差信号传送给压力调节器,调节轧辊与板材间的距离,经过不断调节,使板材厚度控制在一定误差范围内。

2. 电容式传感器测量电缆芯的偏心

图 4-62 所示为电缆芯偏心的测量原理示意图,在实际应用中用两对电容式传感器,分别测出在 x 方向和 y 方向的偏移量,再经计算得出偏心值。

3. 石英挠性伺服加速度计

石英挠性伺服加速度计是由固有频率很低的电容式加速度计和伺服回路两大部分组成的,形成了一个闭环的自动控制系统,其工作原理图如图 4-63 所示。

其原理如下:当外界有一个加速度 a 沿输入轴作用于惯性质量块上时,则惯性质量块(由石英摆片、力矩线圈组成)对平衡位置产生一个角位移,差动电容式传感器的两个电容变得不等,从而破坏了电容电桥的平衡,产生一个电压输出信号,该信号经伺服回路产生一个反馈电流 i,此电流流经力矩线圈,形成一个反馈力矩,强迫已产生角位移的惯性质量块恢复到平衡位置附近,若测出反馈电流 i 的大小,就能知道输入加速度 a 的大小。

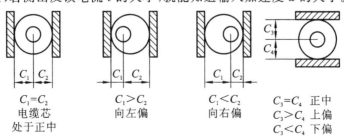

图 4-62 电缆芯偏心的测量原理示意图

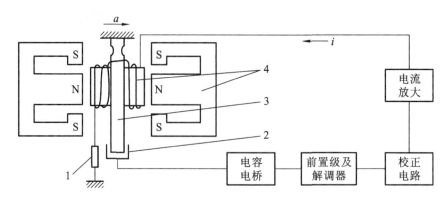

图 4-63　石英挠性伺服加速度计工作原理图

1—采样电阻;2—差动电容;3—石英摆片;4—力矩器

这种加速度计的频率响应可以从直流到 500 Hz,最大非线性误差为 0.2%。它可用于振动测量、惯性导航、地震测量及钻井倾斜度测量,也可作为低频标准加速度计使用,目前已广泛用于航空、航海、导弹等方面的惯性导航,也已用于大型旋转机械(包括水轮机)的振动监测。缺点是价格较贵。

4. 电容式压力传感器

图 4-64 所示为两种电容式压力传感器的结构示意图。其中 4-64(a) 为单只变间隙型电容式压力传感器,用于测量流体或气体的压力。流体或气体压力作用于弹性膜片(动极板),使弹性膜片产生位移,位移导致电容量的变化,从而引起由该电容组成的振荡器的振荡频率的变化,频率信号经计数、编码、传输到显示部分,即可指示压力变化量。

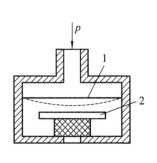

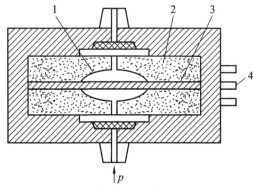

(a) 单只变间隙型电容式压力传感器　　　　　(b) 差动型电容式压力传感器

1—弹性膜片(动极板);2—凹玻璃圆片　　　1—金属涂层(定极);2—固定极板;3—弹性膜片;4—输出端子

图 4-64　两种电容式压力传感器的结构示意图

图 4-64(b) 为一种小型差动型电容式压力传感器。它由金属弹性膜片与镀金玻璃圆片组成。当被测压力 p 通过过滤器进入空腔时,由于弹性膜片两侧的压力差,使弹性膜片凸向一侧,产生位移,该位移改变两个镀金玻璃圆片与弹性膜片间的电容量。这种传感器的灵敏度和分辨力都很高。其灵敏度取决于初始间隙 d_0,d_0 越小,灵敏度越高。根据实验,该传感器可以测量 $0 \sim 0.75$ Pa 的微小压差。其动态响应显然主要取决于弹性膜片的固有频率,该传感器配以脉冲宽度调制电路可以构成压力测量系统。

5. 电容液位传感器

当电容极板之间的介电常数发生变化时,电容量也随之发生变化,根据这一原理可构成变介电常数式电容传感器,可用于测量液位。图 4-65 所示为变介电常数式电容液位传感器原理图。

在被测介质中放入两个同心圆筒形极板,大圆筒内径为 R_2,小圆筒内径为 R_1。当被测液面在同心圆筒间变化时,传感器电容随之变化,其容量为

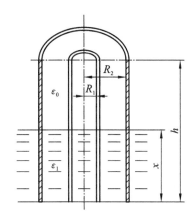

$$C = C_0 + C_1 = \frac{2\pi\varepsilon_0 (h - x)}{\ln\left(\dfrac{R_2}{R_1}\right)} + \frac{2\pi\varepsilon_1 x}{\ln\left(\dfrac{R_2}{R_1}\right)}$$

$$= \frac{2\pi\varepsilon_0 h}{\ln\left(\dfrac{R_2}{R_1}\right)} + \frac{2\pi x}{\ln\left(\dfrac{R_2}{R_1}\right)}(\varepsilon_1 - \varepsilon_0)$$

式中,C_0,ε_0 分别为空气介质的电容量和介电常数;C_1,ε_1 分别为液体介质的电容量和介电常数;h 为极板总高度;x 为液面高度。

图 4-65　变介电常数式电容液位传感器原理图

当液面高度 $x = 0$ 时,$C = C_0$。

若令 $\dfrac{2\pi}{\ln\left(\dfrac{R_2}{R_1}\right)}(\varepsilon_1 - \varepsilon_0) = k$,则

$$C = \frac{2\pi\varepsilon_0 h}{\ln\left(\dfrac{R_2}{R_1}\right)} + kx$$

由此可见,传感器电容量 C 随液面高度 x 呈线性变化,k 为常数,$\varepsilon_1 - \varepsilon_0$ 越大,灵敏度越高。

4.4　电感式传感器

电感式传感器是利用电磁感应原理,将被测量的变化转换为线圈的自感或互感变化的装置。它常用来检测位移、压力、振动、应变、流量、比重等参数。

电感式传感器种类较多,根据转换原理的不同,可分为自感式传感器、互感式传感器、电涡流式传感器等。按照结构形式不同,自感式传感器有变气隙式自感传感器、变面积式自感传感器和螺管式自感传感器;互感式传感器有变气隙式传感器和螺管式传感器;电涡流式传感器有高频反射式涡流传感器和低频透射式涡流传感器。

电感式传感器具有以下优点:结构简单,工作可靠,灵敏度高,分辨力高;测量精度高,线性度好,性能稳定,输出阻抗小,输出功率大;抗干扰能力强,适于在恶劣的环境下工作。电感式传感器的缺点是:频率响应较低,不宜做快速动态测量;存在交流零位信号,传感器的灵敏度、分辨力、线性度和测量范围相互制约,测量范围越大,灵敏度、分辨力越低。

4.4.1　自感式传感器

1. 自感式传感器的结构与工作原理

图 4-66 所示为自感式传感器结构图。其中铁芯和活动衔铁由导磁材料如硅钢片或坡莫

合金制成。铁芯上绕有线圈,并加交流激励。铁芯与衔铁之间有气隙,当衔铁上下移动时,气隙改变,磁路磁阻发生变化,从而引起线圈自感的变化。这种自感量的变化与衔铁位置有关,因此只要测出自感量的变化,就能获得衔铁位移量的大小,这就是自感式传感器的工作原理。

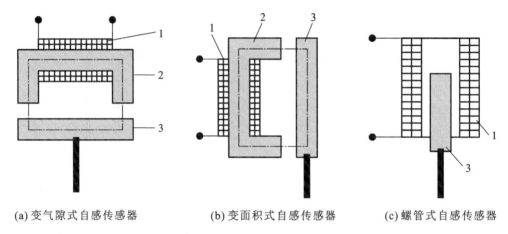

(a) 变气隙式自感传感器　　(b) 变面积式自感传感器　　(c) 螺管式自感传感器

图 4-66　自感式传感器结构图

1—线圈;2—铁芯;3—衔铁

匝数为 N 的电感线圈通以有效值为 I 的交流电,产生磁通为 Φ,则电感线圈的电感量为

$$L = \frac{N\Phi}{I} \tag{4-64}$$

式中,Φ 为单匝线圈中的磁通。

根据磁路欧姆定律

$$\Phi = \frac{NI}{R_m} = \frac{NI}{\sum\limits_{i=1}^{n} R_{mi}} \tag{4-65}$$

电感为

$$L = \frac{N^2}{\sum\limits_{i=1}^{n} R_{mi}} \tag{4-66}$$

铁芯、衔铁和气隙的总磁阻为

$$\sum_{i=1}^{3} R_{mi} = \sum_{i=1}^{3} \frac{l_i}{\mu_i S_i} = \frac{l_1}{\mu_1 S_1} + \frac{l_2}{\mu_2 S_2} + \frac{2\delta}{\mu_0 S_0} \tag{4-67}$$

式中,μ_0,δ,S_0 分别为气隙的磁导率、厚度和截面积;μ_1,l_1,S_1 分别为铁芯的磁导率、磁路长度和截面积;μ_2,l_2,S_2 分别为衔铁的磁导率、磁路长度和截面积。

忽略铁芯、衔铁磁阻,则

$$R_m \approx \frac{2\delta}{\mu_0 S_0} \tag{4-68}$$

电感为

$$L = \frac{N^2}{\sum\limits_{i=1}^{3} R_{mi}} \approx \frac{N^2 \mu_0 S_0}{2\delta} \tag{4-69}$$

式(4-69)为自感式传感器基本特性方程。当线圈的匝数确定后,只要气隙或气隙截面积发生变化,电感即发生变化,即 $L = f(\delta, S)$,因此自感式传感器结构形式上有变气隙式和变面积式两种。

在圆筒形线圈中放入圆柱形衔铁,当衔铁上下移动时,电感量也发生变化,可构成螺管式自感传感器。

2. 变气隙式自感传感器的灵敏度及特性

1) 简单变气隙式自感传感器的灵敏度及特性

变气隙式自感传感器的 $L\text{-}\delta$ 特性如图 4-67 所示。当衔铁处于初始位置时,初始电感量为

$$L_0 = \frac{N^2 \mu_0 S_0}{2\delta_0} \tag{4-70}$$

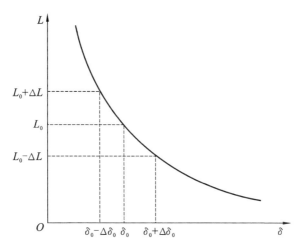

图 4-67 变气隙式自感传感器的 $L\text{-}\delta$ 特性

当衔铁上移 $\Delta\delta$ 时,传感器气隙减小 $\Delta\delta$,即 $\delta = \delta_0 - \Delta\delta$,则此时输出电感为

$$L = L_0 + \Delta L = \frac{N^2 \mu_0 S_0}{2(\delta_0 - \Delta\delta)} = \frac{L_0}{1 - \dfrac{\Delta\delta}{\delta_0}} \tag{4-71}$$

当 $\Delta\delta/\delta_0 \ll 1$ 时,可将式(4-71)用泰勒级数展开成级数形式为

$$L = L_0 + \Delta L = L_0 \left[1 + \left(\frac{\Delta\delta}{\delta_0}\right) + \left(\frac{\Delta\delta}{\delta_0}\right)^2 + \cdots \right] \tag{4-72}$$

$$\Delta L = L_0 \frac{\Delta\delta}{\delta_0} \left[1 + \left(\frac{\Delta\delta}{\delta_0}\right) + \left(\frac{\Delta\delta}{\delta_0}\right)^2 + \cdots \right] \tag{4-73}$$

$$\frac{\Delta L}{L_0} = \frac{\Delta\delta}{\delta_0} \left[1 + \left(\frac{\Delta\delta}{\delta_0}\right) + \left(\frac{\Delta\delta}{\delta_0}\right)^2 + \cdots \right] \tag{4-74}$$

当衔铁下移 $\Delta\delta$ 时,传感器气隙增大 $\Delta\delta$,即 $\delta = \delta_0 + \Delta\delta$,则此时输出电感为

$$L = L_0 - \Delta L$$

$$\Delta L = L_0 \frac{\Delta\delta}{\delta_0} \left[1 - \left(\frac{\Delta\delta}{\delta_0}\right) + \left(\frac{\Delta\delta}{\delta_0}\right)^2 - \left(\frac{\Delta\delta}{\delta_0}\right)^3 + \cdots \right] \tag{4-75}$$

$$\frac{\Delta L}{L_0} = \frac{\Delta\delta}{\delta_0} \left[1 - \left(\frac{\Delta\delta}{\delta_0}\right) + \left(\frac{\Delta\delta}{\delta_0}\right)^2 - \left(\frac{\Delta\delta}{\delta_0}\right)^3 + \cdots \right] \tag{4-76}$$

忽略 2 次项以上的高次项,得

$$\frac{\Delta L}{L_0} = \frac{\Delta\delta}{\delta_0} \tag{4-77}$$

灵敏度为

$$S = \frac{\Delta L / L_0}{\Delta \delta} = \frac{1}{\delta_0} \qquad (4\text{-}78)$$

由上述分析可见,变气隙式自感传感器的测量范围与灵敏度及线性度是相互矛盾的。它适合微小位移测量,一般 $\frac{\Delta \delta}{\delta_0} \leqslant 0.1$。为了减小非线性误差,提高传感器的灵敏度,实际应用中广泛采用差动变气隙式自感传感器。

2) 差动变气隙式自感传感器的灵敏度及特性

差动变气隙式自感传感器的结构特点是两个完全对称的简单变气隙式自感传感器合用一个活动衔铁。测量时,衔铁通过导杆与被测体相连,当被测体上下移动时,导杆带动衔铁也以相同的位移量上下移动,使两个磁回路中的磁阻发生大小相等、方向相反的变化,导致一个线圈的电感量增加,另一个线圈的电感量减小,形成差动形式。其原理结构图如图 4-68 所示。

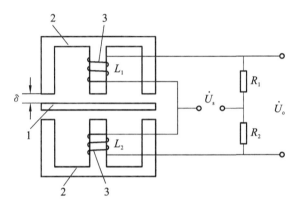

图 4-68 差动变气隙式自感传感器的原理结构图
1—衔铁;2—铁芯;3—线圈

衔铁处于初始位置时

$$L_1 = L_2 = L_0 = \frac{N^2 \mu_0 S_0}{2\delta_0} \qquad (4\text{-}79)$$

衔铁向上移动 $\Delta \delta$ 时

$$\Delta L_1 = L_0 \frac{\Delta \delta}{\delta_0} \left[1 + \left(\frac{\Delta \delta}{\delta_0} \right) + \left(\frac{\Delta \delta}{\delta_0} \right)^2 + \left(\frac{\Delta \delta}{\delta_0} \right)^3 + \cdots \right] \qquad (4\text{-}80)$$

$$\Delta L_2 = L_0 \frac{\Delta \delta}{\delta_0} \left[1 - \left(\frac{\Delta \delta}{\delta_0} \right) + \left(\frac{\Delta \delta}{\delta_0} \right)^2 - \left(\frac{\Delta \delta}{\delta_0} \right)^3 + \cdots \right] \qquad (4\text{-}81)$$

差动变气隙式自感传感器电感总变化量为

$$\Delta L = \Delta L_1 + \Delta L_2 = 2L_0 \frac{\Delta \delta}{\delta_0} \left[1 + \left(\frac{\Delta \delta}{\delta_0} \right)^2 + \left(\frac{\Delta \delta}{\delta_0} \right)^4 + \cdots \right] \qquad (4\text{-}82)$$

忽略 2 次项以上的高次项,得

$$\frac{\Delta L}{L_0} = 2 \frac{\Delta \delta}{\delta_0} \qquad (4\text{-}83)$$

灵敏度为

$$S = \frac{\Delta L / L_0}{\Delta \delta} = \frac{2}{\delta_0} \qquad (4\text{-}84)$$

通过以上计算,可以得到如下结论。

（1）差动变气隙式自感传感器的灵敏度为简单变气隙式自感传感器的灵敏度的 2 倍。

（2）差动变气隙式自感传感器的非线性度较小，简单变气隙式自感传感器非线性误差为 $\Delta\delta/\delta_0$，差动变气隙式自感传感器非线性误差为 $(\Delta\delta/\delta_0)^2$。

（3）差动变气隙式自感传感器能克服温度等外界共模信号的干扰。

3. 变面积式自感传感器

若铁芯和衔铁材料的磁导率相同，磁路通过截面积为 S，变面积式自感传感器磁阻为

$$\sum R_m = \frac{l}{\mu_0\mu_r S} + \frac{l_\delta}{\mu_0 S} \tag{4-85}$$

电感为

$$L = \frac{N^2}{\dfrac{l}{\mu_0\mu_r S} + \dfrac{l_\delta}{\mu_0 S}} = \frac{N^2\mu_0}{\dfrac{l}{\mu_r} + l_\delta}S = K_S S \tag{4-86}$$

其中，l_δ 为气隙的总长度，l 为铁芯与衔铁的总长度，μ_r 为铁芯和衔铁的磁导率，S 为气隙磁通的截面积。在忽略传感器气隙磁通边缘效应的条件下，输入与输出呈线性关系。变面积式自感传感器的缺点是灵敏度较低。

螺管式自感传感器请读者参见有关书籍。

4. 自感式传感器的测量电路

自感式传感器将被测非电量转换为电感的变化，接入相应的测量电路，将电感的变化转换为电压的幅值、频率或相位的变化。常用的测量电路有变压器电桥电路、带相敏检波的电桥电路、调频电路等。

1）变压器电桥电路

变压器电桥电路如图 4-69 所示。Z_1，Z_2 为自感传感器两个线圈的阻抗，另外两臂为电源变压器二次侧线圈，输出空载电压为

$$u_o = \frac{u}{Z_1+Z_2}Z_1 - \frac{u}{2} = \frac{u}{2}\frac{Z_1-Z_2}{Z_1+Z_2} \tag{4-87}$$

初始平衡状态，$Z_1 = Z_2 = Z$，$u_o = 0$。

衔铁偏离中间零点时，设 $Z_1 = Z + \Delta Z$，$Z_2 = Z - \Delta Z$，代入式（4-87），得

$$u_o = (u/2)\times(\Delta Z/Z) \tag{4-88}$$

传感器衔铁向相反方向移动时

$$Z_1 = Z - \Delta Z, Z_2 = Z + \Delta Z$$

代入式（4-87），得

$$u_o = -(u/2)\times(\Delta Z/Z) \tag{4-89}$$

传感器线圈的阻抗 $Z = R + j\omega L$，其变化量 $\Delta Z = \Delta R + j\omega\Delta L$，通常线圈的品质因数很高，即 $Q = \omega L/R$，$R \ll \omega L$，$\Delta R \ll \omega\Delta L$，所以

$$u_o = \pm(u/2)\times(\Delta L/L) \tag{4-90}$$

即输出空载电压与电感的变化呈线性关系。

由于输出交流电压，所以电路只能确定衔铁位移的大小，不能判断位移的方向。为了判断位移的方向，要在后续电路中配置相敏检波电路。

2）带相敏检波的电桥电路

带相敏检波的电桥电路如图 4-70 所示。

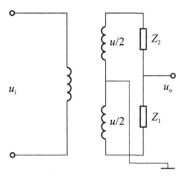

图 4-69　变压器电桥电路

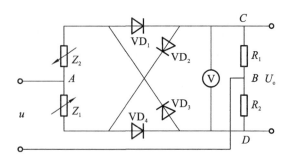

图 4-70　带相敏检波的电桥电路

电路作用：辨别衔铁位移方向，即 U_o 的大小反映位移的大小，U_o 的极性反映位移的方向；消除零点残余电压，使 $x = 0$ 时，$U_o = 0$。

电桥由差动电感传感器线圈 Z_1 和 Z_2 及平衡电阻 R_1 和 R_2 组成，$R_1 = R_2$，$VD_1 \sim VD_4$ 构成了相敏整流器，电桥的一条对角线接交流激励电压，另外一个对角线输出电压，接电压表。

设衔铁下移使 $Z_1 = Z + \Delta Z$，$Z_2 = Z - \Delta Z$，当电源 u 上端为正（A 正），下端为负（B 负）时，VD_1，VD_4 导通，VD_2，VD_3 截止，电阻 R_1 上的电压大于 R_2 上的电压，$U_o > 0$。

当电源 u 上端为负（A 负），下端为正（B 正）时，VD_1，VD_4 截止，VD_2，VD_3 导通，电阻 R_1 上的电压小于 R_2 上的电压，$U_o = U_{CD} > 0$。在电源一个周期内，电压表的输出始终为上正下负。

同理，设衔铁上移使 $Z_1 = Z - \Delta Z$，$Z_2 = Z + \Delta Z$，当电源 u 上端为正（A 正），下端为负（B 负）时，VD_1，VD_4 导通，VD_2，VD_3 截止，电阻 R_1 上的电压小于 R_2 上的电压，$U_o < 0$。

当电源 u 上端为负（A 负），下端为正（B 正）时，VD_1，VD_4 截止，VD_2，VD_3 导通，电阻 R_1 上的电压大于 R_2 上的电压，$U_o = U_{CD} < 0$。在电源一个周期内，电压表的输出始终为上负下正。

综上，输出电压的幅值反映了衔铁位移的大小，输出电压的极性反映了位移的方向。

图 4-71 所示为非相敏整流电路输出电压曲线与相敏整流电路输出电压曲线比较图。由图可以看出，使用相敏整流电路，输出电压不仅能够反映衔铁位移的大小和方向，而且还能够消除零点残余电压的影响（由于二极管的整流作用）。

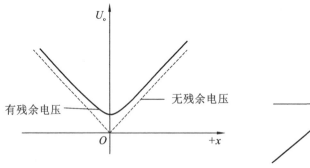

(a) 非相敏整流电路输出电压曲线　　　　(b) 相敏整流电路输出电压曲线

图 4-71　非相敏整流电路输出电压曲线与相敏整流电路输出电压曲线比较图

3）调频电路

传感器自感变化将引起输出电压频率的变化。将传感器的电感线圈 L 与一个固定电容 C 接到一个振荡电路 G 中，如图 4-72(a) 所示，电路的振荡频率为 $f = \dfrac{1}{2\pi \sqrt{LC}}$。

图 4-72(b) 所示为频率 f 与电感 L 的关系。L 变化，振荡频率 f 随之变化，根据 f 的大小

可测出被测量的值。当 L 有微小变化 ΔL 后，频率变化为

$$\Delta f = -(LC)^{-3/2}C\Delta L/4\pi = -(f/2)\times(\Delta L/L) \tag{4-91}$$

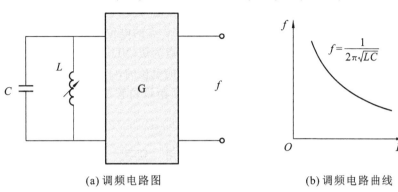

(a) 调频电路图   (b) 调频电路曲线

图 4-72 调频电路

5. 自感式传感器的应用

1）压力测量

图 4-73 所示为 C 形管压力传感器结构原理图，它采用差动变气隙式自感传感器。当被测压力 p 变化时，弹簧管的自由端产生位移，带动与自由端刚性相连的自感传感器的衔铁发生移动，使差动自感传感器的电感一个增加、一个减小。传感器采用变压器电桥供电，输出信号的大小决定位移的大小。

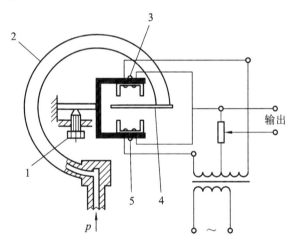

图 4-73 C 形管压力传感器结构原理图

1—调机械零点螺钉；2—C 形弹簧管；3—线圈 L_1；4—衔铁；5—线圈 L_2

2）差动式电感测厚仪

图 4-74(a) 所示为差动式电感测厚仪原理图。被测带材在上下测量滚轮之间通过。开始测量之前，先调节测微螺杆至给定厚度（由度盘读出）。当带材厚度偏离给定厚度时，上测量滚轮将带动测微螺杆上下移动，通过杠杆将位移传递给衔铁，使 L_1，L_2 变化。图 4-74(b) 所示为差动式电感测厚仪电路图，图中 L_1，L_2 为自感传感器的两个线圈，由 L_1，L_2 构成电桥的两个桥臂，另外两个桥臂是 C_1，C_2，中间对角线输出端由 4 只二极管 $VD_1 \sim VD_4$ 和 4 只电阻 $R_1 \sim R_4$ 组成相敏检波电路，输出电流由电流表指示。R_5 是调零电位器，R_6 用于调节电流表的满刻度值。电桥的电压由变压器提供，R_7，C_3，C_4 起滤波作用，HL 为工作指示灯。变压器采用磁饱和交流稳压器，保证供给电桥电压的稳定。

当传感器衔铁处于中间位置时，$L_1 = L_2$，电桥平衡，$U_c = U_d$，电流表 G 无电流流过。若带材厚度发生变化，$L_1 \neq L_2$，分为以下两种情况。

(1) 当 $L_1 > L_2$ 时，不论电源 u 是以 a 点为正、b 点为负（VD_1，VD_4 导通），还是以 a 点为负、b 点为正（VD_2，VD_3 导通），d 点的电位总是高于 c 点的电位的，G 向一个方向偏转。

(2) 当 $L_1 < L_2$ 时，不论电源 u 是以 a 点为正、b 点为负（VD_1，VD_4 导通），还是以 a 点为负、b 点为正（VD_2，VD_3 导通），c 点的电位总是高于 d 点的电位的，G 向另一个方向偏转。

根据电流表指针的偏转方向和刻度值可以判断衔铁位移的方向，以及被测带材厚度的变化大小。

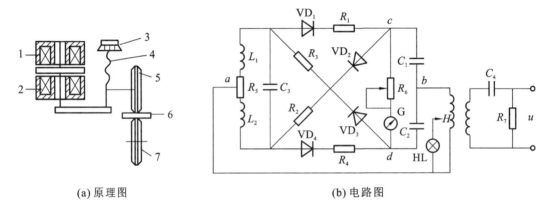

(a) 原理图　　　　　　　　　　　　　　　(b) 电路图

图 4-74　差动式电感测厚仪原理图与电路图

1—线圈 L_1；2—线圈 L_2；3—度盘；4—测微螺杆；5—上测量滚轮；6—带材；7—下测量滚轮

4.4.2　互感式传感器

互感式传感器是把被测量的变化转换为变压器的互感变化的装置。变压器初级线圈输入交流电压，次级线圈则互感应出电动势。由于变压器的次级线圈常接成差动形式，故互感式传感器又称为差动变压器式传感器。

差动变压器结构形式较多，但其工作原理基本一样，下面介绍螺管差动变压器。螺管差动变压器可以测量 $1 \sim 100 \ mm$ 的机械位移，并具有测量精度高、灵敏度高、结构简单、性能可靠等优点，因此也被广泛用于非电量的测量。

1. 结构与工作原理

螺管差动变压器结构原理如图 4-75 所示。它由初级线圈 P、两个次级线圈 S_1，S_2 和插入线圈中央的圆柱形铁芯 b 组成，结构形式又有三段式（见图 4-75(a)）和两段式（见图 4-75(b)）之分。

螺管差动变压器电路图如图 4-75(c) 所示。次级线圈 S_1 和 S_2 反极性串联。当初级线圈 P 加上某一频率的正弦交流电压 $\dot{U}_i$ 后，次级线圈产生感应电压 $\dot{U}_1$ 和 $\dot{U}_2$，它们的大小与铁芯在线圈内的位置有关。$\dot{U}_1$ 和 $\dot{U}_2$ 反极性连接便得到输出电压 $\dot{U}_o$。

当铁芯位于线圈中心位置时，$\dot{U}_1 = \dot{U}_2$，$\dot{U}_o = 0$；当铁芯向上移动时，$\dot{U}_1 > \dot{U}_2$，$|\dot{U}_o| > 0$，M_1 大，M_2 小；当铁芯向下移动时，$\dot{U}_2 > \dot{U}_1$，$|\dot{U}_o| > 0$，M_1 小，M_2 大。

铁芯偏离中心位置时，输出电压 $\dot{U}_o$ 随之偏离中心位置，$\dot{U}_1$ 或 $\dot{U}_2$ 逐渐增大，但相位相差 180°，如图 4-76 所示。

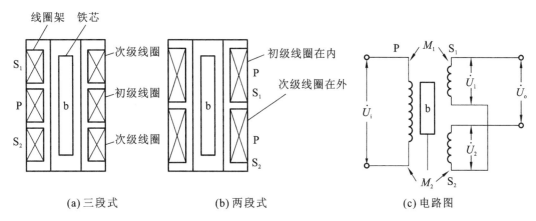

（a）三段式　　　　　（b）两段式　　　　　（c）电路图

图 4-75　螺管差动变压器结构原理

　　实际上,铁芯位于中心位置时,输出电压$\dot{U}_o$并不是零电位,而是U_x,U_x被称为零点残余电压。U_x产生的原因有很多,不外乎是变压器的制作工艺和导磁体安装等问题,U_x一般在几十毫伏以下。在实际使用时,必须设法减小U_x,否则将会影响传感器的测量结果。

2. 等效电路

　　差动变压器是利用磁感应原理制作的,在制作时,理论计算结果和实际制作后的参数相差很大,往往还要借助于实验和经验数据来修正。如果考虑差动变压器的涡流损耗、铁损和寄生(耦合)电容等,其等效电路是很复杂的,本节忽略上述因素,给出差动变压器的等效电路,如图 4-77 所示。

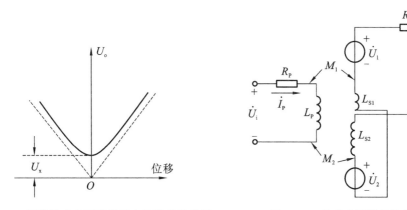

图 4-76　螺管差动变压器输出电压的特性曲线　　**图 4-77　差动变压器的等效电路**

　　图 4-77 中,L_P,R_P为初级线圈的电感和损耗电阻;M_1,M_2为初级线圈与两次级线圈间的互感系数;$\dot{U}_i$为初级线圈的激励电压;$\dot{U}_o$为输出电压;L_{S1},L_{S2}为两次级线圈的电感;R_{S1},R_{S2}为两次级线圈的损耗电阻。

　　当次级开路时,初级线圈的交流电流为

$$\dot{I}_P = \frac{\dot{U}_i}{R_P + j\omega L_P} \tag{4-92}$$

次级线圈的感应电动势为

$$\dot{U}_1 = -j\omega M_1 \dot{I}_P \tag{4-93}$$

$$\dot{U}_2 = -j\omega M_2 \dot{I}_P \tag{4-94}$$

差动变压器输出电压为

$$\dot{U}_{\circ} = - j\omega (M_1 - M_2) \frac{\dot{U}_{\mathrm{i}}}{R_{\mathrm{P}} + j\omega L_{\mathrm{P}}} \tag{4-95}$$

输出电压的有效值为

$$U_{\circ} = \frac{\omega (M_1 - M_2) U_{\mathrm{i}}}{\sqrt{R_{\mathrm{P}}^2 + (\omega L_{\mathrm{P}})^2}} \tag{4-96}$$

下面分三种情况进行分析。

(1) 铁芯处于中间平衡位置时

$$M_1 = M_2 = M \tag{4-97}$$
$$U_{\circ} = 0 \tag{4-98}$$

(2) 铁芯上升时

$$M_1 = M + \Delta M, M_2 = M - \Delta M \tag{4-99}$$
$$U_{\circ} = \frac{2\omega \Delta M U_{\mathrm{i}}}{\sqrt{R_{\mathrm{P}}^2 + (\omega L_{\mathrm{P}})^2}} \tag{4-100}$$

与 U_1 同极性。

(3) 铁芯下降时

$$M_1 = M - \Delta M, M_2 = M + \Delta M \tag{4-101}$$
$$U_{\circ} = \frac{-2\omega \Delta M U_{\mathrm{i}}}{\sqrt{R_{\mathrm{P}}^2 + (\omega L_{\mathrm{P}})^2}} \tag{4-102}$$

与 U_2 同极性。

3. 测量电路

差动变压器输出的是交流电压,若用交流模拟数字电压表测量,只能反映铁芯位移的大小,不能反映移动方向。另外,其测量值必定含有零点残余电压。为了达到能辨别移动方向和消除零点残余电压的目的,实际测量时常常采用差动整流电路和相敏检波电路这两种测量电路。

1) 差动整流电路

图 4-78(a) 所示为差动整流电路,它是根据半导体二极管单向导通原理进行解调的。如传感器的一个次级线圈的输出瞬时电压极性在 f 点为 "+",e 点为 "−",则电流路径为 $f \rightarrow g \rightarrow d \rightarrow c \rightarrow h \rightarrow e$;反之,如在 f 点为 "−",e 点为 "+",则电流路径为 $e \rightarrow h \rightarrow d \rightarrow c \rightarrow g \rightarrow f$。可见,无论次级线圈的输出瞬时电压极性如何,通过电阻 R 的电流总是从 d 到 c 的。同理可分析另一个次级线圈的输出情况。输出电压波形图如图 4-78(b) 所示,其值为 $u_{\mathrm{SC}} = u_{ab} + u_{ad}$。

2) 相敏检波电路

二极管相敏检波电路如图 4-79(a) 所示。U_1 为差动变压器输入电压,U_2 为 U_1 的同频参考电压,且 $U_2 > U_1$,它们作用于相敏检波电路中的两个变压器 B_1 和 B_2。

当 $U_1 = 0$ 时,由于 U_2 的作用,在正半周时,VD_3,VD_4 处于正向偏置,电流 i_3 和 i_4 以不同方向流过电表 M,只要 $U_2' = U_2''$,且 VD_3,VD_4 性能相同,则通过电表的电流为 0,所以输出为 0。在负半周时,VD_1,VD_2 导通,i_1 和 i_2 方向相反,输出电流为 0。

当 $U_1 \neq 0$ 时,分以下两种情况来分析。

(1) U_1 和 U_2 同相。正半周时,电路中电压极性如图 4-79(b) 所示。由于 $U_2 > U_1$,则 VD_3,VD_4 仍然导通,但作用于 VD_4 两端的信号是 $U_2 + U_1$,因此 i_4 增加;而作用于 VD_3 两端的电压为 $U_2 - U_1$,所以 i_3 减小,则 i_m 为正。

在负半周时,VD_1,VD_2 导通,此时在 U_1 和 U_2 作用下,i_1 增加而 i_2 减小,$i_m = i_1 - i_2 > 0$。U_1 和 U_2 同相时,各电流波形图如图 4-79(c) 所示。

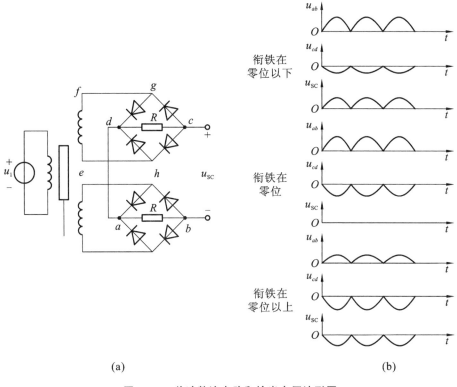

衔铁在
零位以下

衔铁在
零位

衔铁在
零位以上

(a)　　　　　　　　　　　　(b)

图 4-78　差动整流电路和输出电压波形图

(2) U_1 和 U_2 反相。在 U_2 为正半周、U_1 为负半周时，VD_3，VD_4 仍然导通，但 i_3 将增加，i_4 将减小，通过 M 的电流 i_m 不为零，而且是负的。U_2 为负半周时，i_m 也是负的。

所以，上述相敏检波电路可以由流过电表的平均电流的大小和方向来判别差动变压器的位移大小和方向。

4.4.3　电涡流式传感器

块状金属导体置于变化的磁场中或在磁场中做切割磁力线运动时，导体内将产生呈涡旋状的感应电流，此电流在导体内是闭合的，称为涡流。

涡流的大小与金属导体的电阻率 ρ、磁导率 μ、厚度 t、线圈与金属导体的距离 x 以及线圈的激励电流频率 f 等参数有关。固定其中若干参数，就能按涡流大小测量出另外一些参数。

电涡流式传感器的特点是可以对位移、厚度、材料缺陷等实现非接触式连续测量，动态响应好，灵敏度高，工业应用广泛。

电涡流式传感器在金属导体内产生涡流，其渗透深度与传感器线圈的激励电流的频率有关，所以电涡流式传感器分为高频反射式涡流传感器和低频透射式涡流传感器两类。

1. 高频反射式涡流传感器

1) 基本工作原理

高频反射式涡流传感器的工作原理如图 4-80 所示。

高频信号 i_h 加在电感线圈 L 上，L 产生的同频率高频磁场 Φ_i 作用于金属表面，由于趋肤效应，高频磁场在金属板表面感应出涡流 i_e，涡流产生的反磁场 Φ_e 反作用于 Φ_i，使线圈的电感和电阻发生变化，从而使线圈阻抗变化。传感器线圈受电涡流影响时的等效阻抗 Z 的函数关系式为

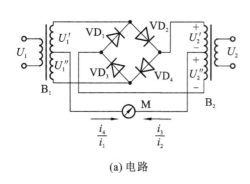

(a) 电路

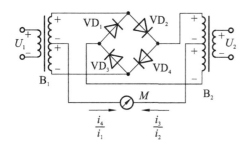

(b) 电压极性

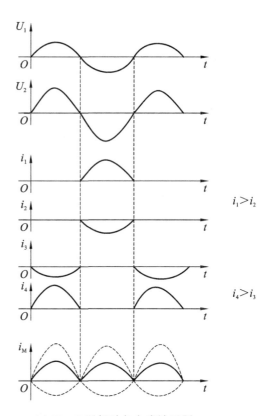

(c) U_1、U_2同相时各电流波形图

图 4-79 二极管相敏检波电路和波形图

$$Z = F(\rho, \mu, t, f, x) \tag{4-103}$$

如果 ρ, μ, t, f 参数已定，Z 成为线圈与金属板距离 x 的单值函数，由 Z 可知 x。

2）等效电路分析

高频反射式涡流传感器的等效电路如图 4-81 所示。

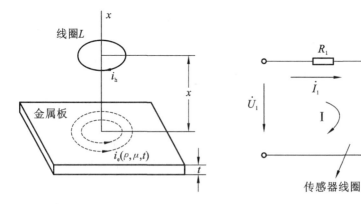

图 4-80 高频反射式涡流传感器的工作原理　　图 4-81 高频反射式涡流传感器的等效电路

　　线圈与导体之间的互感随着两者的靠近而增大。线圈两端加激励电压，根据基尔霍夫电压定律，列出线圈和导体的回路方程如下

$$R_1 \dot{I}_1 + j\omega L_1 \dot{I}_1 - j\omega M \dot{I}_2 = \dot{U}_1 \tag{4-104}$$

$$-j\omega M \dot{I}_1 + (R_2 + j\omega L_2) \dot{I}_2 = 0 \tag{4-105}$$

可求得线圈阻抗为

$$Z = \frac{\dot{U}_1}{\dot{I}_1} = R_1 + \frac{\omega^2 M^2}{R_2^2 + (\omega L_2)^2} R_2 + j\omega \left[L_1 - \frac{\omega^2 M^2}{R_2^2 + (\omega L_2)^2} L_2 \right] \tag{4-106}$$

$$= R_{eq} + j\omega L_{eq}$$

线圈的等效品质因数 Q 值为

$$Q = \frac{\omega L_{eq}}{R_{eq}} = Q_1 \left[1 - \frac{L_2}{L_1} \frac{\omega^2 M^2}{Z_2^2} \right] \bigg/ \left[1 + \frac{R_2}{R_1} \frac{\omega^2 M^2}{Z_2^2} \right] \tag{4-107}$$

由于涡流的影响,线圈阻抗的实数部分增大,这是因为涡流损耗、磁滞损耗将使实部增加。具体来说,等效电阻与互感 M 和导体电阻 R_2 有关。

在等效电阻的虚部表达式中,L_1 与静磁效应有关,即与被测导体是不是磁性材料有关,线圈与被测导体组成一个磁路,其有效磁导率取决于此磁路的性质。若金属导体为磁性材料,有效磁导率随导体与线圈距离的减小而增大,L_1 将增大;若金属导体为非磁性材料,有效磁导率和导体与线圈的距离无关,L_1 不变。等效电感的第二项为反射电感,与涡流效应有关,它随着导体与线圈距离的减小而增大,从而使等效电感减小。因此,当靠近传感器线圈的被测导体为非磁性材料或硬磁性材料时,传感器线圈的等效电感减小;若被测导体为软磁性材料时,由于静磁效应使传感器线圈的等效电感增大。

总之,被测量的变化,引起线圈电感 L、阻抗 Z 和品质因数 Q 的变化,通过测量电路将 Z,L 或 Q 转变为电信号,可测被测量。

3)传感器的结构

高频反射式涡流传感器的结构如图 4-82 所示。它由一个安装在框架上的扁平圆形线圈构成,线圈既可以粘贴在框架上,也可以绕在框架的槽内。线圈一般采用高强度的漆包线,要求高的可用银线或银合金线。

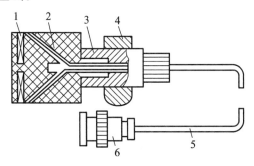

图 4-82　高频反射式涡流传感器的结构

1—线圈;2—框架;3—框架衬套;4—支架;5—电缆;6—插头

4)被测体材料对谐振曲线的影响

实际高频反射式涡流传感器为一只线圈与一只电容器相并联,构成 LC 并联谐振电路,电路的频率 f 为

$$f = \frac{1}{2\pi \sqrt{LC}} \tag{4-108}$$

无被测体时,将传感器调谐到某一频率 f_0。

高频反射式涡流传感器的谐振曲线如图 4-83 所示。若被测体为非磁性材料,线圈的等效电感减小,谐振曲线右移;若被测体为软磁性材料,线圈的等效电感增大,谐振曲线左移。结果使回路失谐,传感器的阻抗及品质因数降低。

由图4-83可以看出,当激励频率一定时,LC 回路阻抗既反映电感的变化,也反映 Q 值的变化。被测体与线圈的距离越近,LC 回路输出阻抗越低,输出电压越低。

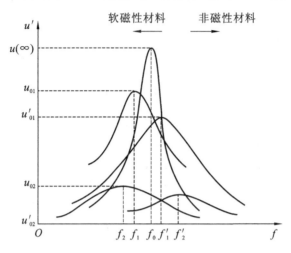

图 4-83　高频反射式涡流传感器的谐振曲线

5）测量方法

高频反射式涡流传感器的测量方法分为定频调幅法和调频法。

（1）定频调幅法。定频调幅法即使用稳频稳幅的高频激励电流对并联 LC 电路供电。测量原理如图 4-84 所示。

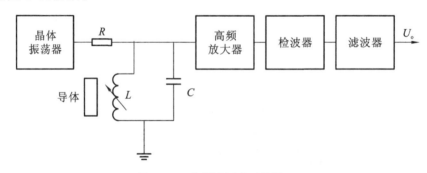

图 4-84　定频调幅法测量原理

无被测体时,LC 回路处于谐振状态,LC 回路阻抗最大,输出电压最大。

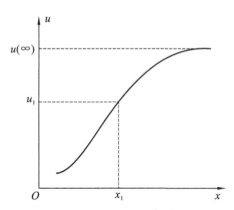

图 4-85　传感器的输出特性曲线

被测体靠近线圈时,由于被测体内产生涡流,使线圈电感减小,回路失谐,回路阻抗下降,输出电压下降。输出电压为高频载波的等幅电压或调幅电压。

须将这个高频载波电压变换为直流电压。为此回路输出电压须经过交流放大使电平抬高,通过检波电路提取等幅电压,经过滤波电路滤出高频杂散信号,取出与距离（振动）对应的直流电压 $U_\circ$。

当距离在$(1/5 \sim 1/3)D$（线圈直径）范围内时,$U_\circ$ 与距离 x 呈线性关系,如图 4-85 所示。

（2）调频法。调频法测量原理如图 4-86 所示,将传感器接于振荡电路,振荡器可采用电容三点式振荡器和射极跟随器组成,其振荡频率为 $f = \dfrac{1}{2\pi\sqrt{L_x C}}$。

当传感器与被测体的距离变化时,在涡流的影响下,传感器线圈的电感发生变化,导致输出频率变化。输出频率可直接用数字频率计测量,也可通过鉴频器变换,将频率变为电压,通过电压表测出。

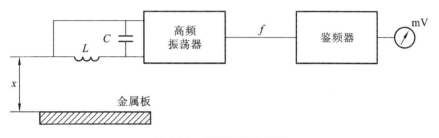

图 4-86　调频法测量原理

2. 低频透射式涡流传感器

图 4-87 所示为低频透射式涡流传感器原理图。发射线圈和接收线圈分别置于被测金属板 M 的上下方。由振荡器产生的低频激励电压 u 加到 L_1 的两端,线圈流过同频率的交变电流,并在周围产生一个交变磁场。如果两个线圈之间没有被测体,L_1 产生的磁场直接贯穿 L_2,在 L_2 两端会产生一个交变电动势 E。

在 L_1 和 L_2 之间放置一个金属板 M 后,L_1 产生的磁力线切割 M(M 可看成是一个短路线圈),并在其中产生涡流 I,这个涡流损耗了部分磁场的能量,使到达 L_2 的磁力线减少,引起 E 的下降。M 的厚度 t 越大,涡流损耗越大,E 就越小。E 的大小间接地反映了 M 的厚度,这就是测厚原理。

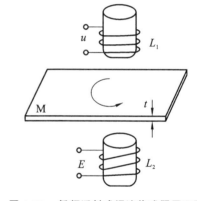

理论分析和实践表明,$E \propto \mathrm{e}^{-\frac{t}{Q_S}}$,$Q_S \propto \sqrt{\rho/f}$,其中 Q_S 为渗透深度,f 为激励频率,t 为被测体厚度,ρ 为被测体电阻率。

图 4-87　低频透射式涡流传感器原理图

频率、电阻率一定,被测体越厚,E 越小,如图 4-88 所示。

被测体厚度、电阻率一定,频率越高,E 越小。图 4-89 所示为一定电阻率、不同渗透深度(不同频率)下的 E 与 t 的关系。

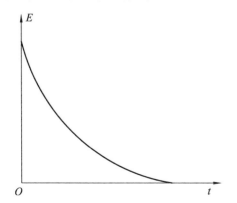

图 4-88　线圈的感应电动势与被测体厚度关系曲线

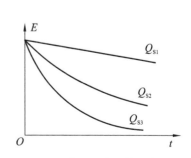

图 4-89　不同渗透深度下的 E 与 t 的关系

在 t 较小的情况下,频率较高、渗透深度 Q_s 较小的曲线斜率较大;而在 t 较大的情况下,频率较低、渗透深度 Q_s 较大的曲线斜率较大。所以,为了得到较高的灵敏度,测量薄板时应选用较高的频率,而测量厚板时,应选用较低的频率。

对于一定的频率,当被测体电阻率不同时,渗透深度也不同,引起 E-t 曲线形状的变化。测量不同电阻率 ρ 时,为了使所得的曲线形状相近,需要在 ρ 变化时相应地改变 f。即:测 ρ 较小的材料(如紫铜)时,选用较低的频率 f;而测 ρ 较大的材料(如黄铜)时,选用较高的频率 f,从而保证传感器在测量不同的材料时的线性度和灵敏度。

3. 电涡流式传感器的应用

1)厚度测量

涡流测厚仪原理框图如图 4-90 所示。在带材的上、下两侧对称地设置了两个特性完全相同的电涡流式传感器 L_1 和 L_2。L_1 和 L_2 与被测板材表面之间的距离分别为 x_1 和 x_2。两探头距离为 D,板厚 $t = D - (x_1 + x_2)$。电涡流式传感器 L_1 和 L_2 对应输出电压为 U_1 和 U_2,若板厚不变,$x_1 + x_2$ 为一定值 $2x_0$,对应输出电压为 $2U_0$。如果板厚变化了 Δt,$x_1 + x_2 = 2x_0 \pm \Delta t$,输出电压为 $2U_0 \pm \Delta U$,ΔU 表示板厚波动 Δt 后输出电压的变化值。如果采用比较电压为 $2U_0$,则传感器输出与比较电压相减后得到偏差值 ΔU,仪表可直接读出板厚的变化值。被测板厚为板厚设定值与变化值的代数和。

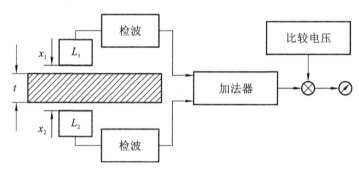

图 4-90 涡流测厚仪原理框图

也可由微机测厚仪测量板厚,其原理框图如图 4-91 所示。x_1 和 x_2 由电涡流式传感器测出,经调理电路变为对应的电压值,再经 A/D 转换器变为数字量,送入单片机。单片机分别算出 x_1 和 x_2 值,然后由公式 $d = D - (x_1 + x_2)$ 计算出板厚。D 值由键盘设定,板厚值送显示器显示。

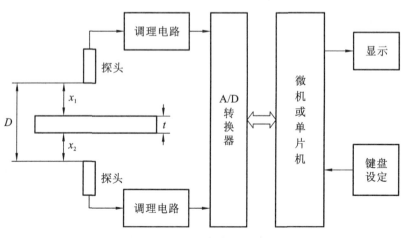

图 4-91 微机测厚仪原理框图

2）转速测量

在软磁性材料制成的旋转体上开数条槽或做成齿轮状,在旁边安装电涡流式传感器,如图 4-92 所示。当旋转体旋转时,电涡流式传感器便周期性地输出电信号,此电压脉冲信号经放大、整形,用频率计测出频率,轴的转速与槽(齿)数及频率的关系为

$$n = \frac{60f}{N} \tag{4-109}$$

式中,f 为频率值,Hz;N 为旋转体的槽(齿)数;n 为被测轴的转速,r/min。

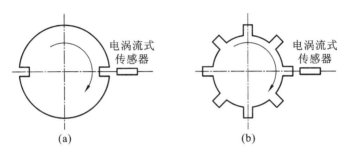

图 4-92 转速测量

在航空发动机等试验中,常需要测得轴的振幅和转速关系曲线,方法是将转速计输出的频率值经过 f-u 转换接入到 x-y 函数记录仪的 x 轴输入端,把振幅计的输出接入 x-y 函数记录仪的 y 轴输入端,利用 x-y 函数记录仪可直接画出转速-振幅曲线。

3）涡流风速仪

图 4-93 所示为三杯式涡流风速仪结构原理图。在碗式风杯的转轴上固定有金属片圆盘,当风杯受风而转动时,圆盘上的金属片便不断地接近或离开电涡流式传感器探头中的振荡线圈,造成回路失谐,输出电压下降(磁回路间断短路)。

当金属片未靠近探头时,LC 并联谐振回路阻抗较大,输出电压大。设计经处理后的输出电压 U_o 大于比较器的参考电压 U_R,比较器输出高电平。

当金属片靠近探头时,LC 谐振回路失谐,阻抗下降,输出电压减小。此时,$U_o < U_R$,比较器输出低电平。

圆盘转动圈数、涡流产生的次数与比较器输出脉冲数相等。

这样就将风速转换为电脉冲信号。如果频率速度转换常数为 K,单位为 Hz/(m/s)。则风速 $v = f/K$,单位为 m/s。

将脉冲送入单片机的计数口 T_1,T_0 定时 1 分钟计 T_1 中的计数值 N,由公式 $v = \dfrac{N}{60K}$ 计算出风速值。

若想提高分辨能力,可在圆盘上等距放多个金属片,转一圈输出多个脉冲。

风速计算公式为

$$v = \frac{N}{60KZ} \tag{4-110}$$

式中,Z 为圆盘上金属片的个数。

4）涡流探伤

电涡流式传感器可用于检查金属表面的裂纹,热处理裂纹及焊接部位的探伤等。使传感器与被测体的距离不变,如有裂纹出现,将引起金属的电阻率、磁导率变化,在裂纹处这些综

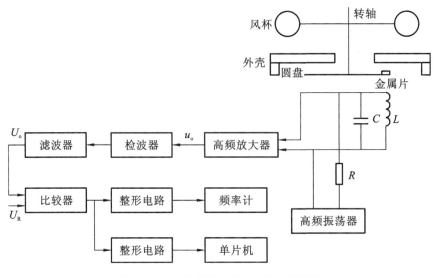

图 4-93　三杯式涡流风速仪结构原理图

合参数(x,ρ,μ)的变化将引起传感器阻抗变化,从而使传感器输出电压变化,达到探伤的目的。例如,可以用涡流探伤仪检测不锈钢管焊缝质量。

习　题

4-1　应变式传感器按用途划分有:应变式_____传感器、应变式_____传感器、应变式_____传感器等。

4-2　部分固体介质的变间隙式电容传感器是在牺牲_____前提下换取灵敏度的提高,实际中多采用此种结构。

4-3　变间隙式电容传感器的工作原理是:变间隙式电容传感器由_____和_____的极板组成,当_____随着被测参数的变化相对_____移动时,引起_____的变化,从而引起_____发生变化,测量出_____,即可推算出_____。

4-4　变气隙式自感传感器的主要问题是灵敏度与_____的矛盾,这点限制了它的使用,仅适用于_____的测量。

4-5　光敏二极管的结构与普通_____类似。它是在_____电压下工作的。

4-6　湿敏电阻主要由_____、电极和绝缘基片组成。

4-7　气敏电阻的材料不是通常的硅或锗材料,而是_____。

4-8　热敏电阻通常分为三类,分别是_____、_____、_____。

4-9　电感式传感器种类较多,根据转换原理的不同,可分为_____、_____和_____。

4-10　通常用电感式传感器测量(　　)。

　　　A. 电压　　　　　　B. 磁场强度　　　　　　C. 位移　　　　　　D. 压力

4-11　光敏电阻的性能好、灵敏度高是指给定电压下(　　)。

　　　A. 暗电阻大　　　　　　　　　　　　B. 亮电阻大

　　　C. 暗电阻与亮电阻差值大　　　　　　D. 暗电阻与亮电阻差值小

4-12   高频反射式涡流传感器的测距工作原理是什么?低频透射式涡流传感器测量板厚的工作原理是什么?

4-13   画出差动变压器式传感器配用的差动整流(半波电压输出)测量电路图。

4-14   简述电阻式传感器的工作原理。

4-15   什么是半导体的压阻效应?

4-16   简述电容式传感器的分类。

4-17   简述气敏电阻的工作原理。

4-18 $C_1 = C_1 = 60$ pF,初始极距为 $d = 4$ mm,试计算其非线性误差。将差动电容变为单极电容,初始值不变,其非线性误差为多大?

4-19   一变面积式电容传感器两极板覆盖的宽度为 4 mm,两极板的间距为 0.3 mm,极板间的介质为空气,试求其静态灵敏度。若极板相对移动 2 mm,求电容变化量。

4-20   电容测微仪,其传感器的圆形极板半径 $r = 4$ mm,工作初始间隙 $d = 0.3$ mm,介电常数 $\varepsilon = 8.85 \times 10^{-12}$ F/m,试求:

(1) 工作中,若传感器与工件的间隙减小量 $\Delta d = 2$ μm,电容变化量是多少?

(2) 若测量电路的灵敏度 $S_1 = 100$ mV/pF,读数仪表的灵敏度 $S_2 = 5$ 格 /mV,当 $\Delta d = 2$ μm 时,读数仪表示值变化多少格?

第⑤章 有源传感器

5.1 热电偶温度传感器

热电偶是工业上最常用的一种测温元件,是一种能量转换型温度传感器。在接触式测温中,热电偶温度传感器具有信号易于传输和转换、测温范围宽、测温上限高及能实现远距离信号传输等优点。热电偶温度传感器属于自发电型传感器,它主要用于-270～+1800 ℃范围内的测温。

5.1.1 热电效应

两种不同材料的导体(或半导体)A 和 B 的两端紧密连接组成一个闭合回路,当两接触点温度不同(设 $t > t_0$)时,则在回路中产生电动势,形成回路电流。该现象称为热电效应或赛贝克(Seebeck)效应。回路中的电势称为热电势,用 $E_{AB}(t, t_0)$ 表示。

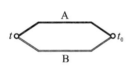

图 5-1 热电偶

把由两种不同材料构成的热电交换元件称为热电偶,如图5-1所示。导体 A 和 B 称为热电极。温度高的接触点称为热端或工作端,测量时置于被测温度场中;温度低的接触点称为冷端或自由端,测量时要求冷端温度保持恒定。

当两接触点的温度不同时,热电偶回路中产生热电势,其主要由两部分组成:一部分是两种导体的接触电势,另一部分是单个导体的温差电势。

1. 接触电势

接触电势是由两种不同导体的自由电子密度不同而在接触点处形成的电动势,又称为珀尔帖电势。当 A 和 B 两种不同材料的导体接触时,根据扩散理论,在接触点处要产生扩散运动。由于 A 和 B 内部单位体积的自由电子数目(即电子密度 N)不同,电子在两个方向上的扩散速率也就不一样,如图5-2所示。设导体 A 的自由电子密度大于导体 B 的自由电子密度($N_A > N_B$),则导体 A 扩散到导体 B 的电子数比导体 B 扩散到导体 A 的电子数多,使得导体 A 失去电子带正电,导体 B 得到电子带

图 5-2 接触电势

负电,因此在接触面上形成一个由 A 到 B 的电场 E。该电场的阻碍电子由导体 A 向导体 B 扩散,当电子扩散作用与电场阻碍作用相等时其运动便处于一种动态平衡状态。在这种状态下,导体 A 和导体 B 在接触点处产生电动势,称为接触电势。

两接触点的接触电势分别用 $E_{AB}(t)$ 和 $E_{AB}(t_0)$ 表示,根据物理学上的推导有

$$E_{AB}(t) = \frac{kt}{e} \ln \frac{N_{At}}{N_{Bt}}$$

$$E_{AB}(t_0) = \frac{kt_0}{e} \ln \frac{N_{At_0}}{N_{Bt_0}}$$

式中,k 为波尔兹曼常数,$k = 1.38 \times 10^{-23}$ J/K;e 为电子电荷量,$e = 1.602 \times 10^{-19}$ C;t, t_0 为接触点的温度;N_{At}, N_{Bt} 为导体 A 和导体 B 在温度为 t 时的自由电子密度;N_{At_0}, N_{Bt_0} 为导体

A 和导体 B 在温度为 t_0 时的自由电子密度。

通常情况下，N_{At}，N_{Bt} 分别与 N_{At_0}，N_{Bt_0} 相等，用 N_A 和 N_B 表示，所以有总接触电势为

$$E_{AB}(t) - E_{AB}(t_0) = \frac{k(t-t_0)}{e}\ln\frac{N_A}{N_B} \tag{5-1}$$

由式(5-1)可知：接触电势的大小仅与导体材料和接触点的温度有关，与导体的形状和几何尺寸均无关。

2. 温差电势

温差电势是由同一导体的两端温度不同而产生的一种热电势，又称为汤姆逊电势。将导体两端分别置于不同的温度场 t 和 t_0 中，在导体内部，热端自由电子具有较大的动能，向冷端扩散移动，从而使得热端失去电子带正电，冷端得到电子带负电。因此，在导体中产生一个由热端指向冷端的电场 E，该电场阻碍电子从热端向冷端扩散移动，当电子的运动达到动态平衡时，在导体两端产生相应的电势差，即所谓的温差电势，如图 5-3 所示。

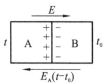

图 5-3　温差电势

将导体 A 和导体 B 的温差电势分别用 $E_A(t-t_0)$ 和 $E_B(t-t_0)$ 表示，其理论值为

$$E_A(t-t_0) = \int_{t_0}^{t}\sigma_A\,\mathrm{d}t$$

$$E_B(t-t_0) = \int_{t_0}^{t}\sigma_B\,\mathrm{d}t$$

式中，σ_A，σ_B 为导体 A 和导体 B 的汤姆逊系数，即温差为 1 ℃ 时所产生的电势值。

总温差电势为

$$E_A(t-t_0) - E_B(t-t_0) = \int_{t_0}^{t}(\sigma_A-\sigma_B)\,\mathrm{d}t \tag{5-2}$$

由式(5-2)可知：温差电势只与导体材料和接触点的温度有关，与导体的形状和几何尺寸及沿热电极的温度分布均无关。通常情况下，温差电势比接触电势小很多，可以忽略不计。

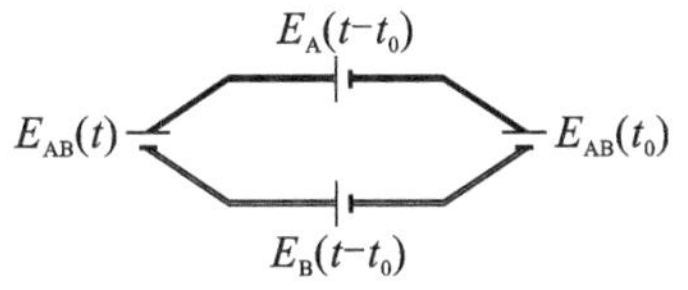

3. 总电势

当 $t \neq t_0$ 时，导体 A 和导体 B 组成的热电偶回路的等效电路如图 5-4 所示。

根据电路理论中的基尔霍夫电压定律，热电偶回路的总电势为

图 5-4　热电偶回路的等效电路

$$E_{AB}(t,t_0) = E_{AB}(t) + E_B(t-t_0) - E_{AB}(t_0) - E_A(t-t_0)$$
$$= \frac{k(t-t_0)}{e}\ln\frac{N_A}{N_B} + \int_{t}^{t_0}(\sigma_A-\sigma_B)\,\mathrm{d}t \tag{5-3}$$

式(5-3)表明，热电偶回路中的总电势等于接触电势和温差电势的代数和。

当热电极材料 A 和材料 B 一定时，热电偶的总电势 $E_{AB}(t,t_0)$ 为 t 和 t_0 的温度函数。若冷端温度恒定，则总电势为温度 t 的单值函数，因此，只要用仪表测出热电偶总电势即可求得热端温度 t。

通过热电偶理论可以得出热电偶具有以下基本特性。

(1)若热电偶两电极材料相同，则无论两接触点温度如何，输出总电势为零。

(2)若热电偶两接触点温度相同，尽管电极材料不同，回路中的总电势为零。

(3)热电势的大小仅与热电极材料和接触点温度有关，与热电偶的尺寸、形状等均无关。

5.1.2　热电偶的基本定律

1．均质导体定律

由同一种材料两端焊接组成的闭合回路,无论其接触面和温度分布如何,都不产生接触电势,温差电势相互抵消,回路中的总电势为零。

若热电极的材质不均匀,当热电极上各处的温度不同时,将会产生附加热电势,会造成测量误差。因此,热电极材料的均匀性是衡量热电偶质量的重要指标之一。

2．中间温度定律

热电偶在接触点温度为 t 和 t_0 时的回路电势等于该热电偶在接触点为 (t,t_n) 和 (t_n,t_0) 时的回路电势的代数和,即

$$E_{AB}(t,t_0) = E_{AB}(t,t_n) + E_{AB}(t_n,t_0)$$

式中,t_n 为中间温度。

中间温度定律是热电偶分度表应用的理论依据,热电偶分度表是参考温度 $t_0 = 0\ ℃$ 时的热电偶回路电势 $E_{AB}(t,0)$ 与被测温度 t 的数值对照表。已知被测温度 t,可以从分度表中查到回路电势 $E_{AB}(t,0)$;反之,已知 $E_{AB}(t,0)$,亦可从分度表中查到被测温度 t。

根据中间温度定律,只要给出冷端为 $0\ ℃$ 时热电势和温度的关系,即可求冷端为任意温度 t_0 时的热电势。

$$E_{AB}(t,t_0) = E_{AB}(t,0) + E_{AB}(0,t_0)$$

3．中间导体定律

在热电偶回路中接入第三种导体 C,只要第三种导体 C 的两端温度相同,并且插入的导体是均质的,则不影响热电偶回路的总电势,即

$$E_{AB}(t,t_0) = E_{ABC}(t,t_0)$$

根据中间导体定律,在热电偶回路中接入仪表和导线,如图 5-5 所示,只要保证两个接触点的温度 t_{01} 和 t_{02} 相等,则不会影响原来热电偶回路电势的大小。

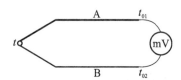

图 5-5　中间导体连接的测温系统

5.1.3　热电偶冷端温度误差及补偿

热电偶回路热电势的大小不仅与热端温度有关,而且还与冷端温度有关。只有当冷端温度保持恒定时,热电势才是热端温度的单值函数。在实际测量中,热电偶的冷端温度受环境温度或热源温度的影响,很难保持为 $0\ ℃$。为了使用热电偶分度表对热电偶进行标定,从而实现对温度的精确测量,需要采取一定的措施进行冷端补偿,消除冷端温度变化和不为 $0\ ℃$ 时所引起的温度误差。

常用的补偿或修正措施有补偿导线法、$0\ ℃$ 恒温法、电桥补偿法、冷端温度校正法等。

1．补偿导线法

为了使热电偶冷端温度保持恒定(最好为 $0\ ℃$),可将热电偶电极做得很长,将冷端移到恒温或温度变化平缓的环境中。采用该方法时,一方面安装使用不便,另一方面需要耗费许多贵重的金属材料,因此通常采用廉价的补偿导线将热电偶冷端延伸出来,如图 5-6 所示。

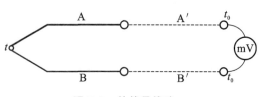

图 5-6　补偿导线法

常用热电偶补偿导线如表 5-1 所示。

表 5-1　常用热电偶补偿导线

热电偶 正极-负极	补偿导线 正极-负极	导线外皮颜色		$t=100\ ℃,t_0=0\ ℃$ 标准热电势/mV
		正极	负极	
铂铑$_{10}$-铂	铜-铜镍	红	绿	0.643 ± 0.023
镍铬-镍硅	铜-康铜	红	蓝	4.096 ± 0.063
镍铬-考铜	镍铬-考铜	红	黄	6.95 ± 0.30
铜-康铜	铜-康铜	红	蓝	4.26 ± 0.15
钨铼$_5$-钨铼$_{26}$	铜-铜镍	红	橙	1.451 ± 0.051

2. 0 ℃ 恒温法

一般热电偶标定时,冷端温度以 0 ℃ 为标准。将热电偶冷端置于冰水混合物中,使其保持恒定的 0 ℃,它可以使冷端温度误差完全消失。0 ℃ 恒温法通常只有在实验室测温时才有可能实现,不适合工业温度测量。

3. 电桥补偿法

电桥补偿法是利用电桥不平衡产生的电压来补偿热电偶因冷端温度变化而产生的热电势的。

如图 5-7 所示,电桥中的电阻 R_1,R_2,R_3,R_W 的温度系数为零,即它们的阻值恒定,R_{Cu} 为铜热电阻(其值随温度变化),放置于热电偶的冷端处。

电桥平衡点设置在 $t_0=20\ ℃$,即当 $t_0=20\ ℃$ 时电桥平衡,而当 $t_0\ne20\ ℃$ 时,由于 R_{Cu} 阻值随温度变化导致电桥失衡,输出电压 ΔU_{ab};同时,热电偶因冷端温度 $t_0\ne20\ ℃$ 而产生偏移热电势 $\Delta E_{AB}(t_0)$。如果设计 ΔU_{ab} 和 $\Delta E_{AB}(t_0)$ 大小相等、极性相反,则叠加后相互抵消,从而实现冷端温度变化的自动补偿。

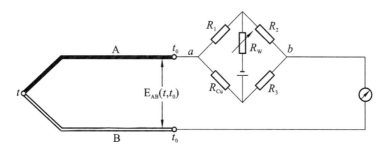

图 5-7　冷端温度自动补偿原理图

4. 冷端温度校正法

将热电偶的冷端置于一恒温器内,如恒定温度为 t_0,则冷端误差 ΔE_{AB} 为

$$\Delta E_{AB}=E_{AB}(t,t_0)-E_{AB}(t,0)=E_{AB}(0,t_0)$$

ΔE_{AB} 虽然不为零,但为一个定值。只要在回路中加入相应的修正电压,或者调整仪表指示的起始位置,即可实现完全补偿。

当冷端温度不为 0 ℃,但能保持在恒定的温度 t_n 时,可采取相应的修正法将冷端温度校正到 0 ℃,以便使用标准热电偶分度表。

1）热电势修正法

利用热电偶中间温度定律对热电势进行修正

$$E_{AB}(t,0) = E_{AB}(t,t_n) + E_{AB}(t_n,0)$$

式中，t_n 为环境温度，$E_{AB}(t,t_n)$ 为实测热电势，$E_{AB}(t_n,0)$ 为冷端修正值。

例 5-1 铂铑$_{10}$-铂热电偶测炉温，冷端温度为室温 21 ℃，测得 $E_{AB}(t,21) = 0.465$ mV，则实际炉温是多少？

解 查分度表 $E_{AB}(21,0) = 0.119$ mV，则

$$E_{AB}(t,0) = E_{AB}(t,21) + E_{AB}(21,0) = 0.465 \text{ mV} + 0.119 \text{ mV} = 0.584 \text{ mV}$$

再查分度表得 $t = 92$ ℃。

注： 若直接根据 0.465 mV 查表，则 $t = 75$ ℃。不能将 75 ℃ + 21 ℃ = 96 ℃ 作为实际炉温。

2）温度修正法

设冷端温度为 t_0，工作端测量温度为 t'，则被测实际温度 t 为

$$t = t' + kt_0$$

式中，k 为热电偶温度修正系数，其值取决于热电偶的种类和被测温度范围。

热电偶温度修正系数如表 5-2 所示。

表 5-2　热电偶温度修正系数

t/℃	热电偶类别				
	铂铑$_{10}$-铂	镍铬-镍硅	铁-考铜	镍铬-考铜	铜-考铜
0	1.00	1.00	1.00	1.00	1.00
20	1.00	1.00	1.00	1.00	1.00
100	0.82	1.00	1.00	0.90	0.86
200	0.72	1.00	0.99	0.83	0.77
300	0.69	0.98	0.99	0.81	0.70
400	0.66	0.98	0.98	0.83	0.68
500	0.63	1.00	1.02	0.79	0.65
600	0.62	0.96	1.00	0.78	0.65
700	0.60	1.00	0.91	0.80	—
800	0.59	1.00	0.82	0.80	—
900	0.56	1.00	0.84	—	—
1000	0.55	1.07	—	—	—
1100	0.53	1.11	—	—	—
1200	0.53	—	—	—	—
1300	0.52	—	—	—	—
1400	0.52	—	—	—	—
1500	0.53	—	—	—	—
1600	0.53	—	—	—	—

例 5-2 铂铑$_{10}$-铂热电偶测炉温,冷端温度为室温 21 ℃,测得 $E_{AB}(t,21) = 0.465$ mV,则实际炉温是多少?

解 由 $E_{AB}(t,21) = 0.465$ mV 查分度表,则 $t = 75$ ℃。

由 $t = 75$ ℃,查热电偶温度修正系数表,$k = 0.82$,则实际炉温为

$$t = 75\ ℃ + 0.82 \times 21\ ℃ = 92.2\ ℃$$

5.1.4 热电偶的分类

1. 按照热电偶的材料分类

国际计量委员会制定的"1990 年国际温标(ITS-90)"规定了几种通用热电偶。

1)铂铑$_{10}$-铂热电偶(分度号为 S)

正极用铂铑合金(90% 铂和 10% 铑),负极用纯铂,测温范围为 0 ~ 1600 ℃。其优点是热电特性稳定、准确度高、熔点高;其缺点是热电势较低,价格昂贵,不能用于金属蒸气和还原性气体中。

2)铂铑$_{30}$-铂铑$_6$热电偶(分度号为 B)

正极用铂铑合金(70% 铂和 30% 铑),负极用铂铑合金(94% 铂和 6% 铑),测温范围为 0 ~1700 ℃,宜在氧化性和中性介质中使用,不能在还原性介质及含有金属或非金属蒸气的介质中使用。

3)镍铬-镍硅热电偶(分度号为 K)

正极用镍铬合金,负极用镍硅合金,测温范围为 − 200 ~+ 1200 ℃。其优点是测温范围大,热电势与温度近似为线性关系,热电势大且价格低;其缺点是热电势稳定性较差。

4)镍铬-康铜热电偶(分度号为 E)

正极用镍铬合金,负极用康铜,测温范围为 − 200 ~+ 900 ℃。其优点是热电势较大,线性好,价格便宜;其缺点是不能用于高温测量。

5)钨铼热电偶

正极用钨铼合金(95% 钨和 5% 铼),负极用钨铼合金(80% 钨和 20% 铼),测温上限为 2800 ℃,短期可达 3000 ℃。其高温抗氧化能力差,可应用在真空、惰性气体介质中,不宜用在还原性介质、潮湿的氢气及氧化性介质中。

2. 按照热电偶的结构分类

1)普通热电偶

普通热电偶一般由热电极、绝缘管、保护套管和接线盒组成,主要用于测量气体、蒸气和液体等介质的温度。

2)铠装热电偶

铠装热电偶由热电极、绝缘材料和金属保护管经拉制工艺制成,具有体积小、精度高、响应速度快、可靠性好、耐振动、耐冲击等优点。

3)薄膜热电偶

薄膜热电偶是用真空蒸镀、化学涂层等工艺将热电极材料沉积在绝缘基板上形成的一层金属薄膜,具有热惯性小、反应快等优点,适用于测量微小面积上的瞬变温度。

4)表面热电偶

表面热电偶是用来测量各种状态的固体表面温度的,如测量金属块、炉壁、涡轮叶片等表面温度。

5）浸入式热电偶

浸入式热电偶主要用来测钢水、铜水、铝水及熔融合金的温度。

6）热电堆

热电堆是由热电偶串联而成的，其热电势与被测温度的四次方成正比，用于辐射温度计进行非接触式测温。

5.1.5　热电偶测温电路

1. 某点温度测量电路

热电偶测量某点温度电路图如图 5-8 所示，一只热电偶配一台显示仪表的测量线路。测量线路主要包括补偿导线、冷端补偿器、连接用铜线及仪表等。

2. 温差测量电路

两点温差的测量方法有两种：一种是用两只热电偶分别测量两处的温度，计算求温差；另一种是将两只同型号的热电偶反串连接，直接测量温差电势，然后求算温差，测量电路图如图 5-9 所示。

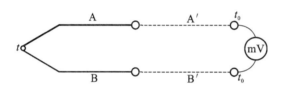
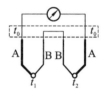

图 5-8　热电偶测量某点温度电路图　　　　图 5-9　热电偶测两点温差电路图

3. 多点温度平均值测量电路

测量多点温度平均值有两种基本形式：一种是热电偶串联测量，如图 5-10 所示；另一种是热电偶并联测量，如图 5-11 所示。

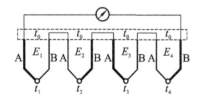
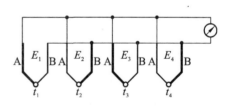

图 5-10　热电偶串联测量多点温度平均值电路图　　图 5-11　热电偶并联测量多点温度平均值电路图

1）热电偶串联测量

将 n 只型号相同的热电偶正负极依次相串联，若 n 只热电偶的热电势分别为 E_1，E_2，E_3，$\cdots$，E_n，则总热电势为

$$E_串 = E_1 + E_2 + E_3 + \cdots + E_n$$

热电偶的平均热电势为

$$E = \frac{E_串}{n}$$

热电偶串联测量的优点是热电势大，精度比单只测量的高；缺点是串联热电偶中若某只热电偶断路，则整个测量电路无法工作。

2）热电偶并联测量

将 n 只型号相同的热电偶正负极分别连接在一起，若 n 只热电偶的热电势分别为 E_1，

$E_2, E_3, \cdots, E_n$，则总热电势为 n 只热电偶热电势的平均值，即

$$E_并 = \frac{(E_1 + E_2 + E_3 + \cdots + E_n)}{n}$$

热电偶并联测量的缺点是输出热电势较小，若某只热电偶断路无输出，则会产生测量误差。

5.2　压电式传感器

压电式传感器的工作原理是基于某些介质材料（石英晶体和压电陶瓷）的压电效应实现力与电荷的双向转换。压电效应分为正压电效应和逆压电效应。压电式传感器具有体积小、重量轻、结构简单、动态性能好等特点，可测量与力相关的物理量，如各种动态力、机械冲击与振动，在声学、医学、力学、宇航学等方面都得到了非常广泛的应用。

5.2.1　压电式传感器的工作原理

压电式传感器的工作原理是基于某些介质材料的压电效应的。当某些电介质在受到一定方向的压力或拉力而产生变形时，其内部将产生极化现象，在其表面产生电荷；若外力去掉时，它们又重新回到不带电状态，这种能将机械能转换为电能的现象称为正压电效应。反过来，在电介质两个电极面上，加以交流电压，压电元件会产生机械振动；当去掉交流电压时，振动消失，这种能将电能转换为机械能的现象称为逆压电效应，亦可称为电致伸缩效应。常见的压电材料有石英晶体和压电陶瓷。利用正压电效应可制成引爆器、防盗装置、声控装置、超声波接收器等，利用逆压电效应可制成晶体振荡器、超声波发送器等。

1. 石英晶体的压电效应

石英晶体是单晶体结构。图 5-12(a) 所示为天然结构的石英晶体外形，它是一个正六面体，石英晶体各个方向的特性是不同的。在直角坐标系中，如图 5-12(b) 所示，它有 3 个轴，x 轴经过正六面体的棱线，垂直于光轴，垂直于此轴面上的压电效应最强，称之为电轴；y 轴垂直于棱柱面，电场沿 x 向作用下，沿该轴方向的机械变形最大，称之为机械轴；z 轴垂直于 xy，光线沿该轴通过石英晶体时，无折射，在此方向加外力，无压电效应，称之为光轴。

从石英晶体上沿轴向（x 轴或 y 轴）切下薄片，制成晶体薄片，如图 5-12(c) 所示。当沿电轴方向加作用力 $\boldsymbol{F}_x$ 时，在与电轴 x 垂直的平面上将产生电荷，其大小为

$$q_x = d_{11}F_x \tag{5-4}$$

式中，d_{11} 为压电系数，C/N。

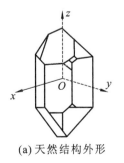
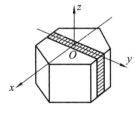
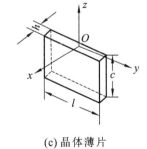

(a) 天然结构外形　　　　(b) 直角坐标系中　　　　(c) 晶体薄片

图 5-12　石英晶体

产生的电荷与几何尺寸无关，称为纵向压电效应。

沿机械轴 y 方向施加作用力 $\boldsymbol{F}_y$，则仍在与 x 轴垂直的平面上产生电荷 q_y，其大小为

$$q_y = d_{12}\frac{l}{h}F_y = -d_{11}\frac{l}{h}F_y \tag{5-5}$$

式中，d_{12} 为 y 轴方向受力的压电系数，$d_{12} = -d_{11}$；l,h 为晶体切片的长度和厚度。

从式(5-5)可以看出，沿机械轴方向的力作用在晶体上时，产生的电荷与晶体切片的几何尺寸有关。式中负号说明沿 x 轴的压力所引起的电荷极性与沿 y 轴的压力所引起的电荷极性是相反的，此压电效应为横向压电效应。图 5-13 所示为晶体切片电荷极性与受力方向的关系。

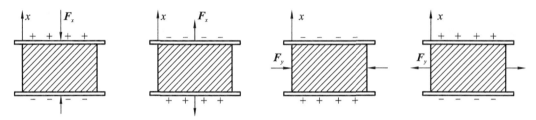

图 5-13 晶体切片电荷极性与受力方向的关系

图 5-14 所示为石英晶体的压电效应结构原理图。石英晶体 SiO_2 中 3 个硅离子 Si^{4+}，6 个氧离子 O^{2-} 两两成对。微观分子结构为一个正六边形。垂直于 x 轴端面有无数个此分子结构。

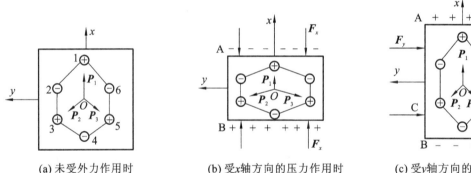
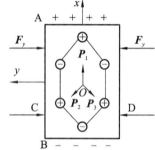

(a) 未受外力作用时 (b) 受 x 轴方向的压力作用时 (c) 受 y 轴方向的压力作用时

图 5-14 石英晶体的压电效应结构原理图

未受外力作用时，正、负离子正好分布在正六边形的顶角上，形成 3 个互成 $120°$ 夹角的电偶极矩 $\boldsymbol{P}_1,\boldsymbol{P}_2,\boldsymbol{P}_3$，如图 5-14(a) 所示，$P_1 + P_2 + P_3 = 0$。正、负电荷中心重合，晶体垂直于 x 轴的表面不产生电荷，呈中性。

受 x 轴方向的压力作用时，晶体沿 x 轴方向将产生压缩变形，正、负离子的相对位置也随之变动，如图 5-14(b) 所示，此时正、负电荷中心不再重合，电偶极矩在 x 轴方向上的分量由于 $\boldsymbol{P}_1$ 的减小和 $\boldsymbol{P}_2,\boldsymbol{P}_3$ 的增加而不等于零，即 $P_1 + P_2 + P_3 < 0$。在 x 轴的正方向出现负电荷，电偶极矩在 y 轴方向上的分量仍为零，不出现电荷。

受到沿 y 轴方向的压力作用时，晶体的变形如图 5-14(c) 所示，$\boldsymbol{P}_1$ 增大，$\boldsymbol{P}_2,\boldsymbol{P}_3$ 减小。在垂直于 x 轴正方向出现正电荷，在 y 轴方向上不出现电荷。

沿 z 轴方向施加作用力，晶体在 x 轴方向和 y 轴方向所产生的形变完全相同，所以正、负电荷中心保持重合，电偶极矩矢量和等于零。这表明沿 z 轴方向施加作用力时，晶体不会产生压电效应。当作用力 $\boldsymbol{F}_x,\boldsymbol{F}_y$ 的方向相反时，电荷的极性也随之改变。

石英晶体是一种天然晶体，它的介电常数和压电常数的温度稳定性好，固有频率高，多

用在校准用的标准传感器或精度很高的传感器中,也用于钟表及微机中的晶振。

2. 压电陶瓷的压电效应

压电陶瓷是人工制造的多晶体压电材料。材料内部的晶粒有许多自发极化的电畴,它有一定的极化方向,从而存在电场,如图 5-15 所示。在无外电场作用时,电畴在晶体中杂乱分布,它们的极化效应相互抵消,压电陶瓷内极化强度为零。因此原始的压电陶瓷呈中性,不具有压电性质,如图 5-15(a) 所示。

为了使压电陶瓷具有压电效应,必须进行极化处理。即在一定的温度下对压电陶瓷施加强电场(如 $20 \sim 30$ kV/cm 的直流电场),经过一定时间后,电畴的极化方向转向,基本与电场方向一致,如图 5-15(b) 所示,极化方向定义为 z 轴。当去掉外电场时,其内部仍存在着很强的剩余极化强度,如图 5-15(c) 所示。这时的材料具备压电性能,在陶瓷极化的两端出现了束缚电荷,一端为正电荷,一端为负电荷,由于束缚电荷的作用,在陶瓷片的电极表面吸附一层外界的自由电荷,如图 5-16 所示。这些自由电荷与陶瓷片内的束缚电荷方向相反、数值相等,屏蔽和抵消陶瓷片内极化强度对外的作用,因此陶瓷片对外不表现极性。当压电陶瓷受到外力作用时,电畴的界限发生移动,剩余极化强度将发生变化,吸附在其表面的部分自由电荷被释放。释放的电荷量的大小与外力成正比关系,即

$$q = d_{33}F \tag{5-6}$$

式中,d_{33} 为压电陶瓷的压电系数。

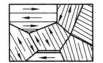 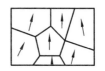

(a) 未极化的压电陶瓷　(b) 正在极化的压电陶瓷　(c) 极化后的压电陶瓷

图 5-15　压电陶瓷的极化

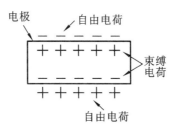

图 5-16　压电陶瓷束缚电荷与自由电荷关系示意图

这种将机械能转变为电能的现象,就是压电陶瓷的正压电效应。压电陶瓷具有压电常数高、制作简单、耐高温、耐湿等特点,在力学、声学、医学等方面有着广泛应用,如振动与加速度测量、超声波测流速、测距等。

5.2.2　压电式传感器的等效电路和测量电路

1. 压电式传感器的等效电路

当压电元件受力时,就会在两个电极上产生等量的异号电荷,因此压电元件相当于一个电荷发生器。两个电极之间是绝缘的压电介质,使得压电元件又相当于一个电容器,其容量为

$$C_a = \frac{\varepsilon_r \varepsilon_0 A}{d} \qquad (5-7)$$

式中，A 为压电片的面积，m^2；d 为压电片的厚度，m；ε_r 为压电材料的相对介电常数；ε_0 为真空的介电常数，$\varepsilon_0 = 8.85 \times 10^{-12}$ F/m。

压电式传感器可以等效为一个理想的电压源与电容相串联的电路，如图 5-17(a) 所示。电容器上的电压 U_a，电荷量 q 和电容量 C_a 之间的关系为

$$U_a = \frac{q}{C_a} \qquad (5-8)$$

同样，压电式传感器也可以等效成一个电荷源与电容并联的电路，如图 5-17(b) 所示。

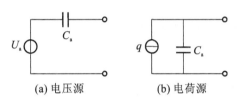

(a) 电压源　　(b) 电荷源

图 5-17　压电式传感器的等效电路

由等效电路可知，只有传感器内部信号电荷没有泄露，并且外电路负载为无穷大时，压电式传感器受力作用后产生的电压或电荷才能长期保存。实际上，压电式传感器内部信号电荷不可能没有泄漏，外电路负载也不可能为无穷大，只有外力以较高的频率不断作用，压电式传感器的电荷才能得到补充，因此压电式传感器不适用于静态测量。压电式传感器在交变力的作用下，电荷可以不断补充，在测量回路中才可产生一定的电流，故压电式传感器只适用于动态测量。

在实际使用过程中，压电式传感器要与测量仪器或测量电路相连接，因此需要考虑连接电缆的等效电容 C_c，放大器的输入电阻 R_i，输入电容 C_i 及压电式传感器的泄漏电阻 R_a。压电式传感器在测量系统中的实际等效电路如图 5-18 所示。

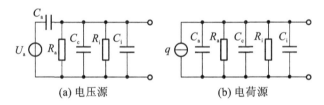

(a) 电压源　　　　　　　(b) 电荷源

图 5-18　压电式传感器的实际等效电路

2. 压电式传感器的测量电路

压电式传感器的内阻抗较大，输出能量较小，因此压电式传感器只有与合适的测量电路相连接，才能组成完整的测量系统。通常，在压电式传感器输出端接入一个大输入阻抗前置放大器，然后将信号送到测量电路的放大、检波、数据处理和显示电路。

前置放大器的主要作用：一是放大信号，将压电式传感器输出的微弱信号进行放大；二是变换阻抗，将压电式传感器的大输出阻抗变换为小输出阻抗。压电式传感器的输出可以是电压信号，也可以是电荷信号，因此前置放大器有两种形式：电压放大器和电荷放大器。

1) 电压放大器

压电式传感器与电压放大器相连的等效电路如图 5-19(a) 所示，对其进行进一步简化，如图 5-19(b) 所示。

图 5-19(b) 中，等效电阻 R 为

$$R = \frac{R_a \cdot R_i}{R_a + R_i} \qquad (5-9)$$

等效电容 C 为

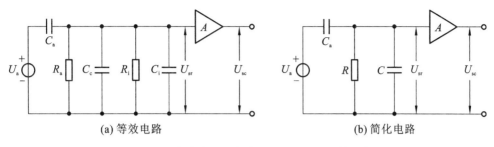

(a) 等效电路　　　　　　　　　　　　　(b) 简化电路

图 5-19　压电式传感器与电压放大器相连的等效电路

$$C = C_c + C_i \tag{5-10}$$

设沿电轴方向作用在压电元件上的交变力为 F，最大值为 F_m，角频率为 ω，即

$$\dot{F} = F_m \sin\omega t \tag{5-11}$$

若压电元件的压电常数为 d_{11}，则在力 F 作用下产生的电荷 q 为

$$q = d_{11}\dot{F} = d_{11}F_m\sin\omega t \tag{5-12}$$

则压电元件上产生的电压值为

$$U_a = \frac{q}{C_a} = \frac{d_{11}F_m\sin\omega t}{C_a} \tag{5-13}$$

放大器输入端的电压为 U_{sr}，用相量形式表示为

$$\dot{U}_{sr} = \dot{U}_a \frac{R//Z_C}{Z_{C_a} + R//Z_C} = \frac{d_{11}\dot{F}}{C_a} \cdot \frac{R//Z_C}{Z_{C_a} + R//Z_C} = d_{11}\dot{F}\frac{j\omega R}{1 + j\omega R(C_a + C)} \tag{5-14}$$

则前置放大器的输入电压幅值 U_{srm} 为

$$U_{srm} = \frac{d_{11}F_m\omega R}{\sqrt{1 + [\omega R(C_a + C_c + C_i)]^2}} \tag{5-15}$$

输入电压 $\dot{U}_{sr}$ 与作用力 $\dot{F}$ 之间的相位差 φ 为

$$\varphi = \frac{\pi}{2} - \arctan[\omega R(C_a + C_c + C_i)] \tag{5-16}$$

定义传感器的电压灵敏度为

$$S_U = \left|\frac{\dot{U}_{sr}}{\dot{F}}\right| = \frac{d_{11}\omega R}{\sqrt{1 + [\omega R(C_a + C)]^2}} \tag{5-17}$$

由此可以得出以下结论。

(1) 当 $\omega = 0$ 时，$U_a = 0$，前置放大器的输入电压 $U_{srm} = 0$，$S_U = 0$，故压电式传感器不能测量静态信号。

(2) 当 $[\omega R(C_a + C)]^2 \gg 1$ 时，$U_{srm} = \dfrac{d_{11}F_m}{C_a + C_c + C_i}$，$S_U = \dfrac{d_{11}}{C_a + C_c + C_i}$。说明满足条件 $[\omega R(C_a + C)]^2 \gg 1$ 时，前置放大器的输入电压 U_{srm}，电压灵敏度 S_U 与压电元件上作用力的频率无关，表明电压放大器的高频特性良好。

(3) U_{srm}，S_U 与 C_c 有关，因此，压电式传感器与前置放大器之间的连接电缆不能随意乱用，电缆长度变化将使 C_c 变化，从而使 U_{srm}，S_U 随之变化，导致测量误差，降低测量灵敏度。

2）电荷放大器

电荷放大器常作为压电式传感器的输出电路，由一个反馈电容 C_f 和高增益运算放大器

A 构成。当放大器开环增益 A 和输入电阻 R_i、反馈电阻 R_f 非常大时,电荷放大器视为开路。其等效电路如图 5-20 所示。

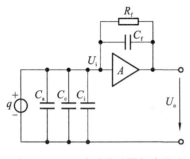

图 5-20 压电式传感器与电荷放大器相连的等效电路

电荷放大器的输出电压 U_o 正比于输入电荷 q,由图 5-20 可知

$$U_o = -AU_i \tag{5-18}$$

而 $U_i = \dfrac{q}{C}$,且 $C = C_a + C_c + C_i + (1+A)C_f$,故

$$U_o = -A \frac{q}{C_a + C_c + C_i + (1+A)C_f} \tag{5-19}$$

通常 $A = 10^4 \sim 10^8$ 即 $A \gg 1$,故有 $(1+A)C_f \gg C_a + C_c + C_i$,则

$$U_o \approx -\frac{q}{C_f} \tag{5-20}$$

由式(5-20)可知,电荷放大器的输出电压 U_o 只取决于输入电荷 q 和反馈电容 C_f,与电缆电容 C_c 无关。为了得到必要的测量精度,要求反馈电容 C_f 具有较好的温度和时间稳定性。在实际应用中,考虑被测量的不同量程等因素,C_f 通常做成可调的,范围一般在 $100 \sim 10\,000$ pF 之间。同时,为了使放大器的工作稳定性更好,一般在反馈电容的两端并联一个 $10^{10} \sim 10^{14}$ 的大电阻 R_f,以提供直流反馈。

由于电压放大器的输出电压与电缆电容有关,而电荷放大器的输出电压与电缆电容无关,故目前大多采用电荷放大器。

3. 压电式传感器的并联与串联

压电式传感器在实际应用中,由于单片压电元件产生的电荷量非常小,为了提高压电式传感器的灵敏度,通常采用将多片压电元件串联或并联的连接方式,如图 5-21 所示。

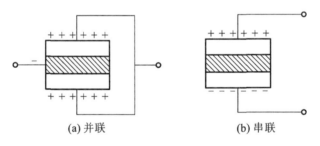

(a) 并联   (b) 串联

图 5-21 压电元件的连接方式

1) 压电式传感器的并联

如图 5-21(a) 所示,并联结构是将两个压电元件的负极粘贴在一起,中间插入金属电极作为压电片的负极,正极在上下两边的电极上。压电元件并联方式的输出特性为:输出电荷、电容为单片的两倍,输出电压与单片的相同,即

$$\begin{cases} q' = 2q \\ U' = U \\ C' = 2C \end{cases} \tag{5-21}$$

并联接法的特点是输出电荷大,本身电容大,时间常数大,适用于信号变化缓慢且以电荷作为输出量的场合。当采用电荷放大器转换压电元件上的输出电荷时,并联方式可以提高压电式传感器的灵敏度。

2）压电式传感器的串联

如图 5-21(b) 所示,串联结构是将两个压电元件的不同极性粘贴在一起,粘贴处的正、负电荷相互抵消,上、下极板作为正、负极输出。压电元件串联方式的输出特性为:输出电荷与单片的相等,输出电压为单片的两倍,电容为单片的一半,即

$$\begin{cases} q' = q \\ U' = 2U \\ C' = C/2 \end{cases} \tag{5-22}$$

串联接法的特点是输出电压大,本身电容小,适用于以电压作为输出信号且测量电路输入阻抗较高的场合。当采用电压放大器转换压电元件上的输出电压时,串联方法可以提高压电式传感器的灵敏度。

5.2.3 压电式传感器的应用

压电式传感器具有良好的高频响应特性,可以广泛应用于测量力、压力、加速度、位移和振动等物理量。

1. 压电式力传感器

图 5-22 所示为 YDS-78 型压电式单向动态力传感器结构图,它主要应用于频率变化不太大的动态力的测量,如车床动态切削力的测量。

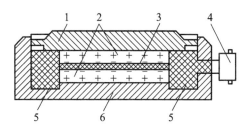

图 5-22 YDS-78 型压电式单向动态力传感器结构图
1—传力上盖;2—压电晶片;3—电极;4—电极引出线插头;5—绝缘材料;6—底座

压电式单向动态力传感器的工作原理:被测力通过传力上盖使石英晶片沿电轴方向受压力作用而产生电荷,两块晶片沿电轴反方向叠起,其间是一个片形电极,它收集负电荷,两压电晶片片形电极则分别与传感器的传力上盖及底座相连,因此两块压电晶片被并联起来,提高了传感器的灵敏度,片形电极通过电极引出插头将电荷输出。YDS-78 型压电式单向动态力传感器的性能指标如表 5-3 所示。

表 5-3 YDS-78 型压电式单向动态力传感器的性能指标

性 能 指 标	数 值	性 能 指 标	数 值
测力范围 /N	$0 \sim 5000$	最小分辨力 /N	0.01
绝缘阻抗 /Ω	2×10^{14}	固有频率 /kHz	$50 \sim 60$
非线性误差	$-1 \sim 1$	重复性误差 /(%)	< 1
电荷灵敏度 /(pC/kg)	$38 \sim 44$	质量 /g	10

2. 压电式压力传感器

图 5-23 所示为常用的压电式压力传感器的结构图,压电元件为石英晶片,具有良好的线

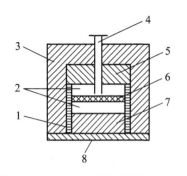

图 5-23　压电式压力传感器的结构图
1—绝缘垫圈；2—压电元件；3—外壳；
4—引线孔；5—基座；6—电极；
7—传力块；8—受压膜片

性度和时间稳定性。作用在受压膜片上的压力，通过传力块作用到压电元件上，使压电晶片产生厚度变形。传力块和电极一般采用不锈钢制作，以确保压力能均匀、快速、无损耗地传递到压电元件上。外壳和基座要求有足够的机械强度。

压电式压力传感器具有灵敏度高、分辨力高、测量频率范围大、结构简单、体积小、质量小、工作可靠等优点，但不能测量频率太低的被测量，特别是不能测量静态参数。

3. 压电式加速度传感器

压电式加速度传感器具有固有频率高、高频响应特性良好等优点，常用于测量振动和加速度。压电式加速度传感器最常见的有纵向压电效应型、横向压电效应型和剪切压电效应型三种，其中纵向压电效应型应用较为广泛。

图 5-24 所示为纵向压电效应型加速度传感器结构图。压电元件由两片压电晶体或压电陶瓷组成。质量块放在压电元件上，接触面要求平整光洁。锁定弹簧应有足够的刚度，用于对质量块施加预压缩载荷。基座和金属外壳需要加厚，用于避免压电元件受其他应力影响而产生噪声信号。压电元件的极板表面要求镀银。

振动测量时，由于传感器基座与被测振体刚性固定在一起，传感器可直接感受振体的振动。由于传感器内部锁定弹簧刚度较大，而质量块的质量相对较小，可以近似认为质量块本身的惯性很小，因此质量块能感受与传感器基座相同的振动，并受到与加速度方向相反的惯性力的作用。当压电元件随振动上移时，质量块产生的惯性力使压电元件上的压力增大；反之，当压电元件随振动下移时，质量块产生的惯性力使压电元件上的压力减小。可见，质量块对压电元件的惯性力，

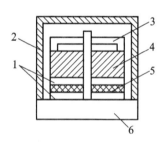

图 5-24　纵向压电效应型加速度传感器结构图
1—压电元件；2—外壳；3—锁定弹簧；
4—质量块；5—电极；6—基座

相当于一个正比于振动加速度的交变力，其作用在压电元件上使压电元件产生正比于此作用力的压电效应，亦即压电效应的输出电荷正比于振动的加速度。

当传感器和被测物一起受到冲击振动时，压电元件受质量块惯性力的作用，根据牛顿第二运动定律，此惯性力是加速度的函数，即

$$F = ma \tag{5-23}$$

式中，F 为质量块产生的惯性力，m 为质量块的质量，a 为加速度。

惯性力 $\boldsymbol{F}$ 作用于压电元件上产生电荷 q，当传感器选定后，m 为常数，则传感器输出电荷为

$$q = d_{11}F = d_{11}ma \tag{5-24}$$

电荷 q 与加速度 a 成正比，因此只要测得传感器输出的电荷，便可计算出加速度的大小。

4. 集成压电式传感器

集成压电式传感器是指集压电元件和专用放大器于一体，采用压电薄膜作为换能材料，将动态压力信号通过薄膜变成电荷量，再经传感器内部放大电路转换成电压输出的装置。

集成压电式传感器具有灵敏度高、抗过载和冲击能力强、抗干扰性好、操作简便、体积小、质量小、成本低等优点,已经广泛应用于工业控制、医疗、交通、安全防卫等领域。

 ## 5.3 磁电感应式传感器

磁电感应式传感器(简称磁电式传感器)是利用电磁感应定律,将输入运动速度变换成感应电动势输出的装置。它不需要辅助电源,就能将被测对象的机械能转换为易于测量的电信号。由于它有较大的输出功率,故配用电路简单、性能稳定,可应用于被测量为转速、振动、扭矩等的测量。

不同类型的磁电式传感器,实现磁通变化的方法不同,有恒磁通的动圈式或动铁式的磁电式传感器,有变磁通(变磁阻)的开磁路式或闭磁路式的磁电式传感器。

5.3.1 恒磁通磁电式传感器

1. 恒磁通磁电式传感器的工作原理

根据法拉第电磁感应定律,N 匝线圈在磁场中做切割磁力线运动或穿过线圈的磁通量变化时,线圈中产生的感应电动势 E 与磁通 Φ 的变化率关系如下

$$E = -N \frac{\mathrm{d}\Phi}{\mathrm{d}t} \qquad (5\text{-}25)$$

图 5-25(a)与图 5-25(b)分别为恒磁通磁电式传感器测量线速度和角速度原理示意图。当线圈垂直于磁场方向运动时,线圈相对于磁场的运动速度为 v 或 ω。对于磁场强度为 B 的恒磁通,式(5-25)可写成

$$E = -NBl_a v \quad \text{或} \quad E = -NBS\omega \qquad (5\text{-}26)$$

式中,B 为磁感应强度,T;l_a 为每匝线圈的平均长度,m;S 为线圈的截面积,m^2。

恒磁通磁电式传感器为结构型传感器,当结构参数 N,B,l_a,S 为定值时,感应电动势与线速度或角速度成正比。

恒磁通磁电式传感器适用于测量动态量。如果在电路中接入图 5-26(a)所示的积分电路,输出感应电动势与位移成正比;如果按图 5-26(b)所示接入微分电路,输出的感应电动势与加速度成正比。恒磁通磁电式传感器就可以测量位移或加速度。

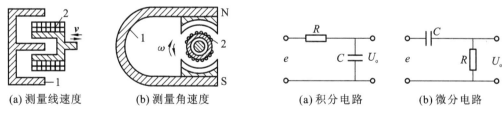

(a) 测量线速度	(b) 测量角速度

图 5-25　恒磁通磁电式传感器测量原理示意图
1—磁铁;2—线圈

(a)积分电路　　　(b)微分电路

图 5-26　无源积分、微分电路

2. 恒磁通磁电式传感器的结构及要求

恒磁通磁电式传感器有两个基本系统:一个是产生恒定直流磁场的磁路系统,包括工作气隙和永久磁铁;另一个是线圈,由线圈与磁场中的磁通交链产生感应电动势。应合理地选择这两个基本系统的结构形式、材料和结构尺寸,以满足传感器的基本性能要求。对恒磁通磁电式传感器的基本要求如下。

1）工作气隙

工作气隙大，一方面线圈窗口面积大，线圈匝数多，传感器灵敏度高；另一方面，磁路的磁感应强度下降，灵敏度下降，气隙磁场不均匀，输出线性度下降。为了使传感器具有较高的灵敏度和较好的线性度，应在保证足够大的窗口面积的前提下，尽量减小工作气隙 d，一般取 $d/l_a \approx 1/4$。

2）永久磁铁

永久磁铁用永久合金材料制成，提供工作气隙磁能能源。为了提高传感器的灵敏度和减小传感器的体积，一般选用具有较大磁能面积（较高矫顽力 H_C、磁感应强度 B）的永磁合金。

3）线圈组件

线圈组件由线圈和线圈骨架组成。要求线圈组件的厚度小于工作气隙的长度，保证线圈相对永久磁铁运动时，两者之间没有摩擦。

在精度要求较高的场合，线圈中感应电流产生的交变磁场会叠加在恒定工作磁通上，对恒定磁通起消磁作用，需要补偿线圈与工作线圈串联进行补偿。另外，当环境温度变化较大时，应采取温度补偿措施。

5.3.2　变磁通磁电式传感器

变磁通磁电式传感器也称为变磁阻磁电式传感器。变磁阻磁电式传感器分为开磁路磁电式传感器和闭磁路磁电式传感器两种，常用来测量旋转物体的转速。

1．开磁路磁电式传感器的工作原理

传感器的线圈和磁铁部分静止不动，测量齿轮（导磁材料制成）安装在被测转轴上，随被测转轴一起转动。安装时将永久磁铁产生的磁力线通过软铁端部对准齿轮的齿顶，当齿轮旋转时，齿的凹凸引起磁阻的变化，使磁通变化，在线圈中感应出交变电动势，其频率等于齿轮的齿数与转速的乘积，即

$$f = \frac{Zn}{60} \tag{5-27}$$

当齿轮齿数 Z 已知时，测得感应电动势的频率 f 就可以知道被测转轴的转速 n

$$n = \frac{60f}{Z} \tag{5-28}$$

如图 5-27 所示，开磁路磁电式传感器结构简单，但输出信号较小，当被测转轴振动较大、转速较高时，输出波形失真大。

2．闭磁路磁电式传感器的工作原理

图 5-28 所示为闭磁路磁电式传感器的结构原理图。转子 2 与转轴 1 固定，传感器转轴与被测物相连，转子 2 与定子 5 都是用工业纯铁制成的，它们和永久磁铁 3 构成磁路系统。转子 2 和定子 5 的环形端部都均匀铣出等间距的一些齿和槽。测量时，被测

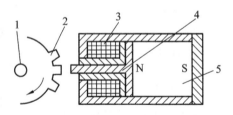

图 5-27　开磁路磁电式传感器
1—被测转轴；2—测量齿轮；
3—线圈；4—软铁；5—永久磁铁

物转轴带动转子 2 转动，当定子的齿与转子的齿凸凸相对时，气隙最小，磁阻最小，磁通最大；当转子的齿与定子的齿凸凹相对时，气隙最大，磁阻最大，磁通最小。随着转子的转动，磁

通周期性地变化,在线圈中感应出近似正弦波的电动势信号,经施密特电路整形为矩形脉冲信号,送计数器或频率计,测得频率即可算出转速 n。

5.3.3 磁电式传感器的动态特性

磁电式传感器适用于测量动态物理量,因此动态特性是它的主要特性。这种传感器是机电能量变换型传感器,其等效机械系统如图 5-29 所示,磁电式传感器可等效成二阶机械系统。图中 v_0 为外壳(被测物)的运动速度,v_m 为质量块的运动速度,v 为惯性质量块相对于外壳(被测物)的运动速度。

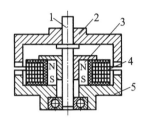

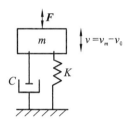

图 5-28　闭磁路磁电式传感器的结构原理图
1—转轴;2—转子;3—永久磁铁;4—线圈;5—定子

图 5-29　磁电式传感器的等效机械系统

运动方程为

$$m\frac{\mathrm{d}v_m(t)}{\mathrm{d}t} + Cv(t) + K\int v(t)\mathrm{d}t = 0 \tag{5-29}$$

$$m\frac{\mathrm{d}v(t)}{\mathrm{d}t} + Cv(t) + K\int v(t)\mathrm{d}t = -m\frac{\mathrm{d}v_0(t)}{\mathrm{d}t} \tag{5-30}$$

传递函数为

$$H(S) = -\frac{mS^2}{mS^2 + CS + K} \tag{5-31}$$

频域特性为

$$H(\mathrm{j}\omega) = \frac{m\omega^2}{K - m\omega^2 + \mathrm{j}C\omega} = \frac{(\omega/\omega_n)^2}{1 - (\omega/\omega_n)^2 + \mathrm{j}2\xi(\omega/\omega_n)} \tag{5-32}$$

幅频特性为

$$A_v(\omega) = \frac{(\omega/\omega_n)^2}{\sqrt{[1-(\omega/\omega_n)^2]^2 + [2\xi(\omega/\omega_n)]^2}} \tag{5-33}$$

相频特性为

$$\varphi_v(\omega) = -\arctan\frac{2\xi(\omega/\omega_n)}{1-(\omega/\omega_n)^2} \tag{5-34}$$

式中,ω 为被测振动角频率;ω_n 为固有角频率,$\omega_n = \sqrt{K/m}$;ξ 为阻尼比,$\xi = \dfrac{C}{2\sqrt{mK}}$。

图 5-30 所示为磁电式传感器的频率响应特性曲线。从频率响应特性曲线可以看出,在 $\omega \gg \omega_n$ 的情况下(一般取 $\xi = 0.5 \sim 0.7$),$A_v(\omega) \approx 1$,相对速度 $v(t)$ 的大小可作为被测振动速度 $v_0(t)$ 的量度。

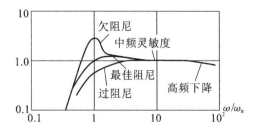

图 5-30　磁电式传感器的频率响应特性曲线

5.4 光电式传感器

光电式传感器一般由光源、光学通路和光电元件三部分组成,采用光电元件作为检测元件,将被测量的变化转换为光信号的变化,借助光电元件将光信号转变成电信号。

光电式传感器敏感的光信号包括红外线、可见光及紫外线,可利用的光源一般有自然光、白炽灯、发光二极管和气体放电灯。光电式传感器输出的电量可以是模拟量,也可以是数字量。

光电检测方法具有精度高、反应快、非接触、不易受电磁干扰等优点,并且可测参数众多。光电式传感器的结构简单,形式灵活多样。近年来,随着光电技术的发展,光电式传感器已广泛应用于自动检测和控制系统等领域。

5.4.1 光电效应

光电元件是一种将光的变化转换为电的变化的器件,它是构成光电式传感器的最主要部件。光电元件工作的理论基础是光电效应。光电效应分为外光电效应和内光电效应两大类。

光学的基本单位是光通量,用字母 Φ 表示,单位为流明(lm)。受光面积用字母 A 表示,单位为平方米(m^2)。光照度是指单位面积的光通量,用字母 E 表示,单位为勒克斯(lx)。Φ 与 E 的关系为

$$E = \frac{\mathrm{d}\Phi}{\mathrm{d}A}$$

1. 外光电效应

在光照的作用下,物体内的电子逸出物体表面向外发射的现象称为外光电效应。向外发射的电子称为光电子。基于外光电效应的光电元件有光电管、光电倍增管等。

一束光是由一束以光速运动的粒子组成的,这些粒子称为光子。光子是具有能量的粒子,每个光子具有的能量由式(5-35)确定。

$$E = h\nu \qquad (5-35)$$

式中,h 为普朗克常数,$h = 6.626 \times 10^{-34}$ J·s;ν 为光波频率,s^{-1}。

物体中的电子吸收入射光的能量后足以克服逸出功 A_0 时,电子就逸出物体表面,产生光电子发射。一个电子要想逸出,光子能量 E 必须超过逸出功 A_0,超过部分的能量表现为逸出电子的动能。根据动量守恒定律,有

$$E = \frac{1}{2}mv_0^2 + A_0 \qquad (5-36)$$

式中,m 为电子质量,v_0 为电子逸出速度。

由式(5-36)可知以下几点。

(1) 只有光子能量 E 大于物体表面电子的逸出功 A_0 时才会产生光子。不同的物体具有不同的逸出功,每一个物体有其对应的光频阈值,称为红限频率或红限波长。当光线频率低于红限频率时,光子的能量不足以使物体内的电子逸出,因此对于频率小于红限频率的入射光,即使光强再强也不会产生光电子发射;反之,入射光的频率大于红限频率,即使光强很弱,也会有光电子发射。

（2）当入射光的频谱成分不变时，产生的光电流与光强成正比，即光强越强，入射光子的数目越多，逸出的电子数也就越多。

（3）光电子逸出物体表面时具有初始动能 $\frac{1}{2}mv_0^2$，因此外光电元件即使没有加阳极电压，也会有光电流产生。要使光电流为零，必须加负的截止电压，并且截止电压与入射光的频率成正比。

2. 内光电效应

当光照射到某些物体上时，其电阻率会发生变化，或者产生光生电动势，这种效应称为内光电效应。内光电效应可以分为光电导效应和光生伏特效应两种。

1）光电导效应

在光照作用下，物体内的电子吸收光子能量后从键合状态过渡到自由状态，从而引起材料电阻率的变化，这种效应称为光电导效应。基于光电导效应的光电元件有光敏电阻。

当光照射到光电导体上，并且光辐射能量又足够强时，光电材料价带上的电子将被激发到导带上，从而使导带的电子和价带的空穴增加，致使光电导体的电导率增大，如图 5-31 所示。

为了实现能级的跃迁，入射光的能量必须大于光电导体的禁带宽度 E_g，即

$$E = h\nu = \frac{hc}{\lambda} \geqslant E_g \qquad (5\text{-}37)$$

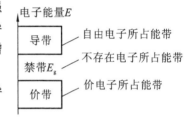

图 5-31 电子能级示意图

式中，ν，λ 分别为入射光的频率和波长。

对于任意光电导体，总存在一个照射光红限波长 λ，只有波长小于 λ 的光照射在半导体上时，才能产生电子能级间的跃迁，从而使光电导体的电导率增大。

2）光生伏特效应

在光照作用下，能使物体产生一定方向电动势的现象称为光生伏特效应。基于光生伏特效应的光电元件有光电池、光敏二极管、光敏三极管等。

（1）势垒效应（结光电效应）。当光线照射在不同类型的半导体接触区域时会产生光生电动势，这就是结光电效应。以 PN 结为例，光线照射到 PN 结时，设光子能量 E 大于禁带宽度 E_g，使价带中的电子跃迁到导带，从而产生电子-空穴对，在阻挡层内电场的作用下，被光激发的空穴移向 P 区外侧，被光激发的电子移向 N 区外侧，从而使 P 区带正电，N 区带负电，形成光生电动势。

（2）侧向光电效应。当半导体光电元件受光照不均匀时，载流子的浓度梯度将会产生侧向光电效应。当光照部分吸收入射光的能量产生电子-空穴对时，光照部分的载流子浓度比未受光照部分的载流子浓度大，于是出现载流子浓度梯度，因而载流子要进行扩散。如果电子迁移率比空穴的大，则空穴的扩散作用不明显，电子向未受光照部分扩散，从而造成光照部分带正电，未受光照部分带负电，光照部分与未受光照部分产生光生电动势。

5.4.2　光电元件

1. 光电管

光电管主要有两种结构形式，如图 5-32 所示。图 5-32（a）中光电管的光电阴极 K 由半圆筒形金属片制成，用于在光照射下发射电子。阳极 A 为位于阴极轴心的一根金属丝，用于接

收阴极发射的电子。阴极和阳极被封装于一个抽真空的玻璃罩内。光电管有真空光电管和充气光电管两类。

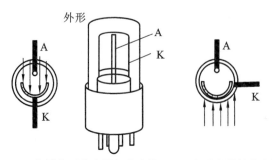

外形

(a) 金属底层光电阴极光电管　　(b) 光透明阴极光电管

图 5-32　光电管的结构形式

光电管的特性主要取决于光电阴极材料,不同的阴极材料对不同波长的光辐射有不同的灵敏度。表征光电阴极材料特性的主要参数是它的频谱灵敏度、红限和逸出功。如银氧铯(Ag-Cs$_2$O)阴极在整个可见光区域均有一定的灵敏度,其频谱灵敏度曲线在近紫外光区(4.5×10^3 Å)和近红外光区(7.5×10^3 ～ 8×10^3 Å)分别有两个峰值,因此常用于制作红外光传感器。它的红限约为 7×10^3 Å,逸出功为 0.74 eV,是所有光电阴极材料中最低的。

真空光电管的光电特性是指在恒定工作电压和入射光频率成分条件下,真空光电管接收的入射光通量 Φ 与其输出光电流 I_Φ 之间的比例关系,如图 5-33(a) 所示。其中,氧铯光电阴极光电管在很宽的入射光通量范围内具有良好的线性度,因而氧铯光电阴极光电管在光度测量中获得了广泛的应用。

真空光电管的伏安特性是其另一个重要性能指标,指在恒定的入射光的频率成分和强度条件下,光电管的光电流 I_Φ 与阳极电压 U_a 之间的关系,如图 5-33(b) 所示。由图可见,光通量一定时,当阳极电压 U_a 增加时,光电流趋于饱和,光电管的工作点一般选在该区域内。

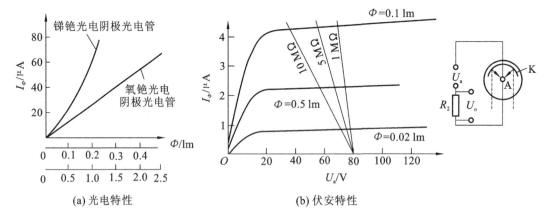

(a) 光电特性　　　　　　　　　(b) 伏安特性

图 5-33　真空光电管特性

2. 光电倍增管

光电倍增管在光电阴极和阳极之间装了若干个"倍增极",或叫"次阴极"。倍增极上涂有在电子轰击下能反射更多电子的材料,倍增极的形状和位置设计正好使前一级倍增极反射的电子继续轰击后一级倍增极。在每个倍增极间依次增大加速电压,如图 5-34(a) 所示。设每级倍增极的倍增率为 δ(一个电子能轰击产生出 δ 个次级电子),若有 n 次阴极,则总的光电

流倍增系数 $M = (C\delta)^n$（C 为各次阴极电子收集率），即光电倍增管阳极电流 I 与阴极电流 I_0 之间满足关系式 $I = I_0 M = I_0 (C\delta)^n$，倍增系数与所加电压有关。常用的光电倍增管的基本电路如图 5-34(b) 所示，各倍增极电压由电阻分压获得，流经负载电阻 R_A 的放大电流造成压降，给出输出电压。一般阳极与阴极之间的电压为 $1000 \sim 2000$ V，两个相邻倍增极的电位差为 $50 \sim 100$ V。电压越稳定越好，以减少由倍增系数的波动引起的测量误差。由于光电倍增管的灵敏度高，所以适合在微弱光下使用，但不能受到强光刺激，否则易于损坏。

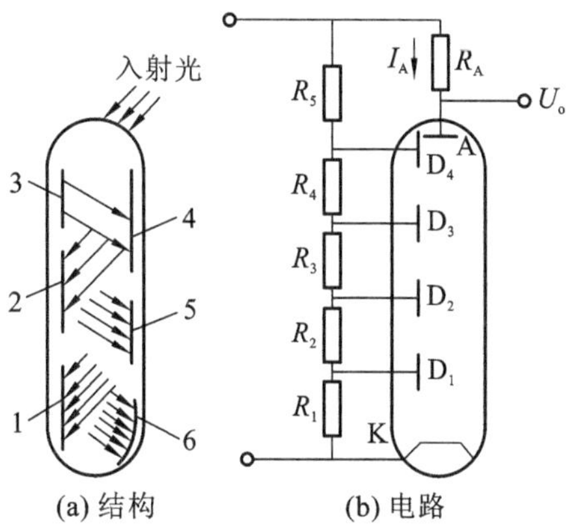

图 5-34　光电倍增管的结构及电路

1、2、4、5—倍增极；3—阴极 K；6—阳极 A

3. 光敏电阻

某些半导体材料（如硫化镉等）受到光照时，若光子能量 $h\nu$ 大于本征半导体材料的禁带宽度，价带中的电子吸收一个光子后便可跃迁到导带，从而激发出电子-空穴对，于是降低了材料的电阻率，增强了导电性能。阻值的大小随光照的增强而降低，且光照停止后，自由电子与空穴重新复合，电阻恢复原来的值。

光敏电阻的特点是灵敏度高，光谱响应范围宽，可从紫外光一直到红外光，且体积小、性能稳定，因此广泛用于测试技术。光敏电阻的材料种类有很多，适用的波长范围也不同。如硫化镉（CdS）、硒化镉（CdSe）适用于可见光（$0.4 \sim 0.75\ \mu\text{m}$）的范围，氧化锌（ZnO）、硫化锌（ZnS）适用于紫外光范围，而硫化铅（PbS）、硒化铅（PbSe）、碲化铅（PbTe）则适用于红外光范围。

光敏电阻的主要特征参数有以下几种。

1）光电流、暗电阻、亮电阻

光敏电阻在未受到光照条件下呈现的阻值称为"暗电阻"，此时通过的电流称为"暗电流"。光敏电阻在特定光照条件下呈现的阻值称为"亮电阻"，此时通过的电流称为"亮电流"。亮电流与暗电流之差称为"光电流"。光电流的大小表征了光敏电阻的灵敏度大小。一般希望暗电阻大、亮电阻小，这样暗电流小、亮电流大，相应的光电流大。光敏电阻的暗电阻大多很高，为兆欧量级，而亮电阻则在千欧以下。

2）光电特性

光敏电阻的光电流 I 与光通量 Φ 的关系曲线称为光敏电阻的光电特性。一般来说，光敏电阻的光电特性曲线呈非线性，且不同材料的光电特性不同。

3）伏安特性

在一定光照下，光敏电阻两端所施加的电压与光电流之间的关系称为光敏电阻的伏安特性。当给定偏压时，光照度越大，光电流也越大。而在一定的照度下，所加电压越大，光电流也就越大，且无饱和现象。但电压实际上受到光敏电阻额定功率、额定电流的限制，因此不可能无限制地增加。

4）光谱特性

对不同波长的入射光，光敏电阻的相对灵敏度是不一样的。光敏电阻的光谱与材料性质、制造工艺有关。如硫化镉光敏电阻随着掺铜浓度的增加其光谱峰值从 500 nm 移至 640 nm，而硫化铅光敏电阻则随材料薄层厚度的减小其峰值也朝短波方向移动。因此在选用光敏电阻时,应当把元件与光源结合起来考虑,才能获得所希望的效果。

5) 响应时间特性

光敏电阻的光电流对光照强度的变化有一定的响应时间,通常用时间常数来描述这种响应特性。光敏电阻自光照停止到光电流下降至原值的 63% 时所经过的时间称为光敏电阻的时间常数。不同的光敏电阻的时间常数不同,因而其响应时间特性也不相同。

6) 光谱温度特性

与其他半导体材料相同,光敏电阻的光学与化学性质也受温度影响。温度升高时,暗电流和灵敏度下降。温度的变化也影响到光敏电阻的光谱特性。因此,有时为提高光敏电阻对较长波长光照(如远红外光)的灵敏度,要采用降温措施。

4. 光敏晶体管

光敏晶体管分光敏二极管和光敏三极管,其结构原理分别如图 5-35、图 5-36 所示。光敏二极管的 PN 结安装在管子顶部,可直接接收光照,在电路中一般处于反向工作状态(见图 5-35(b))。在无光照时,暗电流很小。当有光照时,光子打在 PN 结附近,从而在 PN 结附近产生电子 - 空穴对。它们在内电场作用下做定向运动,形成光电流。光电流随光照度的增加而增加。因此在无光照时,光敏二极管处于截止状态,当有光照时,光敏二极管导通。

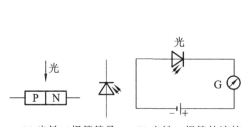

(a) 光敏二极管符号　　(b) 光敏二极管的连接

图 5-35　光敏二极管结构原理

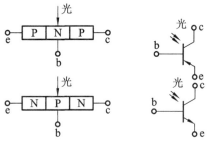

(a) 光敏三极管符号　　(b) 光敏三极管的连接

图 5-36　光敏三极管结构原理

光敏三极管有 NPN 型和 PNP 型两种,结构与一般晶体三极管相似。由于光敏三极管是光致导通的,因此它的发射极通常做得很小,以扩大光的照射面积。当光照到三极管的 PN 结附近时,在 PN 结附近有电子-空穴对产生,它们在内电场作用下做定向运动,形成光电流。这样使 PN 结的反向电流大大增加。由于光照发射极所产生的光电流相当于三极管的基极电流,因此集电极的电流为光电流的 β 倍,因此光敏三极管的灵敏度比光敏二极管的灵敏度高。

光敏晶体管的基本特性如下。

1) 光电特性

光敏二极管的光电特性曲线的线性度要好于光敏三极管的,这与光敏三极管的放大特性有关。

2) 伏安特性

在不同照度下,光敏二极管和光敏三极管的伏安特性跟一般晶体管在不同基极电流时的输出特性一样。并且光敏三极管的光电流比相同管型的二极管的光电流大数百倍。光敏二极管的光生伏特效应使得光敏二极管即使在零偏压时仍有光电流输出。

3) 光谱特性

当入射光波长增加时,光敏晶体管的相对灵敏度均下降,这是由于光子能量太小,不足以激发电子-空穴对。而当入射光波长太短时,相对灵敏度也会下降,这是因为光子在半导体表面附近激发的电子-空穴对不能到达 PN 结。

4)温度特性

光敏晶体管的暗电流受温度变化的影响较大,而输出电流受温度变化的影响较小。使用时应考虑温度因素的影响,采取补偿措施。

5)响应时间

光敏晶体管的输出与光照之间有一定的响应时间,一般锗管的响应时间为 2×10^{-4} s 左右,硅管的响应时间为 1×10^{-5} s 左右。

5. 光电池

光电池是基于光生伏特效应的器件,它是在光线照射下,能直接将光能转换为电能的光电元件。光电池在有光照的条件下实质上相当于电源。

1)光电池的结构与原理

硅光电池的结构如图 5-37 所示。在一块 N 型硅片上,用扩散的方法渗入一些 P 型杂质形成 PN 结。当入射光照射在 PN 结上时,若光子能量 E 大于半导体材料的禁带宽度 E_g,则在 PN 结内产生电子-空穴对,在内电场的作用下,空穴向 P 区移动,电子向 N 区移动,使 P 区带正电,N 区带负电,因而产生光生电动势。硅光电池的工作原理如图 5-38 所示。

硒光电池的结构如图 5-39 所示。在铝片上涂上硒,用溅射的工艺在硒层上形成一层半透明的氧化镉,在正反两面喷上低熔点合金作为电极。在光照射下,氧化镉材料带负电,硒材料带正电,从而产生光生电动势。

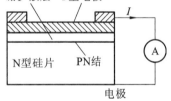

图 5-37 硅光电池的结构

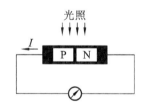

图 5-38 硅光电池的工作原理

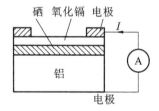

图 5-39 硒光电池的结构

2)光电池的基本特性

(1)光谱特性。

光电池对不同波长的光的灵敏度不相同。图 5-40 所示为硅光电池和硒光电池的光谱特性曲线。不同材料的光电池,光谱峰值所对应的入射光波长不同。如硅光电池的光谱峰值在 $0.8~\mu m$ 附近,硒光电池的光谱峰值在 $0.5~\mu m$ 附近。硅光电池的光谱响应波长范围为 $0.4 \sim 1.2~\mu m$,而硒光电池的光谱响应波长范围为 $0.38 \sim 0.75~\mu m$,可见硅光电池可以应用在很宽的波长范围内。

(2)光电特性。

光电池在不同光照强度下可产生不同的光电流和光生电动势。硅光电池的光电特性如图 5-41 所示。由图 5-41 可知,当负载短路时,光电流在很大范围内与光照强度呈线性关系;光生电动势(开路电压)与光照强度成非线性关系,并且光照强度为 2000 lx 时趋近于饱和。因此,当测量与光照度成正比的其他非电量时,应把光电池作为电流源来使用;当被测非电量是开关量时,可以把光电池作为电压源来使用。

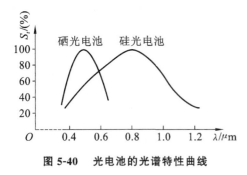

图 5-40　光电池的光谱特性曲线

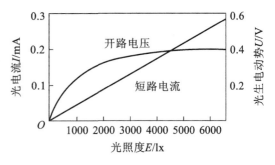

图 5-41　硅光电池的光电特性

（3）频率特性。

光电池在测量、计数等应用中，常用交变光照。光电池的频率特性反映光的交变频率与光电池相对光电流之间的关系，如图 5-42 所示。从图 5-42 所示的曲线可以看出，硅光电池具有很高的频率响应，可用于高速计数、有声电影等领域。

（4）温度特性。

光电池的温度特性是指光电池的开路电压和短路电流随温度变化的关系。图 5-43 所示为光电池的温度特性。由图 5-43 可知，开路电压随着温度的升高而快速下降，而短路电流随着温度的升高而缓慢增加。在实际应用中，应采取温度补偿等措施避免光电池受到温度的影响。

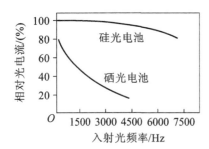

图 5-42　光电池的频率特性

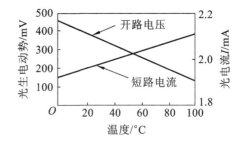

图 5-43　光电池的温度特性

5.4.3　光电式传感器的应用

1. 光电式转速计

光电式转速计的工作原理图如图 5-44 所示，根据光源和光电式传感器的相对位置分为直射式光电转速计和反射式光电转速计两种，分别如图 5-44（a）和图 5-44（b）所示。

图 5-44（a）中，在待测转轴上固定一个带小孔的圆盘，在圆盘的一侧用光源（白炽灯或其他光源）产生稳定的光信号，通过圆盘上的小孔照射到圆盘另一侧的光电式传感器上，通过传感器把光信号转换成相应的脉冲信号，经过放大、整形后输出脉冲信号，最后通过计数器进行计数，从而实现转速的测量。

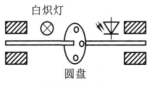

(a) 直射式光电转速计

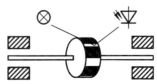

(b) 反射式光电转速计

图 5-44　光电式转速计的工作原理图

图 5-44(b) 中,在待测转轴上固定一个涂有黑白相间条纹的圆盘,黑、白条纹具有不同的反射率。当转轴转动时,反光与不反光交替出现,光电式传感器间歇性地接收圆盘上的反射光信号,并将其转换成电脉冲信号。

转轴每分钟的转速 n 与脉冲频率 f 的关系为

$$n = \frac{f}{N} \cdot 60 \tag{5-38}$$

式中,N 为圆盘上小孔或黑白条纹的数目。

2. 光电式浊度仪

烟尘浊度是通过光在烟道传输过程中的变化大小来检测的。如果烟道浊度增加,烟尘颗粒吸收和折射的光将会增加,到达光电式传感器的光就会减弱,输出的电信号幅值也会相应减小,因而,电信号的变化即可反映烟道浊度的变化。

图 5-45 所示为烟尘浊度检测仪的组成框图。为了检测烟尘中对人体危害性最大的亚微米颗粒的浊度和避免水蒸气与二氧化碳对光源衰弱的影响,选取可见光作为光源(400 ~ 700 nm 波长的白炽灯)。光电式传感器选取光谱响应范围为 400 ~ 600 nm 的光电管,获取随浊度变化的电信号。信号处理部分采用集成运算放大器对信号进行放大,提高系统的检测灵敏度和精度。刻度校正部分用来进行调零与调慢刻度,以保证测试准确性。显示器显示烟道中浊度的瞬时值。报警器电路由多谐振荡器组成,当运放输出浊度电信号超过规定值时,多谐振荡器工作并发出警报信号。

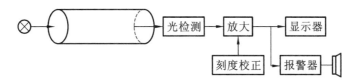

图 5-45 烟尘浊度检测仪的组成框图

5.5 超声波传感器

超声波穿透性较强,具有一定的方向性,传输过程中衰减较小,反射能力较强,在实际中得到广泛应用。超声波传感器是实现声电转换的装置,又称超声换能器或超声波探头。这种装置能够发射超声波和接收超声波回波,并转换成相应的电信号。

按作用原理不同,超声波传感器可分为压电式超声波传感器、磁致伸缩式超声波传感器、电磁式超声波传感器等。实际使用中以压电式超声波传感器最为常见。下面主要介绍压电式超声波传感器,其主要由压电晶片、吸收块(阻尼块)、保护膜等组成。

1. 工作原理

对面积为 A 的压电片加上应力 σ 后,在两电极表面产生正比于 σ 的电荷 $+q$ 和 $-q$,则有

$$\frac{q}{A} = d\sigma \tag{5-39}$$

式中,d 为压电系数,依赖于材料种类及压电片的方位、应力的种类。

压电式超声波传感器常用的材料是石英晶体和压电陶瓷,它是利用压电材料的压电效应来工作的,即利用逆压电效应将高频电振动转换成高频机械振动,从而产生超声波,用于发射探头;而利用正压电效应,将超声振动波转换成电信号,可用于接收探头。

2. 典型结构

压电式超声波传感器随应用目的的不同而具有不同的结构形式。下面介绍两种常用的

压电式超声波传感器结构。

1）纵波探头

纵波探头用于发射和接收纵波，其结构如图5-46所示，主要由保护膜、压电晶片、吸收块（阻尼块）、外壳、电器接插件等组成。其中，保护膜的作用主要是防止压电晶片磨损、碰坏，一般采用耐磨性较好的软质材料（如橡胶和塑料）或硬质材料（如不锈钢、刚玉和环氧树脂）。保护膜应使声能穿透率大，并应考虑使压电晶片、保护膜和工件之间声阻抗相匹配（若将压电晶片、保护膜和工件的声阻抗分别表示为 $\rho_1 C_1$，$\rho_2 C_2$，$\rho_3 C_3$，则三者之间应满足 $\rho_2 C_2 = \sqrt{\rho_1 C_1 \times \rho_3 C_3}$），且保护膜厚度为四分之一波长奇数倍时，其透射系数为1，使压电振子所辐射的超声能全部进入工件。吸收块的作用是吸收压电振子背向辐射声能，降低压电晶片的品质因数。因此，为使来自压电振子的超声波全部透入其中，吸收块的声阻抗应与压电晶片的声阻抗接近，且应具有大的衰减能力，使已进入吸收块的超声波不再反射到振子中去，通常采用高衰减的复合材料制作。

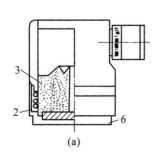
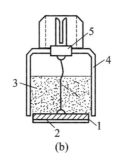
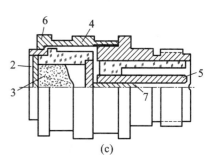

(a)　　(b)　　(c)

图 5-46　纵波探头的结构

1—保护膜；2—电压晶片；3—阻尼块；4—外壳；5—电极；6—接地用金属环；7—导线

探头的机械品质因数 Q_p 越大，损耗越小；负载与背衬材料的声阻抗越大，Q_p 越小，发射声能效率越低。探头的 Q_p 与压电晶片的 Q_m 有关，若 Q_m 小，则制作的探头的 Q_p 值也小。

2）横波探头

横波探头用于发射和接收横波，主要是利用波形转换制作的，其结构如图5-47所示，通常由压电晶片、声陷阱、透声楔、吸收块（阻尼块）、外壳、电器接插件等组成。因压电晶片产生

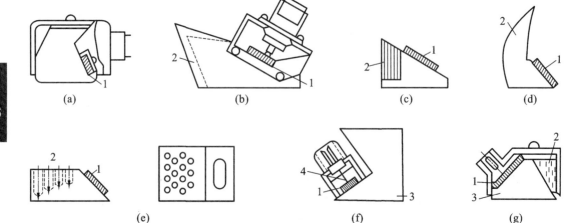

(a)　　(b)　　(c)　　(d)

(e)　　(f)　　(g)

图 5-47　横波探头的结构

1—压电晶片；2—声陷阱；3—透声楔；4—阻尼块

的是纵波,当入射到工件表面时,要在工件中折射出横波,则压电晶片应倾斜放置,由此将有一部分声能在透射楔边界上反射后,经过探头内的多次反射,返回到压电晶片被接收,从而加大发射脉冲的宽度,形成固定干扰杂波。为此在探头中增设有声陷阱,主要用于吸收反射声能。具体可采用在透声楔某部位打孔、开槽、贴吸声材料等办法来制作声陷阱。横波探头的压电晶片是粘贴在透声楔上的,压电晶片多用方形,透声楔多用有机玻璃。

探头的入射角和频率应根据理论计算确定,透声楔的尺寸和形状应使反射的声波不致返回到压电晶片上。为此,不同折射角的探头,透声楔的尺寸和形状应当不同。

 ## 5.6 红外探测器及其应用

红外探测器是把接收到的红外辐射能量转换成电能的一种光敏元件。红外探测器种类有很多,常见的有热探测器和光子探测器两大类。

5.6.1 热探测器

热探测器在吸收红外辐射后温度升高,引起某种物理性质的变化,这种变化与吸收的红外辐射成一定关系。因此,只要检测出上述变化,即可确定被吸收的红外辐射能大小,从而得到被测的非电量值。

热探测器的主要优点是响应波段宽,可以在室温下工作,使用简单。但是热探测器响应时间长,灵敏度低,因此,一般用于红外辐射变化缓慢的场合。

热探测器主要有热电偶型探测器、热释电型探测器、热敏电阻型探测器和高莱气动型探测器四种。

1. 热电偶型探测器

热电偶型探测器的工作原理与一般热电偶的类似,也是基于热电效应。所不同的是,它对红外辐射敏感。它由热电功率差别较大的两种材料(如铋—银、铜—康铜、铋—铋锡合金等)构成闭合回路,回路存在两个接点,一个称为冷接点,另一个称为热接点。当红外辐射照射到热接点时,该点温度升高,而冷接点温度保持不变,此时,热电偶回路中产生热电势,热电势的大小反映热接点吸收的红外辐射的强弱。

在实际应用中,为提高输出灵敏度,往往将几个热电偶串联起来组成热电堆来检测红外辐射的强弱。

2. 热释电型探测器

热释电型探测器是利用热释电材料的自发极化强度随温度变化的效应制成的一种热敏型红外探测器。热释电材料是一种具有自发极化的电介质,它的自发极化强度随温度变化,可用热释电系数 p 来描述。

$$p = \frac{\mathrm{d}P}{\mathrm{d}T} \tag{5-40}$$

式中,p 为极化强度,T 为绝对温度。

在恒定温度下,材料的自发极化被体内的电荷和表面吸附的电荷所中和。如果热释电材料做成表面垂直于极化方向的平行薄片,当红外辐射入射到薄片表面时,薄片因吸收辐射而发生温度变化,从而引起极化强度的变化,而中和电荷由于材料的电阻率跟不上这一变化,其结果是薄片的两表面之间出现瞬态电压,若有外电阻跨接在两表面之间,电荷就通过外电路释放出来。电流大小除了与热释电系数成正比以外,还与薄片的温度变化率成正比,因而可用来测量入射红外辐射的强弱。

一般热释电型探测器在 $0.2 \sim 20~\mu m$ 波段内的灵敏度曲线相对平坦。在不同场合,要求探测器的响应波段窄化,因此,一般在探测器上加上一定波段的滤波片,以满足不同用途。例如,对于防盗报警用的热释电型探测器,考虑到人体红外辐射在约 $9.4~\mu m$ 处最强,一般需加 $7.5 \sim 14~\mu m$ 的红外滤波片。

3. 热敏电阻型探测器

热敏电阻一般制成薄片状,它是由锰、镍、钴的氧化物混合后烧结而成的。当红外辐射照射到热敏电阻上时,其温度升高,引起阻值变化,测量热敏电阻阻值变化的大小,即可知入射的红外辐射的强弱,从而可以判断出产生红外辐射的物体的温度。

热敏电阻按照温度系数不同分为正温度系数热敏电阻(PTC)和负温度系数热敏电阻(NTC)两类。当温度升高时,PTC 的阻值变大而 NTC 的阻值减小。

4. 高莱气动型探测器

高莱气动型探测器主要利用小容量的气体受热膨胀使柔镜变形的原理来探测辐射。其原理图如图 5-48 所示,它有一个气室,以一个小管道与一块柔镜相连,气室的前面附有吸收膜,当吸收膜吸收红外辐射时产生温升,气体受热膨胀,使柔镜弯曲,光源发出的光经光栅聚焦到柔镜上,经此镜反射回的光栅图像再经过光栅投射到光电管上,当柔镜受压弯曲时,光栅图像相对于光栅产生位移,使投射到光电管上的光通量发生变化。光电管输出信号的变化量反映出红外辐射的强弱。这种探测器瞬时响应慢,但能探测弱光,主要应用于光谱仪器中。

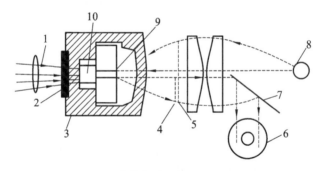

图 5-48　高莱气动型探测器的原理图

1—红外辐射;2—透红外窗口;3—吸收膜;4—光栅图像;5—光栅;
6—光电管;7—反光镜;8—可见光源;9—柔镜;10—气室

5.6.2　光子探测器

光子探测器利用某些半导体材料在入射光的照射下产生光电效应,使材料的电学性质发生变化的特性,通过测量材料电学性质的变化,确定红外辐射的强弱。利用光电效应制成的红外探测器统称为光子探测器,光子探测器的主要特点是灵敏度高、响应速度快、响应频率高,但一般需在低温下工作,探测波段较窄。

光子探测器按照工作原理,一般分为内光电探测器和外光电探测器两种。前者又分为光电导探测器、光生伏特探测器和光磁电探测器三种。

1. 光电导探测器

光电导探测器(PC 器件)是利用光电导效应制成的探测器。光电导效应是指当光照射到半导体材料上时,材料吸收光子的能量,使非传导态电子变为传导态电子,引起载流子浓度增加,因而导致材料电阻率增大。硫化铅(PbS)、硒化铅(PbSe)、锑化铟(InSb)、碲镉汞(HgCdTe)等材料都可以用来制造光电导探测器。使用光电导探测器时,需要制冷和加上一定偏压,否则会导致响应率降低、噪声大、响应波段窄,最终导致探测器的损坏。

2. 光生伏特探测器

光生伏特探测器(PU 器件)是利用光生伏特效应制成的探测器。光生伏特效应是指当光照射到某些半导体材料制成的 PN 结上时,自由电子与空穴定向移动,在 PN 结两端产生一个附加电动势,称为光生电动势。光电池就属于这种探测器。制造光生伏特探测器的材料有砷化铟(InAs)、锑化铟(InSb)、碲镉汞(HgCdTe)、碲锡铅(PbSnTe)等。

3. 光磁电探测器

光磁电探测器(PEM 器件)是利用光磁电效应制成的探测器。光磁电效应是指置于强磁场中的半导体表面受到光辐射时产生电子 - 空穴对,表面的电子与空穴浓度增大,向半导体内部扩散,在扩散中受强磁场的作用,电子与空穴发生不同方向的偏转,它们的积累在半导体内部产生一个电场,阻碍电子和空穴的继续偏转,若此时半导体两端短路,则产生短路电流,开路时,则有开路电压。

光磁电探测器不需要制冷,响应波长可达 7 μm 左右,时间常数小,响应速度快,不用加偏压,有极低的内阻,噪声小,有良好的稳定性和可靠性;但其灵敏度低,低噪声前置放大器制作困难,因而影响了使用。

4. 外光电探测器

外光电探测器(PE 器件)是利用外光电效应制成的探测器,是真空电子器件,如光电管、光电倍增管和红外变像管等。这些器件都包含一个对光子敏感的光电阴极,当光子投射到光电阴极上时,光子可能被光电阴极中的电子吸收,获得足够大能量的电子能逸出光电阴极而成为自由的光电子。在光电管中,光电子在带正电的阳极的作用下运动,形成光电流。光电倍增管与光电管的差别在于,在光电倍增管的光电阴极与阳极之间设置了多个电位逐渐上升并能产生二次电子的电极(光电倍增极),从光电阴极逸出的光电子在光电倍增极电压加速下与光电倍增极碰撞,发生倍增效应,最后形成较大的光电流信号,因此光电倍增管有较高的灵敏度。红外变像管是一种红外 - 可见图像转换器,它由光电阴极、阳极和一个简单的电子光学系统组成,光电子在受到阳极加速作用的同时又出现电子光学系统的聚焦,当它们撞击在与阳极相连的磷光屏上时,便发出绿色的光像信号。

外光电探测器的响应速度比较快,一般只需要几毫微秒,但电子逸出需要较大的光子能量,因而该探测器只适合在近红外辐射或可见光范围内使用。

5.6.3 红外探测器的应用

1. 红外测温

1) 红外测温的特点

温度测量的方法有很多,红外测温是比较先进的测温方法,其优点如下:

(1) 非接触式测量。

(2) 测温范围广,几乎可以应用于所有的测温场合。

(3) 响应速度快,一般为毫秒级甚至微秒级。

(4) 测温灵敏度高,输出信号强。

它的主要缺点是结构复杂,测温准确度不如接触式温度计的高。

2)红外测温的分类

依据测温原理的不同,红外测温分为三种:① 全辐射测温,通过测量辐射物体的全波长的热辐射来确定物体的辐射温度;② 亮度测温,通过测量物体在一定波长下的单色辐射亮度来确定它的亮度温度;③ 比色测温,通过被测物体在两个波长下的单色辐射亮度之比随温度变化来确定物体的温度。

亮度测温无须温度补偿,发射率误差较小,测量精度高;但工作于短波区,只适用于高温测量。比色测温的光学系统可局部遮挡,受烟雾、灰尘影响小,测量误差小;但必须选择合适波段,使波段的发射率相差不大。全辐射测温是根据全波长范围内的总辐射确定物体温度的,能够对波长较长、辐射信号较弱的中低温物体进行测温,而且结构简单,成本较低;但它的测量精度稍差,受物体辐射率影响大。

3)红外测温的原理

图 5-49 所示为红外测温仪结构原理图,它由光学系统、调制盘、红外探测器、放大器和指示器等几部分组成。

红外探测器把红外辐射能量的变化转变成电量的变化。

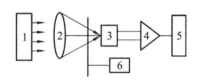

图 5-49　红外测温仪结构原理图
1—被测物;2—光学系统;3—红外探测器;
4—放大器;5—指示器;6—调制盘

光学系统的部件是用红外光学材料制成的,测量温度在 700 ℃ 以上的高温测温仪主要用在 0.76 ～ 3 μm 的近红外区,光学系统部件可用一般光学玻璃或石英等材料制作;测量温度为 100 ～ 700 ℃ 的中温测温仪,主要用在 3 ～ 5 μm 的中红外区,光学系统部件可采用氟化镁和氯化镁等材料制作;测量温度在 100 ℃ 以下的低温测温仪,主要用在 5 ～ 14 μm 的中远红外区,光学系统部件可采用锗、硅、硫化锌等材料制作。

调制器由微电机和调制盘组成,具有等间距小孔的调制盘把被测物连续的辐射调制成交变的辐射,使红外探测器的输出信号变成交变信号,经放大器放大后的信号由指示器指示,或者由记录器记录下来,即可确定被测物的温度值。

2. 红外分析仪

红外分析仪根据物体在红外波段的吸收特性而进行工作。许多化合物的分子在红外波段都有吸收带,而且因物质的分子不同,吸收带所在的波长和吸收的强弱也不同。根据吸收带分布的情况和吸收的强弱,可以识别物质分子的类型,从而得出物质组成及其百分比。

根据不同的目的和应用场合,红外分析仪具有很多不同的形式,如红外水分分析仪、红外气体分析仪、红外光谱仪、红外分光光度计等。下面简单介绍一种红外气体分析仪。如图 5-50 所示,红外气体分析仪由红外光源、调制盘、测量气室、参比气室等部分组成。调节红外光源,使之分别通过测量气室和参比气室。在测量气室中导入被测气体后,具有被测气体特有波长的光被吸收,因此,从测量气室中出来的红外辐射变弱,而参比气室中的红外辐射不变。这样,两个气室出来的红外辐射强度有差别,并且被测气体浓度越大,两个气室出来的红外辐射强度差别越大。红外探测器交替接收两束不等的红外辐射后,将输出一个交变电信号,经过适当处理后,就可以根据输出信号的大小来判断被测气体的浓度。

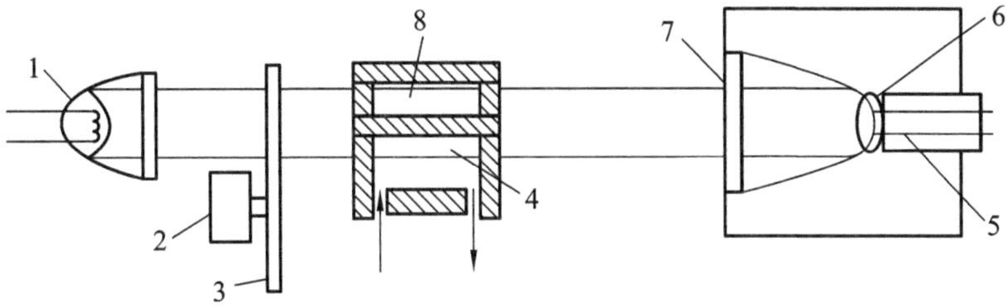

图 5-50　红外气体分析仪结构原理图

1—红外光源；2—电动机；3—调制盘；4—测量气室；

5—红外探测器；6—透镜；7—干涉滤光片；8—参比气室

习　题

5-1　硅光电池的光电特性中，光照度与_____呈线性关系。

5-2　热电偶中热电势的大小仅与_____和_____有关，而与热电极的尺寸、形状及温度分布无关。

5-3　_____是由同一导体的两端温度不同而产生的一种热电势。

5-4　压电陶瓷与石英晶体相比较，(　　)。

　　A. 前者比后者灵敏度高得多

　　B. 后者比前者灵敏度高得多

　　C. 前者比后者稳定性高得多

　　D. 后者比前者稳定性高得多

5-5　实用热电偶的热电极材料中，使用较多的是(　　)。

　　A. 纯金属　　　　　B. 非金属　　　　　C. 半导体　　　　　D. 合金

5-6　简述热电偶的工作原理。

5-7　在测量高频动态力时，电压输出型压电式传感器连接电缆的长度为何要定长？而电荷输出型压电式传感器连接电缆长度为何无此要求？

5-8　画出光电倍增管的结构示意图，并标注各组成部分的名称。

5-9　什么是接触电势？

5-10　试用热电偶的基本原理，证明热电偶回路的几个基本定律。

5-11　简述纵向压电效应与横向压电效应的相同点和不同点。

5-12　简述石英晶体在机械力的作用下为什么会在其表面产生电荷。

5-13　红外探测器有哪些类型？简要说明其各自的工作原理。

5-14　与普通测温方法相比，红外测温有哪些特点？

5-15　用铂铑$_{10}$-铂热电偶测温，当冷端为 $t_0 = 20$ ℃ 时，在热端温度为 t 时测得热电势 $E(t,20) = 5.351$ mV，求被测对象的真实温度，已知 $E(20,0) = 0.113$ mV。

第6章 数字式传感器与新型传感器

数字式传感器近年来发展很快,它是检测技术、计算机技术和微电子技术的综合产物。近年来,数字式传感器越来越多地受到关注,已由原来只用于宇航和军事技术领域,扩展到民用科技的各个部分,并已成为传感器技术发展方向之一。为此,本章将介绍数字式传感器的基本概念以及目前应用比较广泛的编码器(主要介绍电式编码器)、光栅式传感器、感应同步器、磁栅式传感器、容栅式传感器和光纤传感器等几种数字式传感器的原理、结构和应用。

6.1 数字式传感器概述

1. 数字式传感器的定义

数字式传感器是能将被测量(位移、温度、压力、应力等)直接转换成数字量或准数字量输出的传感器的统称。也就是说,数字式传感器就是把被测量直接转换成数字量或准数字量输出的传感器。即数字式传感器能够直接将非电量转换成数字量,不需要 A/D 转换,直接以数字形式输出。

2. 数字式传感器的特点

与模拟式传感器相比,数字式传感器具有如下特点。

(1) 具有高抗干扰能力和高信噪比,有利于在恶劣环境下使用。常能免于噪声和外来信号的干扰。特别适用于远距离传输。

(2) 数据可以高速远距离传输,而不会引入动态延迟。

(3) 能同时做到高测量精度和大测量范围。

(4) 易于与计算机接口,便于信号处理和实现自动控制,可以进行大量数据的高速处理,如压缩、调制和解调、显示、存储和反复阅读及调用。

(5) 响应速度受各种因素的制约,有的相对较低(主要是频率式的)。在某些要求高速响应的检测系统中,有时可能会成为一个问题(所以这一点上 A/D 转换比 V/F 转换好)。但在自动控制系统中,当传感器不但用于信号检测还用于反馈系统中去控制数字式执行器时,数字式传感器可以达到很高的控制精度和响应速度。

(6) 数字式传感器与数字式执行器配合使用,特别适用于重复性的工作。

(7) 数字式传感器便于动态及多路测量,使用方便,易于和其他各种数字电路接口,实现积木化,为非专业人员所熟悉和使用,变成一个大众化的传感器。

(8) 工作可靠性高,安装方便,维护简单。

3. 数字式传感器的分类

按照输出信号的形式,常用的数字式传感器可分为三类:脉冲输出式数字传感器,如光栅式传感器、感应同步器、增量编码器等;编码输出式数字传感器,如绝对编码器等;频率输出式数字传感器。

此外,数字式传感器也可分为直接数字式传感器和准数字式传感器两大类。其中,直接数字式传感器是指其输出为二元形式("0""1")的信号,它包括各种编码器,如直接编码器、光栅式传感器、磁栅式传感器、感应同步器、CCD 或类似的光敏元件以及触发器式传感器。准数字式传感器是指以频率形式输出的谐振式传感器,其输出信号可以为频率脉冲个数、位相或脉冲宽度,它包括机械式的(振弦、振杆、振膜、振筒、振壳等)、声学的(SAW)、光学的(包括激光器)以及电学的(各种 L,C,R 组合形成的振荡器)。

6.2 编码器

编码器(ADE)以其高精度、高分辨力和高可靠性,作为最简单的数字式传感器应用于检测系统以及民用工业已有几十年的历史。它能把角位移或线位移经过简单的转换变成数字量,相应的编码器是角度数字编码器(码盘)或直线位移编码器(码尺)。现代的编码器比目前同样尺寸的任何模式传感器都具有更高的分辨力、更好的可靠性和更高的精度。由编码器制作的数字式传感器,其分辨力的大小取决于码道的多少。

编码器的种类有很多,可根据编码器的结构形式、编码方式、检测方式以及光路路形的不同而分成不同的类型,如图 6-1 所示。

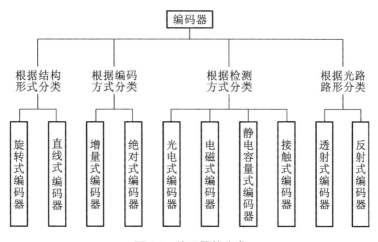

图 6-1 编码器的分类

由于光电式编码器是用于角位移或线位移测量的最有效和最直接的数字式传感器,并已有各种系列产品可供选用,所以这里只重点介绍光电式编码器。

6.2.1 光电式编码器的结构与分类

光电式编码器是用光电方法,将角位移或线位移转换为各种代码形式的数字脉冲的。图 6-2 所示为典型的光电式编码器结构示意图,在发光元件和接收元件之间有一个直接装在转动轴上的具有相当数量的透光扇区的码盘,当光源经光学系统形成一束平行光投在码盘上时,转动码盘,在码盘的另一侧就形成光脉冲,脉冲光照射在接收元件上就产生与转动轴转速相对应的电脉冲信号。

光电式编码器按其结构形式可分为直线式的线性编码器和旋转式的轴角编码器,按编码方式可分为增量式光电编码器和绝对式光电编码器两种。

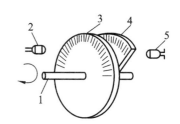

图 6-2 典型的光电式编码器结构示意图

1—转动轴;2—发光元件;3—码盘;
4—狭缝;5—接收元件

增量式光电编码器码盘图案和光脉冲信号均匀,可将任意位置作为基准点,从该点开始按一定量化单位检测。该方法因无确定的对应测量点,一旦停电则失掉当前位置,且速度不可超越计数器极限响应速度,此外由于噪声影响会造成计数累积误差。优点是其零点可任意预置,且测量速度仅受计数器容量限制。

绝对式光电编码器码盘图案不均匀,编码器码盘的数码位数与码道数相等,在相应位置可输出对应的数字码。其优点是坐标固定,与测量以前的状态无关,抗干扰能力强,无累积误差,具有断电位置保持功能,不读数时移动速度可超越极限响应速度,无须方向判别和可逆计数,信号并行传送等;缺点是结构复杂、价格高,提高分辨力需要提高码道数目或者使用减速齿轮机构组成双码盘机构,将任意位置取作零位时需进行一定的运算。

6.2.2 光电式编码器的工作原理

1. 增量式光电编码器

图 6-3 所示为增量式光电编码器的结构图。光源通过码盘上的三个码道,由三个光电元件接收,其对应输出 Z(零位脉冲)、A(增量脉冲)及 B(辨向脉冲)三位脉冲信号。

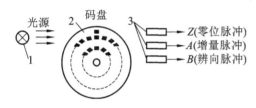

图 6-3 增量式光电编码器的结构图

1—光源;2—码盘;3—光电元件

码盘上最外圈码道上只有一条透光的狭缝,作为码盘的基准位置,每当工作轴旋转一周时才产生一个 Z 相脉冲信号(零位脉冲)。通常 Z 相脉冲信号用于各轴机械原点定位。

信号 A 和 B 是相位差为 90° 的近似正弦波,经放大、整形后变成方波。若 A 相超前于 B 相,对应工作轴正转;若 B 相超前于 A 相,对应工作轴反转。若以该方波的前沿或后沿产生计数脉冲,可形成代表正向位移和反向位移的脉冲序列。

应用时将脉冲编码输出的 A,$\overline{A}$ 和 B,$\overline{B}$ 差动信号引入位置控制回路,经辨向和累加后,变成位移和方向测量脉冲,经频率-电压变换器变成正比于频率的电压,作为速度反馈信号,传给速度控制单元,进行速度调节。

2. 绝对式光电编码器

绝对式光电编码器将被测角转换成相应的代码,指示其绝对位置,这种编码器是通过读取码盘上的图案来表示数值的。

绝对式光电编码器光源发射的光线经柱面透镜变成一束平行光,照射在码盘上。码盘上有一环间距不同并按一定编码规律刻画的透光和不透光扇形区,称为码道。光电接收元件的排列与各码道一一对应。通过码盘上的光线经狭缝形成一束细光照射在光电接收元件上,编码器把光信号转换成电信号,读出与转角位置相对的扇区的一组代码。图 6-4 所示为四位绝对式光电编码器的码盘结构图,其中图 6-4(a)所示为四位二进制码盘,它是在一块圆形玻璃上采用腐蚀工艺刻出透光和不透光的码形,其中黑色区域为不透光区,用"0"表示;白色区域为透光区,用"1"表示。如此,在任意角度都有对应的二进制编码。码盘分成 4 个码道,每一个码道对应一个光电接收元件(即图中 $C_1 \sim C_4$),并沿码盘径向排列。当码盘处于不同角度时,各光电元件根据受光与否输出相应的电平信号,由此产生绝对位置的二进制编码。

不难看出,码盘的码道数就是该码盘的数码位数,且高位在内、低位在外。绝对式光电编码器的分辨力取决于二进制编码的位数,即码道的个数。若码盘的码道数为 n,则所能分

辨的最小角度为 $\alpha=360°/2^n$，分辨率为 $1/2^n$。

　　普通二进制码盘在使用中由于相邻两扇区图案变化时易产生较大误差，因而在实际应用中大都采用图 6-4(b)所示的葛莱码盘。葛莱码盘从一个计数状态转到下一个计数状态时，只有一位二进制编码改变，所以能把误差控制在一个数量单位内。

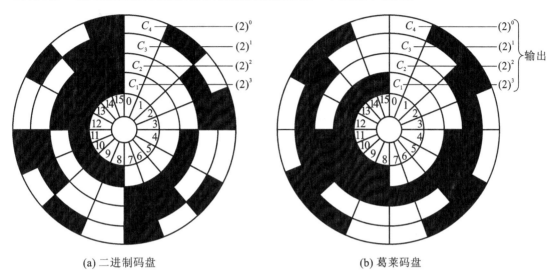

(a) 二进制码盘　　　　　　　　　(b) 葛莱码盘

图 6-4　四位绝对式光电编码器的码盘结构图

6.3　光栅式传感器

　　光栅式传感器是根据莫尔条纹原理制成的一种计量光栅，具有精度高、量程大、分辨力高、抗干扰能力强，以及可实现动态测量等优点，主要用于长度和角度的精密测量以及数控系统的位置检测等，在坐标测量仪和数控机床的伺服系统中有广泛的应用。

6.3.1　光栅的结构和类型

1. 光栅的结构

　　光栅是指由大量等宽、等间距的平行狭缝构成的光学器件，如在透明的玻璃上刻划大量平行、等宽而又等间距的刻线形成的光栅，这些刻线有透明的和不透明的，或者是对光反射的和不反射的。图 6-5 所示是黑白型光栅，光栅上的刻线称为栅线，设其中栅线的宽度为 a，缝隙宽度为 b，一般情况下取 $a=b$，图 6-5 中 $W=a+b$ 称为光栅的栅距(也称光栅节距或光栅常数)，它是光栅的重要参数之一。对于圆光栅来说，除了栅距之外，还有栅距角。栅距角是指圆光栅上相邻两刻线所夹的角。

2. 光栅的类型

　　按照工作原理，光栅可分为物理光栅和计量光栅。其中，物理光栅刻线细密，工作原理是建立在光的衍射上的，可作散射元件进行光谱分析及光波长的测定等；而计量光栅刻线较物理光栅的粗，主要利用光栅的莫尔条纹现象进行位移的精密测量和控制。

　　按照光线的走向，光栅又可以分为透射光栅和反射光栅。在透明的玻璃上均匀地刻画间距、宽度相等的条纹而形成的光栅叫作透射光栅。透射光栅的主光栅一般用普通工业白玻璃，而指示光栅最好用光学玻璃，透射光栅光路如图 6-6 所示。

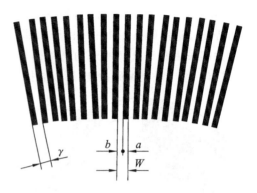

图 6-5 黑白型光栅

光源 1 发射的光线,经准直透镜 2,形成平行光束垂直投射到光栅付上,由主光栅 3 和指示光栅 4 形成莫尔条纹光电信号,由光电元件 5 接收并转换成电信号输出。该光路适合于粗栅距的黑白透射光栅,具有结构简单、紧凑和调整使用方便等特点。

在具有强反射能力的基体(通常是不锈钢或玻璃镀金属膜)上均匀地刻画间距和宽度相等的条纹而形成的光栅叫作反射光栅。反射光栅光路如图 6-7 所示。

光源 6 经聚光镜 5 和场镜 3 形成平行光束,以一定角度射向指示光栅 2,经主光栅 1 反射后形成莫尔条纹,再经反射镜 4 和物镜 7 在光电池 8 上成像。该光路适用于黑白反射光栅。

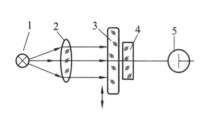

图 6-6 透射光栅光路

1—光源;2—准直透镜;3—主光栅;
4—指示光栅;5—光电元件

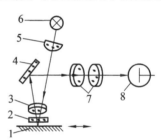

图 6-7 反射光栅光路

1—主光栅;2—指示光栅;3—场镜;4—反射镜;
5—聚光镜;6—光源;7—物镜;8—光电池

按照结构,光栅又分为长光栅和圆光栅两种形式,其中圆光栅又可分为径向光栅、切向光栅及环形光栅,如图 6-8 所示。

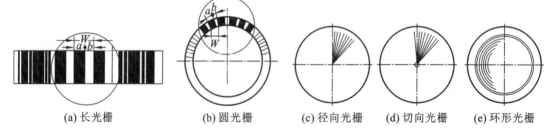

(a)长光栅　　(b)圆光栅　　(c)径向光栅　　(d)切向光栅　　(e)环形光栅

图 6-8 光栅结构

6.3.2 光栅式传感器的工作原理

光栅式传感器测量位移的原理主要是光栅的莫尔条纹现象,将被测几何量转换为莫尔条纹的变化,再将莫尔条纹的变化经过光电转换系统转换成电信号,从而实现对几何量的精密测量。

1. 莫尔条纹形成的原理

形成莫尔条纹必须有两块光栅:主光栅(作标准器)和指示光栅(取信号用)。将两块光栅相叠合,并使两者之间保持很小的夹角 θ,这样就可以看到在近似垂直于栅线方向上出现明暗相间的条纹,称为莫尔条纹,如图 6-9 所示。在 aa' 线上两光栅的栅线彼此重合,光线从缝隙中通过,形成亮带;在 bb' 线上两光栅的栅线彼此错开,形成暗带。其方向与 θ 角平分线垂直,故又称横向莫尔条纹。由图 6-9 可知,横向莫尔条纹的斜率为

$$\tan\alpha = \tan\frac{\theta}{2} \tag{6-1}$$

式中,α 为亮(暗)带的倾斜角,θ 为两光栅的栅线夹角。

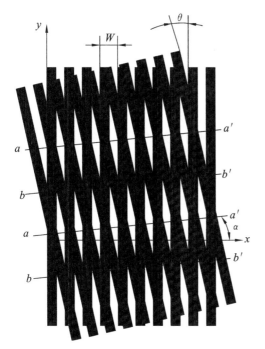
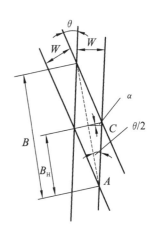

图 6-9 莫尔条纹形成的原理

莫尔条纹间距 B 为

$$B = \frac{W}{2\sin\frac{\theta}{2}} \approx \frac{W}{\theta} = KW \tag{6-2}$$

式中,$K = \frac{1}{\theta}$,为放大倍数,通过调节两光栅的栅线夹角,可改变莫尔条纹的宽度,但条纹宽度过大,会使莫尔条纹的清晰度下降,从而导致检测分辨力降低。

2. 莫尔条纹的特性

1)运动对应关系

莫尔条纹的运动与光栅的运动具有相对应的关系,将 $W = \frac{x}{i}$ 代入式(6-2),有

$$B = \frac{x}{i\theta} \tag{6-3}$$

可见，当 i 和 θ 一定时，B 与移动距离 x 成正比。当 θ 很小时，光栅付中任一光栅沿垂直于刻线方向移动时，莫尔条纹就会沿近似垂直于光栅移动的方向运动。

莫尔条纹与主光栅移动方向关系如表 6-1 所示。

表 6-1　莫尔条纹与主光栅移动方向关系

主光栅相对于指示光栅的转角方向	主光栅移动方向	莫尔条纹移动方向
顺时针方向	向右	向下
	向左	向上
逆时针方向	向右	向上
	向左	向下

2）位移放大作用

由 $B=KW$ 得出，光栅每移动一个栅距 W，莫尔条纹移动 KW，相当于把栅距放大了 K 倍。说明光栅具有位移放大作用，从而提高了测量的灵敏度，因此可实现高灵敏度位移的测量。

3）减小误差作用

莫尔条纹是由光栅的大量（常为数百条）栅线共同形成的，对光栅的刻线误差有平均作用，从而能在很大程度上消除栅距的局部误差和短周期误差的影响。个别栅线的栅距误差或断线及疵病对莫尔条纹的影响很微小。

若单根栅线位置的标准差为 δ，莫尔条纹由 n 条栅线形成，则条纹位置标准差为

$$\alpha_x = \frac{\delta}{\sqrt{n}} \tag{6-4}$$

这说明莫尔条纹位置的可靠性大为提高，从而提高了光栅式传感器的测量精度。

以上讨论的是长光栅莫尔条纹的形成理论基础及方法，其同样适用于圆光栅所形成的莫尔条纹。

3. 光栅式传感器的结构原理

光栅式传感器主要由光源、透镜、节距相等的光栅付及光电元件等组成，如图 6-10 所示。

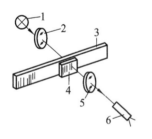

图 6-10　光栅式传感器的结构原理
1—光源；2—透镜；3—主光栅；
4—指示光栅；5—透镜；6—光电元件

光栅式传感器工作时将主光栅和指示光栅的刻线面相对放置，两者之间留有很小的间隙相叠合组成光栅付，并将其置于光源和透镜所形成的平行光束的光路中。设 d 为两光栅间的间隙，为了提高莫尔条纹的反差，间隙要小；但为了防止两光栅相对运动时产生摩擦，又要求间隙要大。这样，就必须综合考虑，通常取 d 为 0.02～0.05 mm，在大间隙使用时，d 为 0.5～2 mm。影响光栅付间隙的因素有很多，设计时通常优先考虑衍射效应和莫尔条纹反差条件对间隙 d 值的影响。

当主光栅相对于指示光栅移动时，形成的莫尔条纹亮暗变化的光信号转换成电脉冲信号，并用数字显示，便可测量出主光栅的移动距离。当移动主光栅时，透过光栅付的光将产生明暗相间的变化，这种作用就如闸门一样而形成光闸莫尔条纹。

光电信号的输出电压 $U_。$ 就可以用光栅位移 x 的正弦函数来表示,即

$$U_。=u_。+u_m\sin\left(\frac{2\pi x}{W}\right) \tag{6-5}$$

式中,x 为光栅的相对位移。

由图 6-11 可知,当波形重复到原来的相位和幅值时,相当于光栅移动了一个栅距 W,所以,如果光栅相对移动了 n 个栅距,此时位移 $x=nW$,因此,只要能记录移动过的莫尔条纹数 n,就可以知道光栅的位移 x 值,这就是利用光闸莫尔条纹测量位移的原理。

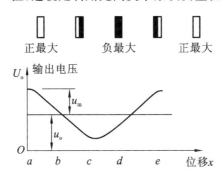

图 6-11　光栅位移与光强、输出电压的关系

6.4　感应同步器

感应同步器是依据两个平面形印刷电路绕组之间的互感随二者相对位置的变化而变化,测量位移的传感器。根据用途不同,感应同步器可分为直线感应同步器和圆感应同步器,前者用于测量线位移,后者用于测量转角。感应同步器具有测量精度高、抗干扰能力强、对环境要求低等特点,因此得到广泛应用。尤其在旧机床的数显改造方面,其由于不怕油污和灰尘而被大量采用。

6.4.1　感应同步器的类型及其结构

1. 直线感应同步器

直线感应同步器由可以相对移动的滑尺和定尺组成。加工时,分别在滑尺和定尺的基体上,用热压法粘贴上绝缘层和铜箔,然后通过光刻和化学腐蚀工艺蚀刻出所需的平面绕组图形。在滑尺上还粘有一层铝膜,以防止静电感应。基体材料一般和被测体的材料相同,目的是使感应同步器的热膨胀系数与所安装的主体相同,如用于机床位置测量的感应同步器常使用低碳钢做基体。直线感应同步器分为标准式直线感应同步器、窄式直线感应同步器、带式直线感应同步器和三重式直线感应同步器四种,前三种都是增量式,不能测量绝对位置;后一种是绝对式,对位置具有记忆功能,也就是说,停电后再开机时,这种传感器可给出停电前的位置值。

1）标准式直线感应同步器

标准式直线感应同步器定尺长为 250 mm,滑尺长为 100 mm,全尺总宽为 88 mm。其外形和绕组结构分别如图 6-12 和图 6-13 所示。定尺上有均匀分布的连续绕组,节距 $W_2=2(a_2+b_2)$。滑尺上布有两组断续绕组,分别是正弦绕组与余弦绕组,它们的电相位角相差 $\pi/2$,因此两部分绕组的中心线距离应为 $l_1=\left(\frac{n}{2}+\frac{1}{4}\right)W_2$,$n$ 为正整数。两绕组的节距相

同,均为 $W_1 = 2(a_1 + b_1)$。定尺节距 $W_2 = 2$ mm。

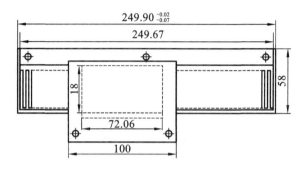

图 6-12 标准式直线感应同步器的外形

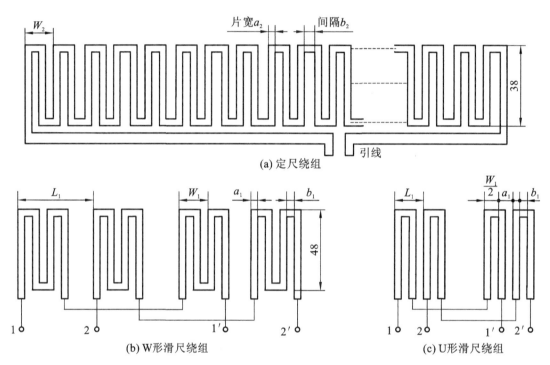

(a) 定尺绕组

(b) W形滑尺绕组   (c) U形滑尺绕组

图 6-13 标准式直线感应同步器的绕组结构

2）窄式直线感应同步器

窄式直线感应同步器定尺长为 250 mm,滑尺长为 75 mm,全尺总宽为 45 mm,绕组结构与标准式直线感应同步器的相同。

3）带式直线感应同步器

带式直线感应同步器除了定尺较长之外,其他尺寸结构与标准式直线感应同步器的相同。

在上述三种类型中,如果安装条件允许,应尽量采用标准式直线感应同步器,因为它的测量精度最高。在安装条件受限的情况下,可根据具体情况选择窄式直线感应同步器或带式直线感应同步器。

4）三重式直线感应同步器

三重式直线感应同步器的绕组结构如图 6-14 所示,定尺和滑尺上均有粗、中、细三组平面绕组。定尺的粗、中绕组相对于位移垂直方向倾斜不同的角度,滑尺的粗、中绕组与位移方向平行,定、滑尺的细绕组与标准式直线感应同步器的相同。三组绕组构成三个独立的电气通道,它们的周期分别为 4000 mm,200 mm 和 2 mm。

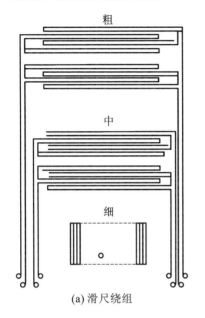

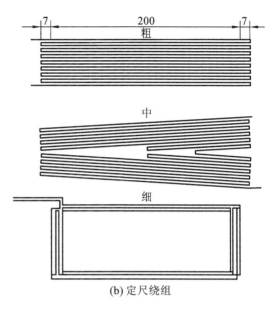

(a) 滑尺绕组　　　　　　　　　　　　　(b) 定尺绕组

图 6-14　三重式直线感应同步器的绕组结构

直线感应同步器的测量范围与定尺和滑尺的相对几何尺寸有关,当需要扩大测量范围时,可将几块定尺接长使用。接长时应选择适当的接长方法进行,以使接长后的定尺组件在全程范围内的累积误差最大限度地减小。

2. 圆感应同步器

圆感应同步器也称旋转式感应同步器,由转子和定子组成。其绕组结构如图 6-15 所示,转子为单绕组结构,定子做成正、余弦绕组形式,两绕组的电相位角相差 $\pi/2$。圆感应同步器径向导体数又称极数,有 360 极、720 极等几种。在极数相同的情况下,圆感应同步器的直径越大,精度可做得越高。

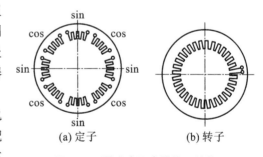

(a) 定子　　　　　(b) 转子

图 6-15　圆感应同步器绕组结构

与直线感应同步器类似,圆感应同步器也有多重式,用于测量绝对位置。定、转子中配置两套绕组的称二重式,配三套绕组的称三重式。

圆感应同步器的测量信号由转子输出。工作时,转子处于旋转状态,因此信号不能由引线直接输出,而要采用特殊方式,可以采用滑环的直接耦合方式或变压器耦合方式。

6.4.2　感应同步器的工作原理

感应同步器的本质是基于电磁感应定律把位移量转换成电量,下面以直线感应同步器为例说明其工作原理。直线感应同步器具有两个平面形的矩形绕组,相当于变压器的初级和次级绕组。一般情况下,它们都是用印制电路制版方式制成的方齿形平面绕组,其中定尺的是平面连续绕组,滑尺的分为正弦和余弦两相绕组,断续绕组正弦、余弦两部分的间距 $l_1 = \left(\dfrac{n}{2} + \dfrac{1}{4} \right) W$。感应同步器通过两个线圈的互感变化来检测其相对位移,如图 6-16

所示。

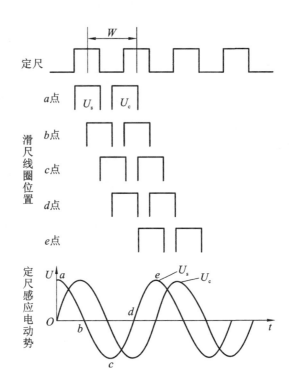

图 6-16　滑尺线圈位置与定尺感应电动势变化

若分别给滑尺的正弦或余弦绕组单独供给交流励磁电势,当两个线圈间有相对运动时,根据电磁感应定律,将在定尺中产生感应电动势 U。若只给滑尺的正弦绕组供给激磁电势 e_s,滑尺与定尺处于重叠位置 a 点时,定尺得到的感应电动势为峰值;当滑尺由 a 点向右移动了 $\frac{W}{4}$ 到达 b 点位置时,定尺上的感应电动势逐渐下降到零;当滑尺由 b 点继续向右移动了 $\frac{W}{4}$ 到达 c 点位置时,正好与 a 点位置相距定尺节距的一半,定尺上产生的感应电动势和 a 点位置的感应电动势大小相同、极性相反;若滑尺继续向右移动 $\frac{W}{4}$ 到达 d 点位置,定尺上的感应电动势从负峰值回到零;滑尺再向右移动 $\frac{W}{4}$ 到达 e 点位置,定尺上产生的感应电动势正好与 a 点位置的感应电动势相同,再继续移动则将重复以上过程。当正弦滑尺绕组上加上激励电势后,定尺输出感应电动势是滑尺和定尺相对位移的余弦函数,即

$$U_s = e_s \cos \frac{2\pi}{W} x = e_s \cos\theta \tag{6-6}$$

同理,有

$$U_c = e_c \sin \frac{2\pi}{W} x = e_s \sin\theta \tag{6-7}$$

对于测量角位移的圆形感应同步器,可视为由直线感应同步器围成辐射状而形成,其转子相当于单相均匀连续绕组的定尺,而定子相当于滑尺,也有两组正、余弦绕组。当转子相对于定子转动时,转子绕组中产生感应电动势,此感应电动势随转子与定子之间相对角位移的变化而变化。因此其感应电动势的变化规律与直线感应同步器定尺的感应电动势的变化规律完全相同。

6.4.3 输出信号处理

对于由感应同步器组成的检测系统,可以采用不同的励磁方式,并对输出信号有不同的处理方法。从励磁方式来说,可分为两大类:一类是以滑尺励磁,由定尺取出感应信号;另一类是以定尺励磁,由滑尺取出感应信号。目前在实际应用中多采用第一类励磁方式。从信号处理方式来说,可分为鉴幅、鉴相两种方式。用输出感应电动势的幅值或相位来进行处理。下面以直线感应同步器为例说明。

1. 鉴幅方式

鉴幅方式就是根据感应电动势的幅值来检测机械位移的工作方式。这种工作方式是在滑尺的正、余弦绕组上同时供给同频率、同相位,但幅值不等的正弦电压进行励磁,其励磁电压为 $e_s = E_m \sin\varphi \sin\omega t$ 和 $e_c = E_m \cos\varphi \sin\omega t$,则在定尺上的感应电动势为

$$\begin{aligned} U &= U_s + U_c = -k\omega E_m \sin\varphi \cos\frac{2\pi x}{W}\cos\omega t + k\omega E_m \cos\varphi \sin\frac{2\pi x}{W}\cos\omega t \\ &= -k\omega E_m \cos\omega t (\sin\varphi\cos\theta - \cos\varphi\sin\theta) \\ &= k\omega E_m \cos\omega t \sin(\theta - \varphi) \end{aligned} \tag{6-8}$$

其中,$\theta = \dfrac{2\pi x}{W}$。设当定、滑尺的原始状态 $\varphi = \theta$,定尺上的感应电动势为零,当滑尺相对定尺有一位移使 θ 有一增量 $\Delta\theta$ 时,则感应电动势的增量为

$$\Delta U = k\omega E_m \cos\omega t \sin\Delta\theta = k\omega E_m \sin\frac{2\pi}{W}x\cos\omega t \tag{6-9}$$

由此可见,在位移 x 较小的情况下,感应电动势 ΔU 的幅值与 x 成正比,感应同步器相当于一个调幅器,通过鉴别感应电动势的幅值就可以测出位移量 x 的大小,这就是感应同步器输出电动势鉴幅处理的基本原理。

2. 鉴相方式

鉴相方式就是根据感应电动势的相位来鉴别定尺和滑尺的相对位移的工作方式。这种工作方式是在滑尺的正、余弦绕组上供给频率相同、振幅相等,但相位差 90° 的交流电压作励磁电压。励磁电压表示为 $e_s = E_m \cos\omega t$ 和 $e_c = E_m \sin\omega t$。由前述可知,这时在定尺上的感应电动势为

$$\begin{aligned} U &= U_s + U_c = k\omega E_m \left(\sin\frac{2\pi x}{W}\cos\omega t + \cos\frac{2\pi x}{W}\sin\omega t \right) = k\omega E_m \sin\left(\omega t + \frac{2\pi x}{W} \right) \\ &= k\omega E_m \sin(\omega t + \theta) \end{aligned} \tag{6-10}$$

由式(6-10)可知,感应电动势的相位角 θ 恰好是定、滑尺的相对位移角,它正比于定尺与滑尺的相对位移 x,所以当 θ 变化时,则感应电动势随之变化,这就是鉴相工作方式的理论依据。

6.4.4 感应同步器的应用

感应同步器的应用非常广泛,可用于测量线位移、角位移以及与此相关的物理量,如转速、振动等。直线感应同步器常应用于大型精密机床、数控铣床及其他数控机床的定位、控制和数显;圆感应同步器常用于雷达天线定位跟踪、导弹制导、精密机床或测量仪器设备的分度装置等。

图 6-17 所示为感应同步器鉴相数字位移测量装置框图。

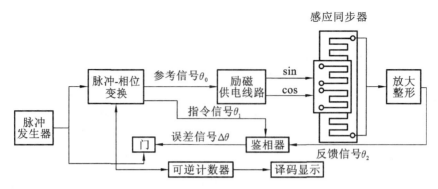

图 6-17　感应同步器鉴相数字位移测量装置框图

6.5　磁栅式传感器

磁栅是一种利用磁电转换原理工作的位移测量元件,根据用途可分为长磁栅和圆磁栅两种,分别用来测量线位移和角位移。具有精度高、制造简单、成本低廉、安装调整使用方便以及对环境条件要求较低等优点。目前,磁栅已被广泛应用于各类精密机床、数控机床和各种测量仪器中。

6.5.1　磁栅式传感器的工作原理

磁栅式传感器是由磁栅、磁头和测量电路组成的。磁栅是在制成尺形的非金属材料表面上镀一层磁性材料薄膜,并录上间距相等、极性正负交错的磁信号栅条制成的。磁头的作用类似于磁带机的磁头,用来读写磁栅上的磁信号,并转换为电信号。

动态磁头又称速度响应磁头,它由铁镍合金材料制成的铁芯和一组线圈组成,如图 6-18(a)所示。只有当磁头和磁栅有相对运动时才有信号输出,输出信号随运动速度变化。为了保证一定幅值的输出,要求磁头以一定速度运动,因此动态磁头不适合长度测量。动态磁头读取信号的原理如图 6-18(b)所示。此正弦信号表明磁铁的磁分子被排列成 SN,NS,…,状态,磁信号在 N,N 相重叠处为正且最强,磁信号在 S,S 重叠处为负最强,图中的 W 是磁信号节距。当磁头沿着磁栅表面做相对位移时就输出周期性的正弦信号,记录下输出信号的周期数 n,就可以测量出位移 $s=nW$。

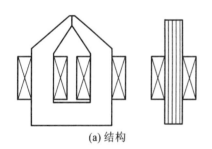
(a) 结构

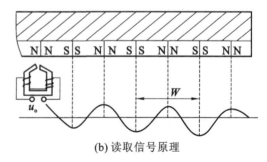
(b) 读取信号原理

图 6-18　动态磁头结构与读取信号原理

静态磁头是一种调制式磁头,又称磁通响应磁头,它由铁芯和两组线圈组成,它与动态磁头的不同之处在于磁头与磁栅之间在没有相对运动时也有信号输出。静态磁头读取信号的原理是磁栅利用它的漏磁通 Φ_0 的变化来产生感应电动势,如图 6-19 所示。

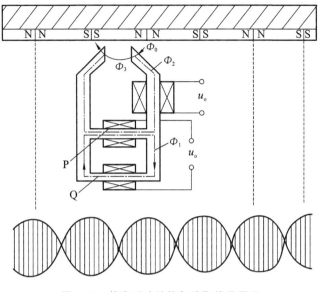

图 6-19　静态磁头结构与读取信号原理

磁栅与磁头间的漏磁通 Φ_0 经磁头分成两部分：一部分 Φ_2 通过磁头的铁芯；另一部分 Φ_3 通过气隙，而气隙磁阻一般认为不变。铁芯 P，Q 两段的磁阻与励磁线圈所产生的励磁磁通 Φ_1 有关，由于铁芯截面积很小，励磁电压变化一个周期铁芯饱和两次，变化两个周期。因此，可以近似地认为通过铁芯的磁通为

$$\Phi_2 = \Phi_0(a_0 + a_2 \sin 2\omega t) \tag{6-11}$$

式中，a_0，a_2 为与磁头结构参数有关的常数；ω 为励磁电源电压的角频率。当磁栅与磁头没有相对运动时，此时因为 Φ_0 是一常量，输出绕组产生的感应电动势为

$$u_o = N_2 \frac{\mathrm{d}\Phi_2}{\mathrm{d}t} = N_2 \frac{\mathrm{d}}{\mathrm{d}t}[\Phi_0(a_0 + a_2 \sin 2\omega t)] = 2N_2\Phi_0 a_2 \cos 2\omega t = k\Phi_0 \cos 2\omega t \tag{6-12}$$

式中，N_2 为输出绕组的匝数。

当磁栅与磁头有相对运动时，因为漏磁通 Φ_0 是磁栅位置的周期函数，磁栅与磁头相对移动一个磁信号节距 W，Φ_0 就变化一个周期，此时通过铁芯的磁通可以近似为

$$\Phi_2 = \Phi_m \sin \frac{2\pi x}{W}(a_0 + a_2 \sin 2\omega t) \tag{6-13}$$

式中，Φ_m 为漏磁通的峰值。

输出绕组产生的感应电动势为

$$u_o = N_2 \frac{\mathrm{d}\Phi_2}{\mathrm{d}t} = k\Phi_m \sin \frac{2\pi x}{W} \cos 2\omega t \tag{6-14}$$

式中，x 为磁栅、磁头的相对位移。

可见，静态磁头输出信号是一个调制波形，其幅值随位移 x 呈正弦函数变化，它也是调幅波的包络，频率为励磁电压频率的两倍。

6.5.2　信号处理

在图 6-20 所示的磁栅式传感器结构中，一般总是采用两个多间隙的静态磁头，把它们分别布置在间距为 $(n\pm1/4)W$ 的位置上，其中 n 为正整数，W 为磁信号节距。当在两组磁头中通以相位差为 $\pi/4$ 的励磁电压时，由于输出信号的频率是励磁电压频率的两倍，因此两

组磁头将输出相位差为 $\pi/2$ 的两路信号。

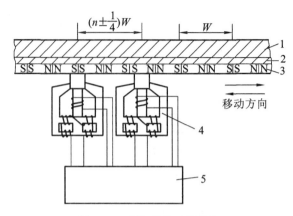

图 6-20　磁栅式传感器结构

1—磁栅基体;2—抗磁镀层;3—磁性涂层;4—磁头;5—控制电路

与感应同步器类似,对磁栅式传感器输出信号的处理也有两种方式,一种是鉴幅方式,一种是鉴相方式。

1. 鉴幅方式

在两组磁头上同时提供励磁信号 $e=E_m\sin\omega t$,则两组磁头的输出可表示为

$$u_1=U_m\sin\frac{2\pi x}{W}\sin\omega't \tag{6-15}$$

$$u_2=U_m\cos\frac{2\pi x}{W}\sin\omega't \tag{6-16}$$

式中,E_m 为励磁信号幅值;U_m 为磁头输出信号幅值;x 为相对位移;ω 为励磁信号角频率;ω' 为输出信号角频率,$\omega'=2\omega$。

经检波器解调后,可得

$$u_1'=U_m\sin\frac{2\pi x}{W} \tag{6-17}$$

$$u_2'=U_m\cos\frac{2\pi x}{W} \tag{6-18}$$

可见,经过解调后的信号与光栅输出信号具有相同的形式,因此后续处理可采用与光栅的后续处理相类似的方法。

2. 鉴相方式

在两组磁头上分别提供两个相位差为 $\pi/4$ 的励磁信号,则两组磁头输出信号分别为

$$u_1=U_m\cos\frac{2\pi x}{W}\sin\omega't \tag{6-19}$$

$$u_2=U_m\sin\frac{2\pi x}{W}\cos\omega't \tag{6-20}$$

经求和电路相加后,可获得总输出

$$u=U_m\sin(\omega't+\theta) \tag{6-21}$$

式中,$\theta=\dfrac{2\pi x}{W}$。

式(6-21)表明输出的是一个相位与磁头位置状态有关的信号。只要测量输出信号的相位,就可获得磁头的位置,即位移量。

虽然一般的空间磁场不会影响磁栅式传感器工作,但仍要注意对其进行妥善屏蔽,不要

将磁性体直接与磁栅或磁头接触。另外,磁栅外要有防尘罩,以防灰尘或铁屑等污染物进入磁栅内。

6.5.3 磁栅式传感器的应用

目前,磁栅式传感器主要有以下两方面的应用。

(1)高精度测量长度和角度的测量仪器。由于可以采用激光定位录磁,而不需要采用感光、腐蚀等工艺,因而可以得到较高的精度。目前,磁栅式传感器的测量精度可达±0.01 mm/m。分辨力为 $1 \sim 5\ \mu m$。

(2)自动控制系统中的检测(线位移)元件。例如在三坐标测量仪、数控机床及高精度重、中型机床控制系统中的测量装置上,均得到了应用。

6.6 容栅式传感器

容栅式传感器是一类新型变面积原理的电容式传感器,它与其他大位移传感器(如光栅式传感器、磁栅式传感器、感应同步器)相比,具有结构简单、体积小、能耗低、适应环境能力强、测量精度高等优点,现已成功地应用在量具、量仪、机床数显装置等器件上。随着检测技术向精密化、高速化、自动化、集成化、智能化、经济化、非接触化和多功能化方向的发展,容栅式传感器的应用将越来越广泛。

6.6.1 容栅式传感器的基本结构及工作原理

容栅式传感器分为长容栅传感器和圆容栅传感器两种。

图 6-21 所示为长容栅传感器结构示意图。它由定栅尺和动栅尺组成(一般用敷铜板制造),在定栅尺上蚀刻反射电极(也称标尺电极)和屏蔽电极(或称屏蔽),在动栅尺上蚀刻发射电极、接收电极和屏蔽电极。当定栅尺和动栅尺的栅板面相对放置、平行安装,其间留有间隔时,就形成一对对并联的电容(即容栅)。忽略边缘效应,根据电场理论其最大电容量为

$$C_{\max} = n\frac{\varepsilon ab}{\delta} \tag{6-22}$$

式中,n 为动栅尺栅极片数;ε 为动栅尺和定栅尺间介质的介电常数;δ 为动栅尺和定栅尺的间距;a,b 为栅极片的长度和宽度。

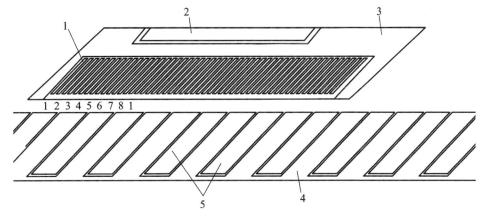

图 6-21 长容栅传感器结构示意图

1—发射电极;2—接收电极;3、4—屏蔽电极;5—反射电极

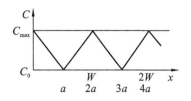

图 6-22　电容量随 a 相应地周期性变化

长容栅传感器最小电容量的理论值为 0,实际上为固定电容 C_0(称容栅固有电容)。当动栅尺沿 x 方向平行于定栅尺移动时,每对电容的相对遮盖长度 a 将由大到小、由小到大地周期性变化,电容量也随之相应地周期性变化,如图 6-22 所示,图中 W 为反射电极的极距,经电路处理后,即可测得线性位移。

图 6-23 所示为圆容栅传感器结构示意图。它是由同轴安装的定子 1 和转子 2 组成的,在它们的内、外柱面上分别刻制一系列宽度相等的齿和槽,当转子旋转时就形成了一个可变电容器,当定子、转子齿面相对时电容量最大,错开时电容量最小。其转角 α 与电容量 C 的关系曲线如图 6-24 所示。其工作原理与长容栅传感器的工作原理相同,最大电容量为

$$C_{\max} = n\,\frac{\varepsilon\alpha\,(r_2^2 - r_1^2)}{2\delta} \tag{6-23}$$

式中,r_1,r_2 为转子上栅极片的外半径和内半径;α 为齿或槽所对应的圆心角。

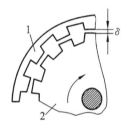

图 6-23　圆容栅传感器结构示意图
1—定子;2—转子

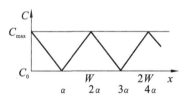

图 6-24　转角 α 与电容量 C 的关系曲线

6.6.2　容栅式传感器的特点

与其他电容式传感器一样,容栅式传感器各极间的电容值很小,一般为几皮法到几十皮法,形成的容抗值很大。容栅式传感器具有以下特点。

(1) 能量低,极板间静电力小,能耗小,因此适用于输入能量低、要求耗能低的测量,如用电池供电的测量场合。

(2) 动态响应快,其输出信号与输入位移的响应快。

(3) 能在高温、恶劣环境下工作。

但容栅式传感器也有缺点,其电容值小、容抗大,易受引线、接地、外壳等外界干扰,对后续放大器要求很高。其处理方法有如下几种。

(1) 提高电源频率。由于容抗与频率成反比,频率的提高使容抗值下降,所以给容栅式传感器的电信号一般先进行高频调剂。

(2) 采用高输入阻抗运放做放大器,以减小信号在放大环节的衰减。

(3) 采用带通或选频放大技术,对信号频率进行放大而滤去低频信号。

(4) 采用屏蔽,将传感器和测量电路装在屏蔽壳体中,减少寄生电容和外界干扰的影响。

(5) 提高工作电容值,在板极间加入介电常数高的绝缘材料,并减小极板的间距。

(6) 减小极板厚度,增大极板宽度,以削弱极板的边缘效应和非线性误差。

6.6.3　容栅式传感器的信号处理方式

容栅式传感器的信号处理方式主要有鉴幅方式和鉴相方式两种。下面以长容栅传感器

为例讲述这两种信号处理方式。

1. 鉴幅方式

图 6-25(a)所示为鉴幅方式测量系统工作原理图。图中 A,B 为动栅尺上的两组电极片,P 为定栅尺上的一片电极片,它们之间构成差动电容器 C_A,C_B。动栅尺上的两组电极片各由 4 片小电极片组成,在位置 a 时(见图 6-25(b)),一组小电极片编号为 1~4,另一组编号为 5~8,分别给两组电极片加以同频、等幅、反相的矩形交变电压 U_{m1},U_{m2}。当电极片 P 在初始位置($x=0$),即 A 和 B 的中间位置时,测量转换系统输出初始电压 $U_{m0}=(U_1+U_2)/2$,U_1,U_2 为参考直流电压。由于此时加在 A,B 电极片上的交变电压 U_{m1} 和 U_{m2} 是同频、等幅、反相的,通过电容耦合在电极片 P 上产生电荷并保持不变,因而输出电压 U_{m0} 不发生变化。当电极片 P 相对于电极片组 A,B 有位移 x 时,电极片 P 上的电荷量发生变化,输出交变电压经测量转换系统输出 U_m,此时通过电子开关 S_1,S_2 改变 U_{m1},U_{m2} 的值,最终使电极片 P 上所产生的电荷变化为 0,即

$$(U_m-U_1)C_A+(U_m-U_2)C_B=0 \tag{6-24}$$

当位移 x 使电极片 P 和 B 的相对遮盖长度增加且 $|x|\leqslant L_0/2$ 时

$$C_A=C_0(1-2x/L_0) \tag{6-25}$$
$$C_B=C_0(1+2x/L_0) \tag{6-26}$$

式中,C_0 为初始位置时的电容,L_0 为电极片的宽度。

将式(6-25)、式(6-26)代入式(6-24)得

$$U_m=\frac{1}{2}(U_1+U_2)+\frac{1}{L_0}(U_2-U_1)x \tag{6-27}$$

当相对位移 $|x|\geqslant l_0$(小电极片间距)时,由控制电路自动改变小电极片组的接线,如图 6-25(c)所示,这时电极片组 A 由小电极片 2~5 构成,加电压 U_{m1};电极片组 B 由小电极片 6~9构成,加电压 U_{m2}。这样,在电极片 P 相对移动的过程中能始终保证与不遮盖的小电极片形成差动电容器,输出与位移呈线性关系的电压信号。

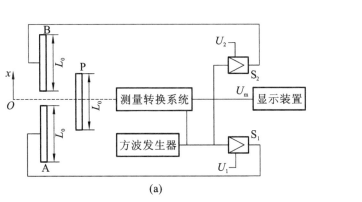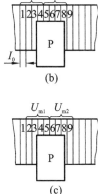

图 6-25 鉴幅方式测量系统工作原理图

2. 鉴相方式

容栅式传感器动栅尺上的发射电极片每 8 片一组,将 8 个等幅、同频、相位依次相差 $\pi/4$ 的方波电压 $U_1 \sim U_8$ 分别加在 8 个电极片上。通过对方波电压信号进行谐波分析可知,方波由基波与高次谐波组成,故可用正弦波进行讨论。鉴相方式测量系统工作原理图如图 6-26

所示。设动栅尺相对于定栅尺的初始位置及各小发射电极所加激励电压相位如图 6-26(a) 所示,且各发射电极片与反射电极片(或称中间电极片)M 全遮蔽时的电容均为 C_0。当位移 $x \leqslant l_0$(发射电极片宽度)时,如图 6-26(b)所示,在反射电极片 M 上的感应电荷为

$$q_M = -C_0 U_m \frac{x}{l_0} \sin\left(\omega t - \frac{\pi}{2}\right) - C_0 U_m \sin\left(\omega t - \frac{\pi}{4}\right) - C_0 U_m \sin\omega t$$

$$- C_0 U_m \sin\left(\omega t + \frac{\pi}{4}\right) - C_0 U_m \frac{l_0 - x}{l_0} \sin\left(\omega t + \frac{\pi}{2}\right)$$

$$= -C_0 U_m \left[\left(1 - \frac{2x}{l_0}\right)\cos\omega t + \left(2\cos\frac{\pi}{4} + 1\right)\sin\omega t\right]$$

式中,U_m 为发射电极激励信号基波电压幅值,ω 为发射电极激励信号基波电压的角频率。

设 $a = 1 - \frac{2x}{l_0}$,$b = 2\cos\frac{\pi}{4} + 1$,则上式可改写为

$$q_M = -C_0 U_m [a\cos\omega t + b\sin\omega t]$$

$$= -C_0 U_m \sqrt{a^2 + b^2}\left(\frac{a}{\sqrt{a^2 + b^2}}\cos\omega t + \frac{b}{\sqrt{a^2 + b^2}}\sin\omega t\right)$$

$$= -C_0 U_m \sqrt{a^2 + b^2} \sin(\omega t + \theta)$$

式中,$\theta = \arctan\dfrac{a}{b} = \arctan\dfrac{1 - \dfrac{2x}{l_0}}{2\cos\dfrac{\pi}{4} + 1}$。

图 6-26(c)所示为发射电极片 E、反射电极片 M、接收电极 R 和屏蔽电极 S 之间的电容的等效电路。图中 C_{MR},C_{SR} 分别为 M 电极片、S 电极对 R 电极的电容;C_{Mg},C_{Rg},C_{Sg} 分别为 M 电极片、R 电极、S 电极对公共端的电容,且 $C_{Sg} = KC_{Mg}$,K 为与屏蔽电极 S 结构尺寸有关的常量。由图可得

$$q_M = q_{MR} + q_{Mg} = C_{MR}(U_m - U_{oM}) + C_{Mg} U_M$$

$$C_{Rg} U_{oM} = C_{MR}(U_m - U_{oM})$$

$$q_M = C_{SR}(U_S - U_{oS}) + C_{Sg} U_S$$

$$C_{Rg} U_{oS} = C_{SR}(U_S - U_{oS})$$

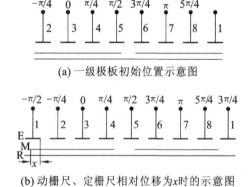

(a) 一级极板初始位置示意图

(b) 动栅尺、定栅尺相对位移为x时的示意图

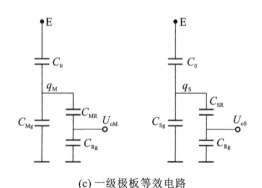

(c) 一级极板等效电路

图 6-26 鉴相方式测量系统工作原理图

设 $C_{Mg} = C_{Sg}$,则在接收电极 R 上的感应电压为

$$U_R = U_{oM} - U_{oS}$$

因为 $C_{Mg} \gg C_{Rg}$,且 $q_M = q_S$,所以有

$$U_R = K_0 \sin(\omega t + \theta), \quad \theta = \arctan \dfrac{1 - \dfrac{2x}{l_0}}{2.4142} \tag{6-28}$$

式中，K_0 为感应电压幅值，它与激励电压幅值，C_{Mg}，C_0，l_0，x 有关，当 x 较小时，近似为一常数。

由式(6-28)可知，感应电压 U_R 的相位角与被测位移近似呈线性关系。通常采用相位跟踪测量法测出相位角 θ，即可测出位移 x。

6.6.4 容栅式传感器的应用

目前，容栅式传感器主要应用于量具、量仪和机床数显装置。如角位移容栅传感器已在电子数显千分尺及机床分度盘中应用，线位移容栅传感器已在电子数显卡尺、数显深度尺、数显高度尺、机床数显标尺中应用。随着对容栅式传感器研究的不断深入，其应用领域将会不断扩展，将会有更多的容栅式传感器系列产品在仪器仪表中应用，实现产品的升级换代，如容栅式数显沟槽测量仪、容栅式数显焊接棱角度错边量检测仪等。

6.7 光纤传感器

光纤传感器是 20 世纪 70 年代发展起来的新型传感器，和传统传感器相比有着重大差别。传统传感器以机—电转换为基础，以电信号为交换和传输载体，利用导线传输电信号。光纤传感器则以光学量为转换基础，以光信号为交换和传输载体，利用光导纤维传输光信号。

6.7.1 光纤传感器的分类

光纤传感器以光学测量为基础，因此光纤传感器首先要解决的问题是如何将被测量的变化转换成光波的变化。实际上，只要是光波的强度、频率、相位和偏振四个参数之一随被测量变化，则此问题即被解决。通常，把光波随被测量的变化而变化，称为对光波进行调制。相应的，按照调制方式，光纤传感器可分为强度调制型光纤传感器、频率调制型光纤传感器、相位调制型光纤传感器和偏振调制型光纤传感器等四种。其中以强度调制型光纤传感器较为简单和常用。

按光纤的作用，光纤传感器可分为功能型光纤传感器和传光型光纤传感器两种（见图6-27）。功能型光纤传感器的光纤不仅起着传输光波的作用，还起着敏感元件的作用，由它进行光波调制，它既传光又传感。传光型光纤传感器的光纤仅仅起着传输光波的作用，对光波的调制则需要依靠其他元件来实现。从图 6-27 中可以看到，实际上传光型光纤传感器也有两种情况。一种是在光波传输中，由敏感元件对光波实行调制，如图 6-27(b)所示；另一种则是由敏感元件和发光元件发出已调制的光波，如图 6-27(c)所示。

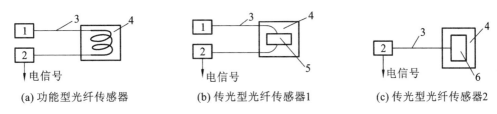

(a) 功能型光纤传感器　　　　(b) 传光型光纤传感器1　　　　(c) 传光型光纤传感器2

图 6-27　功能型光纤传感器和传光型光纤传感器

1—光源；2—光敏元件；3—光纤；4—被测对象；5—敏感元件；6—敏感元件及发光元件

一般来说，传光型光纤传感器应用较多，也较容易使用。功能型光纤传感器的结构和工作原理往往比较复杂或巧妙,测量灵敏度比较高,有可能解决一些特别棘手的测量难题。

表 6-2 列出了部分光纤传感器的测量对象、种类及调制方式。

表 6-2 部分光纤传感器的测量对象、种类及调制方式

测量对象	种 类	调制方式	测量对象	种 类	调制方式
电流、磁场	功能型	偏振态调制	压力、振动、声压	功能型	频率调制
		相位调制			相位调制
	传光型	偏振态调制			光强调制
电压、电场	功能型	偏振态调制		传光型	光强调制
		相位调制			光量有无调制
	传光型	偏振态调制			—
放射线	功能型	光强调制	速度	功能型	相位调制
温度	功能型	相位调制			频率调制
		光强调制		传光型	光量有无调制
		偏振态调制	图像	功能型	光强调制
	传光型	光量有无调制			
		光强调制			

6.7.2 光纤导光原理

由物理学得知,当光由大折射率 n_1 的介质(光密介质)射入小折射率 n_2 的介质(光疏介质)时,折射角 θ_r 大于入射角 θ_i,如图 6-28(a)所示。增大 θ_i,θ_r 随之增大,当 $\theta_r = 90°$ 时所对应的入射角称为临界角,记为 θ_{ic},如图 6-28(b)所示。若 θ_i 继续增大,即 $\theta_i > \theta_{ic}$ 时,将出现全反射现象,此时光线不进入 n_2 介质,而在界面上全部反射回 n_1 介质中,如图 6-28(c)所示。光波沿光线的传播便是以全反射方式进行的。

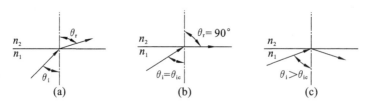

图 6-28 光的折射

光纤为圆柱形,内外共分三层。中心是直径为几十毫米、大折射率 n_1 的芯子;芯子外层有一层直径为 $100 \sim 200\ \mu m$、折射率 n_2 较小的包层;最外层为保护层,其折射率 n_3 则远大于 n_2。这样的结构保证了光纤的光波集中在芯子内传输,不受外来电磁波干扰。

在芯子-包层界面,光线自芯子以入射角 θ_2 射到界面 C 点。显然,当 θ_2 大于某一临界角 θ_{2c} 时,光线将在界面上产生全反射,反射角 $\theta_S = \theta_2$。光线反射到芯子另一侧的界面时,入射角仍为 θ_2,再次产生全反射,如此不断地传播下去,如图 6-29 所示。

光线自光纤端部射入,其入射角 θ_i 必须满足一定的条件才能使在 B 点折射后的光线 BC 射到芯子-包层界面 C 处产生全反射。由图 6-29 可以看出,入射角 θ_i 减小,C 处的入射

角 θ_2 增大。可以证明,若光线自折射率为 n_0 的介质中入射到光纤,则当 $\theta_2 = \theta_{2c}$ 时,入射角 $\theta_i = \theta_{ic}$,有

$$\sin\theta_{ic} = \frac{1}{n_0}\sqrt{n_1^2 - n_2^2} \qquad (6\text{-}29)$$

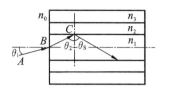

图 6-29　光线在光纤中的传播

通常将 $n_0\sin\theta_{ic}$ 定义为光纤的"数值孔径",用 NA 表示。显然,若自 $n_0=1$ 的介质(如大气)入射时,$\arcsin NA = \theta_{ic}$ 即为端面入射临界角。凡入射角 $\theta_i < \arcsin NA$ 的那部分光线进入光纤后,将在芯子-包层界面处产生全反射而沿芯子向前传播;反之,当 $\theta_i > \arcsin NA$ 时,光线进入芯子后会折射到包层内而最终消失,无法沿光纤传播。光纤的数值孔径 NA 越大,表明在越大的入射角范围内入射的光线可在光纤的芯子-包层界面实现全反射。作为传感器的光纤,一般采用 $0.2 \leqslant NA < 0.4$。

6.7.3　光纤传感器的应用

下面介绍几种光纤位移传感器,目的是通过它们来了解光纤传感器的构造和应用的一些特点。

光纤位移传感器应用极为广泛,而且经过适当的变化,也适用于测量其他待测量,如温度、压力、声压以及振动等。

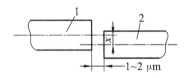

图 6-30　光纤位移传感器

1—发送光纤;2—接收光纤

图 6-30 所示是一种最简单的光纤位移传感器,其发送光纤和接收光纤的端面相对,其间隔为 $1\sim2~\mu m$。接收光纤接收到的光强随两光纤径向相对位置不同而改变。此种传感器可应用于声压和水压的探测。

图 6-31 所示是一种反射式光纤位移传感器。发送光纤射出的光波在被测物体表面上反射到接收光纤,如图 6-31(a)所示。接收光纤所接收的光强 I 随被测物体表面与光纤端面之间的距离而变化。图 6-31(b)所示为接收光强与距离的关系曲线。在距离较小的范围内,接收光强随距离 x 的增大而较快地增加,故灵敏度高,但位移测量范围较小,适用于小位移、振动和表面状态的测量;在 x 超过某一定值后,接收光强随 x 的增大而减小,此时,灵敏度较低,位移测量范围较大,适用于物位测量。

某些三坐标测量仪也应用这种光纤位移传感器。

图 6-32 所示为光纤液位计,其端部有一个全反射棱镜。

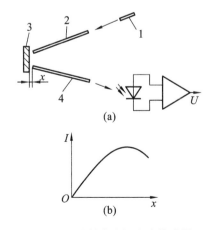

图 6-31　反射式光纤位移传感器

1—光源;2—发送光纤;3—被测物体;4—接收光纤

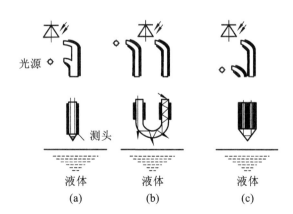

图 6-32　光纤液位计

在空气中,由发送光纤传输来的光波经棱镜全部反射进接收光纤。一旦棱镜接触液体后,由于液体的折射率与空气的不同,破坏了全反射条件,部分光波进入液体,从而使进入接收光纤的光强减小。

图 6-30～图 6-32 所示都是强度调制型传光型光纤传感器。在强度调制型功能型位移光纤传感器中,以微弯式光纤传感器应用最广。其工作原理大致是:光纤在被测位移量的作用下产生微小弯曲变形,导致光纤导光性能的变化,部分光波折射入包层内而损耗掉。损耗的光强随弯曲程度而异。使光纤微弯曲的办法有很多,例如用两块波纹板将光纤夹住,被测位移量通过两波纹板使光纤弯曲变形,以改变其导光性能。不难理解,若波纹板受控于压力、声压或温度,那么也就构成微弯式的压力、声压或温度光纤传感器。

相位调制型位移传感器大多采用干涉法,即在两束相干光波中,有一束受到被测位移量的调制,两者产生随被测位移量变化而变化的光程差,形成干涉条纹。干涉法的灵敏度很高。若采用激光光源,利用其相干性好的优点,可使传感器获得既有高灵敏度又有大测量范围的好性能。

6.7.4 光纤传感器的特点

光纤传感器技术已经成为极重要的传感器技术,其应用领域正在迅速扩展,对传统传感器应用领域起着补充、扩大和提高的作用。在实际应用中,有必要了解光纤传感器的特点,以利于在光纤传感器和传统传感器之间做出合适的选择。

光纤传感器具有以下几方面的优点。

(1) 采用光波传递信息,不受电磁干扰,电气绝缘性能好,可在强电磁干扰下完成传统传感器难以完成的某些参量的测量,特别是电流、电压的测量。

(2) 光波传输无电能和电火花,不会引起被测介质的燃烧、爆炸,光纤耐高温、耐腐蚀,因而能在易燃、易爆和强腐蚀性的环节中安全工作。

(3) 某些光纤传感器的工作性能优于传统传感器的,如加速度计、磁场计、水听器等。

(4) 重量轻、体积小、可挠性好,利于在狭窄空间使用。

(5) 光纤传感器具有良好的几何形状适应性,可做成任意形状的传感器和传感器阵列。

(6) 频带宽、动态范围大,对被测对象不产生影响,有利于提高测量精度。

(7) 利用现有的光通信技术,易于实现远距离测控。

习　　题

6-1　感应同步器根据用途不同,可分为_____和_____两种。

6-2　磁栅式传感器是由_____、磁头和测量电路组成的。

6-3　光栅式传感器测量位移的原理是利用光栅_____现象。

6-4　_____以光学测量为基础,因此_____首先要解决的问题是如何将被测量的变化转换成光波的变化。

6-5　按照工作原理,光栅可分为_____光栅和_____光栅,其中_____光栅刻线细密,工作原理是建立在光的衍射上的,可作散射元件进行光谱分析及光波长的测定等。

6-6　简述增量式光电编码器的工作原理。

6-7　简述光纤传感器的基本工作原理。

6-8　光栅莫尔条纹是怎么产生的？它具有什么特点？

6-9　简述感应同步器的工作原理。

6-10　简述容栅式传感器的特点。

6-11　简述磁栅式传感器的工作原理。

6-12　为什么利用光栅的莫尔条纹可以测量位移？

6-13　简述光纤传感器的特点。

第7章 测量误差

 ## 7.1 误差概述

7.1.1 误差的基本概念

1. 测量误差的定义

测量是一个变换、放大、比较、显示、读数等环节的综合过程。检测系统(仪表)不可能绝对精确,测量原理的局限、测量方法的不尽完善、环境因素和外界干扰的存在以及测量过程可能会影响被测对象的原有状态等,使得测量结果不能准确地反映被测量的真值而存在一定的偏差,这个偏差就是测量误差。

2. 真值

一个量严格定义的理论值通常叫理论真值,如三角形三内角和为 $180°$ 等。许多量由于理论真值在实际工作中难以获得,常用约定真值或相对真值来代替理论真值。

1)约定真值

根据国际计量委员会通过并发布的各种物理参量单位的定义,利用当今最先进科学技术复现这些实物单位基准,其值被公认为国际或国家基准,称为约定真值。例如,保存在国际计量局的 1 kg 铂铱合金原器就是 1 kg 质量的约定真值。在各地的实践中通常用这些约定真值国际基准或国家基准代替真值进行量值传递,也可对低一等级标准量值(标准器)或标准仪器进行对比、计量和校准。各地可用经过上级法定计量部门按规定定期送检、校验过的标准器或标准仪器及其修正值作为当地相应物理参量单位的约定真值。

2)相对真值

如果高一级检测仪器(计量器具)的误差仅为低一级检测仪器误差的 $1/3 \sim 1/10$,则可认为前者是后者的相对真值。例如,高精度石英钟的计时误差通常比普通机械闹钟的计时误差小 $1 \sim 2$ 个数量级,因此高精度的石英钟可视为普通机械闹钟的相对真值。

3. 标称值

计量或测量器具上标注的量值,称为标称值。如天平的砝码上标注的 1 g、精密电阻器上标注的 100 Ω 等。由于制造工艺的不完备或环境条件发生变化,这些计量或测量器具的实际值与其标称值之间存在一定的误差,使计量或测量器具的标称值存在不确定度,通常需要根据精度等级或误差范围进行估计。

4. 示值

检测仪器(或系统)指示或显示(被测参量)的数值叫示值,也叫测量值或读数。传感器不可能绝对精确,信号调理、模/数转换不可避免地存在误差,加上测量时环境因素和外界干扰的存在以及测量过程可能会影响被测对象的原有状态等,都可使得示值与实际值存在偏差。

7.1.2 误差的表示方法

检测系统(仪器)的基本误差通常有以下几种表示形式。

1. 绝对误差

检测系统的测量值(即示值)X 与被测量的真值 X_0 之间的代数差值 Δx 称为检测系统测量值的绝对误差,即

$$\Delta x = X - X_0 \tag{7-1}$$

式中,真值 X_0 可为约定真值,也可是由高精度标准器所测得的相对真值。绝对误差 Δx 说明了系统示值偏离真值的大小,其值可正可负,具有和被测量相同的量纲。

在标定或校准检测系统样机时,常采用比较法,即对于同一被测量,将标准仪器(具有比样机更高的精度)的测量值作为近似真值 X_0 与被校检测系统的测量值 X 进行比较,它们的差值就是被校检测系统测量示值的绝对误差。如果它是一恒定值,即为检测系统的"系统误差"。该误差可能是系统在非正常工作条件下使用而产生的,也可能是其他原因所造成的附加误差。此时对检测仪表的测量示值应加以修正,修正后才可得到被测量的实际值 X_0。

$$X_0 = X - \Delta x = X + C \tag{7-2}$$

式中,数值 C 称为修正值或校正量。修正值与示值的绝对误差数值相等,但符号相反,即

$$C = -\Delta x = X_0 - X \tag{7-3}$$

计量室用的标准器常由高一级的标准器定期校准,检定结果附带有示值修正表或修正曲线 $C = f(x)$。

2. 相对误差

检测系统测量值(即示值)的绝对误差 Δx 与被测参量真值 X_0 的比值,称为检测系统测量值(示值)的相对误差 δ,常用百分数表示,即

$$\delta = \frac{\Delta x}{X_0} \times 100\% = \frac{X - X_0}{X_0} \times 100\% \tag{7-4}$$

这里的真值可以是约定真值,也可以是相对真值。工程上,在无法得到本次测量的约定真值和相对真值时,常在被测参量(已消除系统误差)没有发生变化的条件下重复多次测量,用多次测量的平均值代替相对真值。用相对误差通常比用绝对误差更能说明不同测量的精确程度,一般来说相对误差值小,其测量精度就高。

在评价检测系统的精度或测量质量时,有时利用相对误差作为衡量标准也不很准确。例如,用任一确定精度等级的检测仪表测量一个靠近测量范围下限的小量,计算得到的相对误差通常总比测量接近上限的大量(如 2/3 量程处)得到的相对误差大得多,故引入引用误差的概念。

3. 引用误差

检测系统测量值的绝对误差 Δx 与系统量程 L 之比值,称为检测系统测量值的引用误差 γ。引用误差 γ 通常仍以百分数表示,即

$$\gamma = \frac{\Delta x}{L} \times 100\% \tag{7-5}$$

比较式(7-5)和式(7-4)可知:在 γ 的表达式中用量程 L 代替了 δ 的表达式中的真值 X_0,使用起来虽然更为方便,但引用误差的分子仍为绝对误差 Δx,当测量值为检测系统测量范围内的不同数值时,各示值的绝对误差 Δx 也可能不同。因此,即使是同一检测系统,其测

量范围内的不同示值处的引用误差也不一定相同。为此,可以取引用误差的最大值,既能克服上述的不足,又更好地说明了检测系统的测量精度。

4. 最大引用误差

在规定的工作条件下,当被测量平稳增加或减少时,在检测系统全量程所有测量值引用误差(绝对值)的最大者,或者说所有测量值中最大绝对误差(绝对值)与量程的比值的百分数,称为该系统的最大引用误差,用符号 γ_{max} 表示

$$\gamma_{max} = \frac{|\Delta x_{max}|}{L} \times 100\% \tag{7-6}$$

最大引用误差是检测系统基本误差的主要形式,故也常称为检测系统的基本误差。它是检测系统的最主要质量指标,能很好地表征检测系统的测量精度。

7.1.3 误差的来源

在测量过程中,误差产生的原因可以归纳为以下几方面。

1. 设备装置误差

1）标准器具误差

标准器具即由各级计量机构确定的提供标准量值的基准器,如标准量块、标准电池、活塞压力计等,它们本身体现出来的量值,不可避免地含有误差。标准器具提供的标准量值本身有误差,其随时间和空间位置变化的不均匀性也会引起误差,如激光波长的长期稳定性、电池的老化等引起的误差。

2）仪器仪表误差

仪器仪表是用来直接或间接地将被测量和测量单位比较的设备,这些仪器仪表,如传感器、记录器、电压表等本身都具有误差,即由制造工艺、加工和长期磨损而产生的设备机构误差。

3）辅助设备和附件误差

仪器仪表或为测量创造必要条件的设备在使用时没有调整到理想的正确状态产生的误差,如火箭发动机地面试验时产生的推力,必须通过台架传递给推力传感器,而台架本身的轴线没有对正而产生的误差。另外,参与测量的各种辅助附件,如电源、导线、开关等都会引起误差。

2. 环境误差

由于各种环境因素与要求的标准状态不一致,而引起的测量装置和被测量本身的变化所造成的误差,如温度、湿度、气压(引起空气各部分的扰动)、振动(外界条件及测量人员引起的振动)、照明(视差)、电磁场、重力加速度等所引起的误差。通常仪器仪表在规定条件下使用所产生的示值误差称为基本误差,超出此条件使用引起的误差称为附加误差。

3. 方法误差

方法误差有多种情况。例如:由于采用近似的测量方法而造成的误差;测量圆轴直径 d 时采用测其圆周长 s,然后用 $d = s/\pi$ 计算的方法,由于 π 取值不同引起的误差;由于测量方法错误,如测量仪表安装和使用方法不正确而引起的误差。方法误差还包括测量时所依据的原理不正确而产生的误差。

4. 人员误差

由于测量者受分辨能力的限制,因工作疲劳引起的视觉器官的生理变化、反应速度及固

有习惯引起的误差,以及精神上的因素产生的一时疏忽所引起的误差。

必须注意以上几种误差的来源,有时是联合作用的,在给出测量结果时必须进行全面分析,力求不遗漏、不重复,特别要注意对误差影响较大的那些因素。

7.1.4 测量误差的分类

测量误差按其性质可分为系统误差、随机误差和粗大误差。

1. 系统误差

在相同条件下,对同一物理量进行多次重复测量时,其固定或按一定规律变化的测量误差称为系统误差。它定义为无限多次测量结果的平均值减去该被测量的真值。实际应用中,用约定真值或相对真值来代替被测量的真值,故系统误差只能是近似估计。

系统误差的性质、大小、方向恒定不变或按一定规律变化。恒定不变的称为恒(定)值系统误差(简称恒值系,用 c 表示),在误差处理中可被修正;其误差值变化的则称为变值系统误差(简称变值系),实际测量中往往具有不确定性,在误差估计时可归结为系统不确定度(用 u 表示)。

系统误差的来源包括测量设备的基本误差、偏离额定工作条件所产生的附加误差、测量方法理论不完善所带来的方法误差及测量人员主观原因产生的误差。

2. 随机误差

随机误差是在相同条件下,对同一物理量做多次重复测量时,受偶然因素影响而出现的没有一定规律的测量误差。它定义为测量示值减去在相同条件下同一被测量无限多次测量的平均值,随机误差服从统计规律。

引起随机误差的原因都是一些微小因素,且无法控制,只能用概率论和数理统计的方法去计算它出现的可能性。

3. 粗大误差

在测量结果中有明显错误的误差称为粗大误差,简称粗差。粗差明显超出规定条件下预期的误差,也即含粗差的测量结果明显偏离被测量的期望值,称为异常值。产生粗差的原因是有读错或记错的数据、使用有缺陷的计量器具、实验条件的突变等,含粗差的测量值是对被测量值的歪曲,故应从测量数据中剔除。

在测量中,系统误差、随机误差、粗差三者同时存在,但它们对测量过程及结果的影响不同。对这三类误差的定义是科学而严谨的,不能混淆。但在测量实践中,对测量误差的划分是人为的、有条件的。在不同测量场合与条件下,误差之间可相互转化。例如指示仪表的刻度误差,对于制造厂同型号的一批表来说具有随机性,故属随机误差;而对于用户特定的一块表来说,该误差是固定不变的,故属系统误差。

在测量中,定值系统误差一般可用实验对比法发现并用修正法等予以消除;变值系统误差一般可用残余误差观察法发现,并从硬件和软件等不同方面采取措施消除或减小。随机误差对测量过程及结果的影响是必然的,但规律有明显的不确定性,借助概率论与数理统计以及必要的数据处理,只能描述出随机误差的影响极限范围,进而给出最接近真值的测量结果,但随机误差无法消除。测量中有粗差影响的结果不可取,必须根据一定的规则判断出来,予以剔除。

7.2 系统误差

在一般工程测量中,系统误差与随机误差总是同时存在的。对装配刚结束、可正常运行的检测仪器,在出厂前进行的对比测试、校正和标定过程中,反映出的系统误差往往比随机误差大得多;而新购检测仪器尽管在出厂前,生产厂家已经对仪器的系统误差进行过精确的校正,但一旦安装到用户使用现场,也会因仪器的工况改变产生新的甚至是很大的系统误差,为此需要进行现场调试和校正;在检测仪器使用过程中还会因元器件老化、线路板及元器件上积尘、外部环境发生某种变化等原因而造成检测仪器系统误差的变化,因此需对检测仪器进行定期检定与校准。

不难看出,为保证和提高测量精度,需要研究发现系统误差,进而设法校正和消除系统误差。

7.2.1 系统误差的特点及变化规律

系统误差的特点是其表现的规律性,系统误差的产生原因一般可通过实验和分析研究确定与消除。由于检测仪器种类和型号繁多,使用环境往往差异很大,产生系统误差的因素众多,因此系统误差所表现的特征(即变化规律)往往也不尽一致。

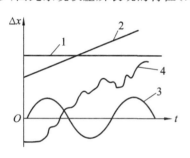

图 7-1 系统误差的几种常见关系曲线

系统误差(这里用 Δx 表示)随测量时间变化的几种常见关系曲线如图 7-1 所示。

曲线 1 表示测量误差的大小与方向不随时间变化的恒差型系统误差;曲线 2 为测量误差随时间以某种斜率呈线性变化的线性变差型系统误差;曲线 3 表示测量误差随时间做某种周期性变化的周期变差型系统误差;曲线 4 为上述三种关系曲线的某种组合形态,呈现复杂规律变化的复杂变差型系统误差。

7.2.2 系统误差的判别

系统误差有恒值系差(不变系统误差)和变值系差(变化系统误差)两种情况,判别其存在的方法有很多,下面分别介绍这两种系统误差(简称系差)的常用判别方法。

1. 恒值系差的判别

实验对比法主要用于发现恒值系差。

例 7-1 对于 0 级量块,公称尺寸 $l=20$ mm 时,由于制造偏差,其中心长度相对于 20 mm 有一不变系统误差 Δl,多次重复测量不能发现此误差,当用一等量块与其比较测量时,就可检定出 0 级量块中心长度实际值 l',$\Delta l=l'-l$,这样系统误差 Δl 就可以找出来了。

除此之外,恒值系差的判别方法还有秩和检验法、t 检验法等统计方法(感兴趣的读者可参考其他有关文献)。

2. 变值系差的判别

变值系差是指误差按某一确切规律变化的系统误差。因此,人为地改变测量条件或分析测量数据变化规律,便可判别变值系差的存在。若存在变值系差,则应对测量结果进行修正,或改进测量条件重新测量。

1) 残余误差 ν_i 观察法

残余误差 ν_i 观察法主要用来发现有变化规律的系统误差。若测量列含有变值系差,其测得值为 $l_1,l_2,\cdots,l_n$。其系统误差为 $\Delta l_1,\Delta l_2,\cdots,\Delta l_n$,其不含系统误差测量值为 $l'_1,l'_2,\cdots,l'_n$,则有

$$l_i = l'_i + \Delta l_i (i=1,2,\cdots,n)$$

取算术平均值得

$$\bar{l} = \bar{l}'_i + \Delta \bar{l}_i$$

式中,$\bar{l}'_i$ 表示不含系差的测量值的平均值,$\Delta \bar{l}_i$ 表示系统误差的平均值。

因为 $\nu_i = l_i - \bar{l}$,相应地有 $\nu'_i = l'_i - \bar{l}'_i$(不含系差测量值与其平均值之差),所以有

$$\nu_i = l_i - \bar{l} = (l'_i + \Delta l_i) - \bar{l} = l'_i - \bar{l}'_i + \bar{l}'_i + \Delta l_i - \bar{l}$$
$$= (l'_i - \bar{l}'_i) + [\Delta l_i - (\bar{l} - \bar{l}'_i)] = \nu'_i + (\Delta l_i - \Delta \bar{l})$$

式中,$\Delta \bar{l}$ 为系差的算术平均值。

由于 $\nu'_i = l'_i - \bar{l}'_i$,即 ν'_i 等于不含系差测量值减去不含系差测量值的平均值,故 ν'_i 主要反映了随机误差的影响。当测量列中系统误差显著大于随机误差时,ν'_i 可以忽略,则 $\nu_i = \Delta l_i - \Delta \bar{l}$。由于 $\Delta \bar{l}$ 为确定值,所以测量列中残余误差 ν_i 的变化主要反映测量中系统误差 Δl_i 的变化。若将测量列的 ν_i 按序作图进行观察,并与图 7-2 所示的图形进行比较,即可判断有无系统误差。

在图 7-2(a)中,ν_i 大体上正负相间无显著变化规律,可判断不存在系差;图 7-2(b)中,ν_i 有规律地向一个方向成比例地变化,可判断有线性系差存在;图 7-2(c)中,ν_i 有规律地重复交

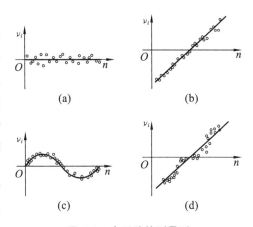

图 7-2　含系差的测量列

替地成周期性变化,可判断有周期性系差存在;图 7-2(d)中,ν_i 成周期性与线性复合变化,可判断有复杂系差存在。

2) 马里科夫准则——用于发现线性系差

设对某量 x 等精度测量 n 次,按先后顺序得出测量结果 $x_1,x_2,\cdots,x_n$,由 $\nu_i = x_i - \frac{1}{n}\sum_{i=1}^{n} x_i$ 求出相应的偏差(残差)$\nu_1,\nu_2,\cdots,\nu_n$,将其偏差分成前后两部分,并求其偏值

$$\Delta = \sum_{i=1}^{k} \nu_i - \sum_{i=k+1}^{n} \nu_i \tag{7-7}$$

式中,当 n 为偶数时,取 $k=\dfrac{n}{2}$;当 n 为奇数时,取 $k=\dfrac{n+1}{2}$。若 Δ 值显著地不为零(或与 ν_i 值相当或更大),则有线性系统误差存在。

例 7-2　测量一装置温度得到表 7-1 所示结果($n=10$),由 ν_i 规律曲线(见图 7-3)明显可见有线性系差存在。则有

表 7-1　例 7-2 表

t_i	20.06	20.07	20.06	20.08	20.10	20.12	20.14	20.18	20.18	20.21
ν_i	-0.06	-0.05	-0.06	-0.04	-0.02	0	0.02	0.06	0.06	0.09

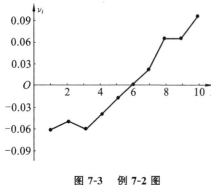

图 7-3　例 7-2 图

$$\Delta = \sum_{i=1}^{5} \nu_i - \sum_{i=6}^{10} \nu_i = -0.23 - 0.23 = -0.46$$

$$|\nu_i|_{max} = 0.09$$

可见，$|\Delta| \gg |\nu_i|_{max}$ 且显著地不为零，说明有线性系差存在，与观察结果一致。

3）阿贝-赫梅特准则——用于判定周期性系差

将等精度测量列的残余误差 ν_i 按序排列，令

$$\Delta = \left| \sum_{i=1}^{n-1} \nu_i \nu_{i+1} \right| = |\nu_1 \nu_2 + \nu_2 \nu_3 + \cdots + \nu_{n-1} \nu_n| \tag{7-8}$$

若 $\Delta > \sqrt{(n-1)\sigma^2}$（其中 σ^2 为方差），则可认为测量列含有周期性系差。

4）不同公式计算标准偏差比较法

对一列等精度测量值，可用不同公式计算标准偏差，通过比较以发现系统误差。

（1）用贝塞尔公式

$$\sigma_1 = \sqrt{\frac{\sum_{i=1}^{n} \nu_i^2}{n-1}} \tag{7-9}$$

（2）用佩特斯公式

$$\sigma_2 = \frac{5}{4} \sqrt{\frac{\sum_{i=1}^{n} \nu_i^2}{n(n-1)}} \tag{7-10}$$

当 n 有限时，二者有差异，但若主要存在随机误差，其差异应有一定限度。观察二者相对误差

$$e = \frac{\sigma_2 - \sigma_1}{\sigma_1} = \frac{\sigma_2}{\sigma_1} - 1 \tag{7-11}$$

即 $\dfrac{\sigma_2}{\sigma_1} = 1 + e$。若 $e \geqslant \dfrac{2}{\sqrt{n-1}}$ 成立，则可怀疑测量列中有系统误差。

5）正态分布判别法

当不存在变值系差时，随机误差的分布一般都服从正态分布。若观测值的分布偏离正态时，其不一致的程度便可作为判断变值系差的依据。

7.2.3　系统误差的消除

消除系统误差的方法主要有以下几种。

1. 在测量结果中进行修正

对于已知的恒值系统误差，可以用修正值对测量结果进行修正；对于变值系统误差，设法找出误差的变化规律，用修正公式或修正曲线对测量结果进行修正；对未知系统误差，则按随机误差进行处理。

2. 消除系统误差的根源

在测量之前,仔细检查仪表,正确调整和安装;防止外界干扰影响;选好观测位置消除视差;选择环境条件比较稳定时进行读数等。

3. 在测量系统中采用补偿措施

找出系统误差规律,在测量过程中自动消除系统误差。如用热电偶测量温度时,热电偶冷端温度变化会引起系统误差,消除此误差的办法之一是在热电偶回路中加一个冷端补偿器,从而进行自动补偿。

4. 实时反馈修正

由于自动化测量技术及微机的应用,可用实时反馈修正的方法来消除复杂的变值系统误差。当查明某种因素的变化对测量结果有明显的复杂影响时,应尽可能找出其影响测量结果的函数关系或近似的函数关系。在测量过程中,用传感器将这些误差因素的变化,转换成某种物理量(一般为电量)形式,即时按照其函数关系,通过计算机算出影响测量结果的误差值,并对测量结果做实时的自动修正。

7.3 随机误差

从工程测量实践可知,测量数据中含系统误差和随机误差,有时还会含有粗大误差。它们的性质不同,对测量结果的影响及处理方法也不同。对于不同的测量数据,首先要加以分析研究,判断情况分别处理,再经综合整理,得出合乎科学性的测量结果。

7.3.1 随机误差的特征和概率分布

多次等精度的重复测量同一量值时,得到一系列不同的测量值,即使剔除了坏值,并采取措施消除了系统误差,然而每个测量值的数据各异,并且每个测量值都含有误差,这些误差的出现没有确定的规律,具有随机性,所以称为随机误差。

随机误差的分布规律可以在大量测量数据的基础上总结出来,随机误差总体上服从统计规律。由于大多数随机误差服从正态分布,因而正态分布理论成为研究随机误差的基础。随机误差一般具有以下几个性质。

(1)绝对值相等的正误差与负误差出现的次数大致相等,误差所具有的这个特性称为对称性。

(2)在一定测量条件下的有限测量值中,其随机误差的绝对值不会超过一定的界限,这一特性称为有界性。

(3)绝对值小的误差出现的次数比绝对值大的误差出现的次数多,这一特性称为单峰性。

(4)对同一量值进行多次测量,其误差的算术平均值随着测量次数 n 的增加趋向于零,这一特性称为误差的抵偿性。

抵偿性是由对称性推导出来的,因为绝对值相等的正误差与负误差之和可以互相抵消。

对于有限次测量,随机误差的平均值是一个有限小的量,而当测量次数无限增大时,它趋向于零。抵偿性是随机误差的一个重要特征,凡是具有抵偿性的,原则上都可以按随机误差来处理。

设对某一被测量进行多次重复测量,得到一系列的测量值 x_i,设被测量的真值为 μ,则随机误差 δ_i 为

$$\delta_i = x_i - \mu \quad (i = 1, 2, \cdots, n) \tag{7-12}$$

随机误差正态分布的概率分布密度 $f(\delta)$ 为

$$f(\delta) = \frac{1}{\sigma\sqrt{2\pi}} e^{-\frac{\delta^2}{2\sigma^2}} \tag{7-13}$$

正态分布的分布密度曲线如图 7-4 所示，为一条钟形的曲线，称为正态分布曲线，其中 μ，$\sigma(\sigma > 0)$ 是正态分布的两个参数。从图中还可以看到，曲线在 $\mu \pm \sigma$（或 $\pm\sigma$）处有两个拐点。

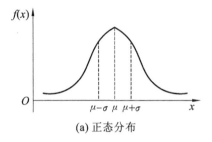
(a) 正态分布

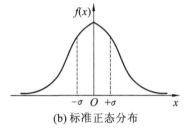
(b) 标准正态分布

图 7-4　正态分布曲线

7.3.2　等精度测量随机误差的数据处理

1. 算术平均值 $\bar{x}$

正态分布是以 $x = \mu$ 为对称轴的，μ 是正态总体的平均值。由于在测量过程中，不可避免地存在随机误差，因此无法求得测量的真值，但如果随机误差服从正态分布，则算术平均值处随机误差的概率密度最大，即算术平均值与被测值的真值最为接近，随着测量次数的增加，算术平均值趋近于真值。如果对某一量进行无限多次测量，就可以得到不受随机误差影响或影响甚微的值，该影响可以忽略。由于实际上是有限次测量，所以算术平均值是有限次测量值中最可信赖的，把它作为等精度多次测量的结果，即被测量的最佳估计值。

对被测量进行等精度的 n 次测量，得 n 个测量值 $x_1, x_2, \cdots, x_n$，它们的算术平均值为

$$\bar{x} = \frac{1}{n}(x_1 + x_2 + \cdots + x_n) = \frac{1}{n}\sum_{i=1}^{n} x_i \tag{7-14}$$

由于被测量的真值为未知，不能按式（7-12）求得随机误差，这时可用算数平均值代替被测量的真值进行计算，则有

$$\nu_i = x_i - \bar{x} \tag{7-15}$$

式中，ν_i 为 x_i 的残余误差（简称残差）。

2. 标准偏差 σ

标准偏差简称为标准差，又称均方根误差。标准差 σ 表明总体的分散程度，图 7-5 给出了 μ 相同，σ 不同（$\sigma = 0.5, 1, 1.5$）的正态分布曲线。由图 7-5 可以看出，σ 值愈大，曲线愈平坦，即随机变量的分散性愈大；反之，σ 愈小，曲线愈尖锐（集中），即随机变量的分散性愈小。

标准差 σ 由下式计算得到

$$\sigma = \lim_{n\to\infty} \sqrt{\frac{\sum_{i=1}^{n}(x_i - \mu)^2}{n}} \tag{7-16}$$

σ 是当测量次数趋于无穷时得到的，它是正态总体的平均值，称为理论标准差或总体标准差。但在实际测量中不可能得到，如对被测量在重复性条件下进行 n 次重复测量，测量值

为 $x_i(i=1,2,\cdots,n)$，表征测量值（随机误差）分散性的量用标准差的估计值 σ_s 表示，它是评定单次测量值不可靠性的指标，由贝塞尔公式计算得到，即

$$\sigma_s = \sqrt{\frac{1}{n-1}\sum_{i=1}^{n}(x_i-\overline{x})^2} \qquad (7\text{-}17)$$

式中，x_i 为第 i 次测量值；$\overline{x}$ 为 n 次测量值的算术平均值；$x_i-\overline{x}$ 为残余误差，用 ν_i 表示，即 $\nu_i=x_i-\overline{x}$。

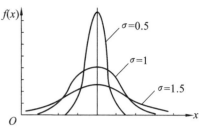

图 7-5　不同 σ 的正态分布曲线

σ_s 也可用符号 s 表示，又称为样本标准差，它是总体标准差 σ 的估计值，但并不是 σ 的无偏估计，而样本方差 σ_s^2 才是总体方差 σ^2 的无偏估计。标准差的估计值是方差的正平方根，具有与 x_i 相同的量纲。对于有限次测量，算术平均值处测量值的概率密度最大，所以算术平均值是有限次测量值中最可信赖的，通常以样本的算术平均值 $\overline{x}$ 作为测量结果的最佳估计值。

若对被测量进行 m 组的"多次重复测量"，若这些测量值已消除了系统误差，只存在随机误差，各组所得的算术平均值 $\overline{x}_1,\overline{x}_2,\cdots,\overline{x}_m$ 不相同，也是随机变量，它们分布在期望值附近，但比测量值更靠近于期望值，随着测量次数的增多，平均值将收敛于期望值。算术平均值的可靠性指标用算术平均值的标准差 $\sigma_{\overline{x}}$ 来评定，它与 σ_s 的关系如下

$$\sigma_{\overline{x}} = \frac{\sigma_s}{\sqrt{n}} \qquad (7\text{-}18)$$

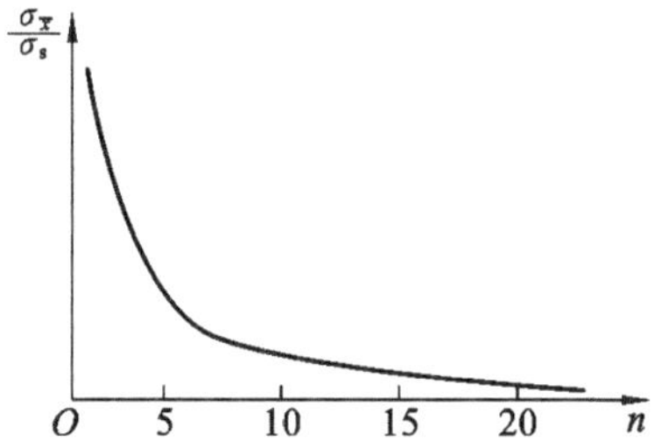

由上式可见，在测量条件一定的情况下，$\sigma_{\overline{x}}$ 随着测量次数 n 的增加而减小，算术平均值愈接近期望值。图 7-6 所示为 $\sigma_{\overline{x}}/\sigma_s$ 与 n 的关系曲线，从图中可见，当 n 增加到一定值（例如 10）以后，$\sigma_{\overline{x}}$ 的减小就变得缓慢，所以不能单靠无限地增加测量次数来提高测量精度。实际上测量次数愈大时，也愈难保证测量条件的稳定，从而带来新的误差。所以在一般精密测量中，重复性条件下测量的次数 n 多小于 10，此时如要进一步提高测量精度，则应采取其他措施（如提高仪器精度、改进测量方法、改

图 7-6　$\sigma_{\overline{x}}/\sigma_s$ 与 n 的关系曲线

善环境条件等）来解决。

3. 正态分布随机误差的概率计算

如随机变量分布符合正态分布，它出现的概率就是正态分布曲线下所包围的面积，因为全部随机变量出现的总的概率为 1，所以曲线所包围的面积应等于 1，即

$$\int_{-\infty}^{+\infty} f(x)\,\mathrm{d}x = \frac{1}{\sigma\sqrt{2\pi}}\int_{-\infty}^{+\infty} \mathrm{e}^{-\frac{x^2}{2\sigma^2}}\,\mathrm{d}x = 1 \qquad (7\text{-}19)$$

随机变量落在任意区间 $[a,b)$ 之间的概率为

$$P_a = P(a\leqslant x < b) = \frac{1}{\sigma\sqrt{2\pi}}\int_{a}^{b} \mathrm{e}^{-\frac{x^2}{2\sigma^2}}\,\mathrm{d}x \qquad (7\text{-}20)$$

式中，P_a 为置信概率；σ 为正态分布的特征参数，区间通常表示成 σ 的倍数，如 $k\sigma$。

由于随机变量分布对称性的特点，常取对称的区间，即在 $\pm k\sigma$ 区间的概率为

$$P_a = P(-k\sigma\leqslant x < +k\sigma) = \frac{1}{\sigma\sqrt{2\pi}}\int_{-k\sigma}^{+k\sigma} \mathrm{e}^{-\frac{x^2}{2\sigma^2}}\,\mathrm{d}x \qquad (7\text{-}21)$$

式中，k 为置信因子，$\pm k\sigma$ 为置信区间。

表 7-2 给出了几个典型的 k 值及其相应的概率。

表 7-2 正态分布的 k 值及其相应的概率

k	0.6745	1	1.96	2	2.58	3	4
P_a	0.5	0.6827	0.95	0.9545	0.99	0.9973	0.999 94

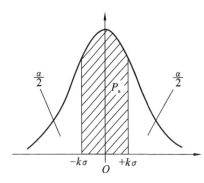

图 7-7 P_a 与 α 的关系

随机变量落在 $\pm k\sigma$ 范围内的概率为 P_a，则超出的概率称为置信度，又称显著性水平，用 α 表示

$$\alpha = 1 - P_a \tag{7-22}$$

P_a 与 α 的关系如图 7-7 所示。

从表 7-2 可知，当 $k=1$ 时，$P_a = 0.6827$，即测量结果中随机误差出现在 $-\sigma \sim +\sigma$ 范围内的概率为 68.27%，而 $|x| > \sigma$ 的概率为 31.73%。出现在 $-3\sigma \sim +3\sigma$ 范围内的概率是 99.73%，因此可以认为绝对值大于 3σ 的误差是不可能出现的，通常把这个误差称为极限误差 δ_{lim}。

例 7-3 对某一电压进行多次精密测量，测量结果如表 7-3 所示。

表 7-3 例 7-3 表

测 量 次 序	测得值 /mV	ν_i/mV	ν_i^2/mV²
1	20.46	-0.033	10.89×10^{-4}
2	20.52	$+0.027$	7.29×10^{-4}
3	20.50	$+0.007$	0.49×10^{-4}
4	20.52	$+0.027$	7.29×10^{-4}
5	20.48	-0.013	1.69×10^{-4}
6	20.47	-0.023	5.29×10^{-4}
7	20.50	$+0.007$	0.49×10^{-4}
8	20.49	-0.003	0.09×10^{-4}
9	20.47	-0.023	5.29×10^{-4}
10	20.49	-0.003	0.09×10^{-4}
11	20.51	$+0.017$	2.89×10^{-4}
12	20.51	$+0.017$	2.89×10^{-4}
	$\bar{x} = 20.493$	$\sum_{i=1}^{12} \nu_i \approx 0$	$\sum \nu_i^2 = 44.68 \times 10^{-4}$

试写出测量结果的表达式。

【解】 (1) 算术平均值

$$\bar{x} = \frac{1}{12} \sum_{i=1}^{12} x_i = 20.493 \text{ mV}$$

（2）标准差的估计值

$$\sigma_s = \sqrt{\frac{1}{12-1}\sum_{i=1}^{12}(x_i-\overline{x})^2} = \sqrt{\frac{44.68\times10^{-4}}{12-1}} \text{ mV} = 0.02 \text{ mV}$$

（3）算术平均值的标准差

$$\sigma_{\overline{x}} = \frac{\sigma_s}{\sqrt{n}} = \frac{0.02}{\sqrt{12}} \text{ mV} = 0.006 \text{ mV}$$

（4）测量结果为

$$x = \overline{x}\pm 3\sigma_{\overline{x}} = (20.493\pm0.018) \text{ mV} \quad P_a = 99.73\%$$

按照上面的分析，测量结果可用算术平均值表示，因为算术平均值是被测量的最佳估计值；在测量结果中还应包括测量不确定度。

7.3.3　不等精度测量随机误差的数据处理

前面讨论的内容均属于等精度测量，一般的测量基本上属于这种类型。如果在一些科学实验中，在不同的测量条件下，对同一被测量使用不同的测量工具、不同的测量方法进行不同次数的测量，这就是不等精度测量。对于不等精度测量，计算最后测量结果及其标准差，不能采用前面提及的等精度测量的计算公式，需推导新的计算公式。那么，此时如何根据每组的测量结果及误差去求得全体测量的结果及误差呢？

1. 权的概念

在等精度测量中，各个测量值可认为同样可信，采用所有测量值的算术平均值作为最佳测量结果，它具有最小的标准差，是真值的最佳估计值。而在不等精度测量中，由于各组的测量次数不同，或是测量工具和方法不同，各组测量不是等精度的，即各组的测量结果及误差的可信程度是不一样的，因而不能简单地取各测量结果的算术平均值作为最后测量结果。标准差或方差小的或是测量次数多的测量列，理应比测量次数少的测量列具有较大的可靠性与可信程度。显然，在计算最后测量结果时，应该让可靠性高的测量结果在最后结果中占的比重大一些，可靠性低的测量结果占的比重小一些。为了衡量这种可靠性或可信程度，需要引进"权"的概念，常用符号 ω 表示。所谓"权"就是测量值可靠性或可信程度的数值化表示，可信程度越大，权值也越大。

既然测量结果的权表明了测量的可信程度，权的大小往往也就根据这一原则来确定。如在测量中，测量方法越完善，测量仪器精确度越高，测量者经验越丰富，所得测量结果的权也应该越大。而在测量条件和测量者水平相同的情况下，往往根据测量的次数确定权的大小。重复测量次数越多，其可信程度显然越大，此时完全可以用测量的次数来确定权的大小，即 $\omega_i = n_i$。

2. 加权算术平均值及其标准差

若对同一被测量值进行 j 组不等精度测量，得到 j 组测量结果，各组测量列的算术平均值为 $\overline{m_i}(i=1,2,\cdots,j)$，相应各组测量列的权为 ω_i，则 j 组测量列全体的平均值就称为加权算术平均值 M，可由式（7-23）表示，即

$$M = \frac{\omega_1\overline{m}_1 + \omega_2\overline{m}_2 + \cdots + \omega_j\overline{m}_j}{\omega_1 + \omega_2 + \cdots + \omega_j} = \frac{\sum_{i=1}^{j}\omega_i\overline{m}_i}{\sum_{i=1}^{j}\omega_i} \tag{7-23}$$

由式（7-23）可知，当 $\omega_1 = \omega_2 = \cdots = \omega_j$ 时，就变为等精度测量，式（7-23）求得的结果即

为等精度测量的算术平均值。由权的定义,加权算术平均值的标准差可定义为(具体推导过程省略)

$$\hat{\sigma}_M = \hat{\sigma}_{\overline{m}_i} \sqrt{\frac{\omega_i}{\sum_{i=1}^{j} \omega_i}} = \frac{\sigma}{\sqrt{\sum_{i=1}^{j} \omega_i}} \tag{7-24}$$

式中,σ 为已知单位权测得值的标准差。

7.4　粗大误差

粗大误差的数值都比较大,它往往会对测量结果产生明显的歪曲。在测量过程中,产生粗大误差的原因是多方面的,如工作人员的粗心大意读错、记错数据,或仪器及工作条件的突然变化而造成明显的错误等。一旦发现含有粗大误差的测量值(也称坏值),应将其从测量结果中舍弃。严格来说,在测量过程中原始数据必须实事求是地记录,并注明有关测量条件和环境情况,在整理数据时,再舍弃有明显错误的数据。而在判别某个测量值序列中是否含有粗大误差时要特别慎重,应做充分的分析和研究。那么如何科学地判别粗大误差,正确舍弃坏值呢?一般可以根据判别准则予以确定。通常用来判别粗大误差的准则有莱以特准则、格拉布斯准则、狄克松准则、罗曼诺夫斯基准则等。本节主要介绍比较常用的莱以特准则和格拉布斯准则。

7.4.1　莱以特准则

莱以特准则也称 3σ 准则,对于某一测量值序列,若只含有随机误差,则根据随机误差的正态分布规律,其残差落在 3σ 以外的概率不到 0.3%。据此,莱以特准则认为凡残余误差大于 3 倍标准偏差的可以认为是粗大误差,它所对应的测量值就是坏值,应予以舍弃,可表示为

$$|\gamma_i| > 3\sigma \tag{7-25}$$

式中,γ_i 是坏值的残余误差。

需要注意的是,在舍弃坏值后应该重新计算剩下测量值的算术平均值和标准偏差,再用莱以特准则鉴别,判断是否有新的坏值出现,直到无新的坏值出现时为止。此时所有测量值的残差均在 3σ 范围以内。

莱以特准则是最简单常用的判别粗大误差的准则,但它只是一个近似的准则,是建立在重复测量次数趋于无穷大的前提下的。因此当测量次数有限,特别是测量次数较少时,此准则不是很可靠。

7.4.2　格拉布斯准则

格拉布斯准则是以小样本测量数据,以 t 分布(详见概率论或误差理论有关书籍)为基础用数理统计方法推导得出的。理论上比较严谨,具有明确的概率意义,通常被认为是实际工程应用中判断粗大误差比较好的准则。

格拉布斯准则是指小样本测量数据中某一测量值满足表达式

$$|\Delta x_k| = |X_k - \overline{X}| > K_G(n, \alpha)\sigma(x) \tag{7-26}$$

式中,X_k 为被疑为坏值的异常测量值;$\overline{X}$ 为包括此异常测量值在内的所有测量值的算术平均值;$\sigma(x)$ 为包括此异常测量值在内的所有测量值的标准误差估计值;$K_G(n, \alpha)$ 为格拉布斯准则

的鉴别值；n 为测量次数；α 为危险概率，又称超差概率，它与置信概率 P 的关系为 $\alpha = 1 - P$。

当某个可疑数据 X_k 的 $|\Delta x_k| > K_G(n, \alpha)\sigma(x)$ 时，则认为该测量数据是含有粗大误差的异常测量值，应予以剔除。

格拉布斯准则的鉴别值 $K_G(n, \alpha)$ 是和测量次数 n、危险概率 α 相关的数值，可通过查相应的数表获得。表 7-4 是工程常用 $\alpha = 0.05$ 和 $\alpha = 0.01$ 在不同测量次数 n 时，对应的格拉布斯准则鉴别值 $K_G(n, \alpha)$ 表。

表 7-4　$K_G(n, \alpha)$ 数值表

n \ α	0.01	0.05	n \ α	0.01	0.05	n \ α	0.01	0.05
3	1.16	1.15	12	2.55	2.29	21	2.91	2.58
4	1.49	1.46	13	2.61	2.33	22	2.94	2.60
5	1.75	1.67	14	2.66	2.37	23	2.96	2.62
6	1.91	1.82	15	2.70	2.41	24	2.99	2.64
7	2.10	1.94	16	2.74	2.44	25	3.01	2.66
8	2.22	2.03	17	2.78	2.47	30	3.10	2.74
9	2.32	2.11	18	2.82	2.50	35	3.18	2.81
10	2.41	2.18	19	2.85	2.53	40	3.24	2.87
11	2.48	2.23	20	2.88	2.56	50	3.34	2.96

应注意的是，若按式(7-26)和表 7-4 查出多个可疑测量数据时，不能将它们都作为坏值一并剔除，每次只能舍弃误差最大的那个可疑测量数据，如误差最大的两个可疑测量数据值相等，也只能先剔除一个，然后按剔除后的测量数据序列重新计算 $\overline{X}$，$\sigma(x)$ 并查表获得新的鉴别值 $K_G(n-1, \alpha)$，重新进行以上判别，直到判明无坏值为止。

格拉布斯准则是建立在统计理论基础上的，对 $n < 30$ 的小样本测量较为科学、合理的判断粗大误差的方法。因此，目前国内外普遍推荐使用此法处理小样本测量数据中的粗大误差。

如果发现在某个测量数据序列中，先后查出的坏值比例太大，则说明这批测量数据极不正常，应查找和消除故障后重新进行测量和处理。

7.5　测量误差的合成

测量结果的精度通常可用系统误差和随机误差来反映，但实际测量中，误差产生的原因复杂，来源较多，不同类型的误差对测量结果的影响不同。因此，如何从各单项误差求测量的总误差，用何种误差表达式来科学合理地反映测量精度就称为误差的合成问题。

实际中，当系统误差的影响远大于随机误差的影响，随机误差可忽略不计时，误差的合成基本上可按纯系统误差的合成来处理，但这种情况只在极个别情况下才发生。当系统误差较小或已修正时，误差的合成基本上可按纯随机误差的合成来处理。最常见的是系统误差和随机误差的影响差不多，二者均不可忽略，此时，误差的合成可根据具体情况，分别按不同方法处理。

对不同类型的误差应采取不同的合成方法,对同类型的误差,由于误差分布不同,合成的方法也不相同。所以在误差合成时,要先确定单项误差的分布规律。对于随机误差,绝大多数情况下是遵循正态分布的,但也有非正态分布的情况存在。

7.5.1 系统误差的合成

系统误差的合成主要介绍恒值系统误差的合成和变值系统误差的合成。

1. 恒值系统误差的合成

恒值系统误差是数值大小与方向均已确定的误差,故其总的恒值系统误差可按代数和方法合成。若有 n 个恒值系统误差 $\varepsilon_1, \varepsilon_2, \cdots, \varepsilon_n$,则总的恒值系统误差为

$$\varepsilon = \varepsilon_1 + \varepsilon_2 + \cdots + \varepsilon_n = \sum_{i=1}^{n} \varepsilon_i \tag{7-27}$$

实际测量中,多数恒值系统误差已在测量过程中消除或修正,未做修正或消除的恒值系统误差只是有限的几项,它们按上式合成后,还可再做修正,故最后的测量结果中一般不再含有恒值系统误差。

2. 变值系统误差的合成

变值系统误差是指不能确切掌握误差大小与方向的系统误差,在一定置信概率下,其可能变化的极限范围用 $\pm e_i$ 表示。变值系统误差很大程度上取决于测量人员的专业知识、实际经验和判断能力。有些变值系统误差较易估计,如环境温度引起的误差,在控制的温度范围内对被测量的影响较易确定。但有些变值系统误差只有通过在一定范围内改变测量条件,然后用统计学方法处理其结果。如果改变测量条件时,该变值系统误差所落入的区间为 $[a, b]$,其对应的概率密度分布已知为 $f(x)$,则

$$\Delta = \int_a^b x f(x) \mathrm{d}x \tag{7-28}$$

$$\sigma'^2 = \int_a^b (x - \Delta)^2 f(x) \mathrm{d}x \tag{7-29}$$

式中,Δ 为变值系统误差;σ' 为变值系统误差的标准偏差,它是该项误差未确定部分的特征值。

标准偏差和极限范围的关系为

$$\sigma' = e/k$$

而

$$e = (b - a)/2 \tag{7-30}$$

式中,e 为该项系统误差的极限误差,k 为该项系统误差置信概率所对应的置信系数。

单个误差来源引起的该系统误差,其概率分布常常不是正态分布,理论上此概率分布可求得,但实际上较难求得。目前对系统误差分布有两种处理方式:① 按正态分布处理;② 按均匀分布处理。当按均匀分布处理时,可简单表示为

$$\Delta = (a + b)/2, e = (b - a)/2, \sigma' = e/\sqrt{3} \tag{7-31}$$

上述两种处理方式,理论上都缺乏根据,有待进一步研究。实际中,大多数情况下仍根据对测量值情况的判断,来直接估计误差的极限范围 $\pm e$。下面为一些常用方法。

1)绝对和法

绝对和法是从最不利,也即最保险的情况下出发的合成法。设各单项系统极限误差为

$\pm e_1, \pm e_2, \cdots, \pm e_m$，总的系统极限误差为

$$e = \pm \sum_{i=1}^{m} |e_i| \tag{7-32}$$

$$e/y = \pm \sum_{i=1}^{m} |e_i/y| \tag{7-33}$$

用绝对和法虽较安全，但偏于保守。特别是单项较多时，此方法估计出的极限误差往往比实际值偏大很多，因每一单项取正（或负）号的概率为 $1/2$，故 m 个互相独立的单项都取正（或负）号的概率为 $(1/2)^m$。可见单项较多时，同号的概率很小，而误差同号又均取最大的可能性更小。故绝对和法通常只用于估计单项数较少的总的极限误差。

2）均方根合成法（方和根法）

设各单项系统极限误差都服从正态分布，因此总的系统极限误差为

$$e = \pm \sqrt{e_1^2 + e_2^2 + \cdots + e_m^2} \tag{7-34}$$

或

$$e/y = \pm \sqrt{\sum_{i=1}^{m} (e_i/y)^2} \tag{7-35}$$

方和根法可能较接近实际情况，特别是单项较多时，因各单项误差在相加时可能有一部分误差抵消。但前提条件是假设各单项系统极限误差均服从正态分布，这个前提并不充分，且各单项的误差实质上由其本身的置信概率决定，而式(7-34)是按已知各 e_i 值合成的，并未说明置信系数 k 取多大，故概率意义不够明确。

3）广义方和根法

按系统误差概率分布的标准误差方和根合成法，称为广义方和根法，即合成后的系统不确定度为

$$e = \pm k \sqrt{\left(\frac{e_1}{k_1}\right)^2 + \left(\frac{e_2}{k_2}\right)^2 + \cdots + \left(\frac{e_m}{k_m}\right)^2} \tag{7-36}$$

式中，$e_1, e_2, \cdots, e_m$ 为 m 个单项系统的不确定度；$k_1, k_2, \cdots, k_m$ 为在具体置信概率条件下所对应的置信系数；k 为合成后的系统极限误差在相应置信概率下所对应的置信系数。

用广义方和根法，各置信系数 k_i 和 k 的取值，应使各单项和合成后的系统不确定度的置信概率相等。若各单项系统误差为同一分布规律时，则各项的置信系数 k_i 相等；而各单项系统误差不为同一分布规律时，由于置信概率相同，故 k_i 不相等。

若各单项和合成后的系统极限误差的概率分布均为正态分布，则广义方和根法即为方和根法。当各单项系统极限误差的概率分布全为均匀分布时，则 k_i 均等于 $\sqrt{3}$，故总的系统极限误差为

$$e = \pm \frac{k}{\sqrt{3}} \sqrt{e_1^2 + e_2^2 + \cdots + e_m^2} \tag{7-37}$$

置信系数 k 随单项误差的项数多少的不同而不同。当均匀分布的单项数 m 较多时，合成后误差的分布接近正态分布，则 k 的取值常大于 k_i。因此，按方和根法估计的总的系统极限误差可能偏小。当误差项数较少时，k 的取值接近于 $\sqrt{3}$，上述计算方法接近方和根法。由于合成后误差的分布规律不能确切掌握，故 k 取值在 $\sqrt{3} \sim 3$ 之间。当误差项数较少或其中有一个单项误差特别严重时，k 值可取小些，或采用绝对和法较合理；当误差项数较多，且各单项对合成的影响相差不太大时，k 值可取大些。即式(7-37)可写成

$$e = \pm(\sqrt{3} \sim 3) \times \sqrt{\sum_{i=1}^{m}\left(\frac{e_i}{k_i}\right)^2} \tag{7-38}$$

7.5.2 随机误差的合成

设有 m 个单项随机误差，它们的标准偏差分别为 $\sigma_1, \sigma_2, \cdots, \sigma_m$，则合成后的随机误差的标准偏差应为

$$\sigma = \sqrt{\sum_{i=1}^{m}\sigma_i^2 + 2\sum_{1\leqslant i<j\leqslant m}\rho_{ij}\sigma_i\sigma_j} \tag{7-39}$$

式中，ρ_{ij} 为第 i 个和第 j 个单项随机误差间的相关系数。

实际中，常用极限误差来表征测量结果的随机误差，即

$$\delta_i = \pm k_i\sigma_i \tag{7-40}$$

置信系数 k_i 不仅与置信概率有关，而且与对应的随机误差的概率分布有关。目前我国常用的置信概率有 $0.9973, 0.99, 0.95$ 三种。对于正态分布，其对应的 k_i 值分别为 $3, 2.58$，1.96。对于小样本测量，当测量次数太少时，由于 t 分布置信系数值 k_i 过大，使结果误差很大。当置信概率取 0.95 时，实际中只要测量次数 $n > 4$，就可用 t 分布的置信系数。常见的误差分布及其对应置信系数 k 值可通过查表得到。

因此，总的随机误差极限值（或总的随机不确定度）为

$$\begin{aligned}\delta &= \pm k\sigma = \pm k\sqrt{\sum_{i=1}^{m}\sigma_i^2 + 2\sum_{1\leqslant i<j\leqslant m}\rho_{ij}\sigma_i\sigma_j} \\ &= \pm k\sqrt{\sum_{i=1}^{m}\left(\frac{\delta_i}{k_i}\right)^2 + 2\sum_{1\leqslant i<j\leqslant m}\rho_{ij}\left(\frac{\delta_i}{k_i}\right)\left(\frac{\delta_j}{k_j}\right)}\end{aligned} \tag{7-41}$$

总误差的置信系数 k 与各单项随机误差分布的合成有关。当各单项随机误差均为正态分布时，总误差也必然服从正态分布，此时当置信概率取 0.9973 时，则各 k_i 及 k 均取 3，合成后的总随机误差（或随机不确定度）为

$$\delta = \pm\sqrt{\sum_{i=1}^{m}\delta_i^2 + 2\sum_{1\leqslant i<j\leqslant m}\rho_{ij} \cdot \delta_i\delta_j} \tag{7-42}$$

若各单项随机误差中有的不服从正态分布，则 k_i 取各自对应的值。而在实际中由于 $4 \sim 6$ 个不同分布的单项误差合成已很接近正态分布，故合成后的总随机误差仍可按正态分布来估计，即

$$\delta = \pm 3\sqrt{\sum_{i=1}^{m}\left(\frac{\delta_i}{k_i}\right)^2 + 2\sum_{1\leqslant i<j\leqslant m}\rho_{ij}\left(\frac{\delta_i}{k_i}\right)\left(\frac{\delta_j}{k_j}\right)} \tag{7-43}$$

在较多情况下，各单项误差相互独立，$\rho_{ij} = 0$，此时总的随机误差极限值为

$$\delta = \pm k\sqrt{\sum_{i=1}^{m}\left(\frac{\delta_i}{k_i}\right)^2} \tag{7-44}$$

7.5.3 系统误差与随机误差的合成

以上讨论了各种相同性质的误差的合成，但在实际测量中存在各种不同性质的系统误差和随机误差，也需要将它们合成后求得测量结果的总误差。

若测量结果有 q 个单项随机误差，r 个单项恒值系统误差和 s 个单项变值系统误差，它们的误差值或极限误差分别为

$$\Delta_1, \Delta_2, \cdots, \Delta_q$$
$$\varepsilon_1, \varepsilon_2, \cdots, \varepsilon_r$$
$$e_1, e_2, \cdots, e_s$$

则测量结果总的合成极限误差为

$$\Delta_{\text{总}} = \sum_{i=1}^{r} \varepsilon_i \pm \sqrt{\sum_{i=1}^{s} e_i^2 + \sum_{i=1}^{q} \Delta_i^2} \tag{7-45}$$

习 题

7-1 什么是测量误差?测量误差有几种表示方法?各有什么作用?

7-2 测量某电路电流共 6 次,测量数据(单位为 mA)分别为 175.41,175.59,175.40,175.51,175.53,175.44。试求算术平均值和相对误差。

7-3 说明系统误差产生的原因及消除与削弱的方法,说明随机误差产生的原因及处理方法,说明粗大误差产生的原因及剔除方法。

7-4 一台测温仪的测量范围为 $0 \sim 100 \, ℃$,最大绝对误差为 $0.1 \, ℃$,现测得温度为 $50.2 \, ℃$,实际温度为 $50.1 \, ℃$,求相对误差、示值误差和引用误差。

7-5 用光学显微镜测量工件长度共两次,测量结果为 $L_1 = 50.026 \, \text{mm}$,$L_2 = 50.025 \, \text{mm}$,其主要误差有:随机误差,瞄准误差 $\delta_1 = \pm 0.8 \, \mu\text{m}$,读数误差 $\delta_2 = \pm 1 \, \mu\text{m}$;变值系统误差,光学刻度尺误差 $e_1 = \pm 1.25 \, \mu\text{m}$,温度误差 $e_2 = \pm 0.35 \, \mu\text{m}$。求测量结果及极限误差。

7-6 服从正态分布规律的随机误差有哪些特征?

7-7 用某仪器测量工件尺寸,在排除系统误差的条件下,其标准差 $\sigma = 0.004 \, \text{mm}$,若要求测量结果的置信限为 $\pm 0.005 \, \text{mm}$,当置信概率为 99% 时,试求必要的测量次数。

第8章 测量信号调理

由于被测对象本身的条件、传感器的工作原理和特性上的局限性及环境等因素的影响，通过传感器将被测量转换成的电参量或电信号也有较大的差别。通常，电信号的数值较小不能直接驱动显示记录仪表，而且电参量（如电阻、电容等）也需要先转换成相应的电信号，才能加以传输或放大。因此，一般在传感与显示记录之间都有一个中间环节，即信号调理。

随着检测要求的提高和传感技术的发展，信号的变换和处理技术不断进步，内容也越来越丰富。为满足检测系统的各种要求，人们已研制出各种形式多样、特点不一的信号变换电路或调节电路，完成对传感器输出的原始信号进行再加工、调节、变换。这是检测系统的中间环节，也是不可缺少的一个环节。信号调理电路的主要功能如下。

（1）将所测信号的变化范围调整到某一预定的电压或电流范围内。

（2）给应变式、电感式等类型的传感器提供激励电源，构成测量电路，实现补偿、调零等功能。

（3）根据信号的不同特点，可进行调制、解调、滤波及线性化处理。

常见的信号调节方法有测量电桥、信号放大、阻抗变换、硬件滤波、非线性硬件校正、交流直流转换、电压／电流转换、电压／频率转换等。本章介绍目前检测系统中的各种常用信号调理电路，对其原理进行详细的分析。

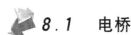 8.1 电桥

电桥是将电阻、电感、电容等参量的变化转换为电压或电流输出的一种测量电路，由于桥式测量电路简单可靠，而且具有很高的精度和灵敏度，因此在测量装置中被广泛应用。

电桥按其所采用的激励电源的类型可分为直流电桥与交流电桥；按其工作原理可分为偏值法电桥和归零法电桥两种，其中偏值法电桥的应用更为广泛。本节只对偏值法电桥加以介绍。

8.1.1 直流电桥

图 8-1 所示是直流电桥的基本结构。以电阻 R_1, R_2, R_3, R_4 组成电桥的四个桥臂，在电桥的对角点 a, c 端接入直流电源 U_e 作为电桥的激励电源，从另一对角点 b, d 两端输出电压 U_o。使用时，电桥四个桥臂中的一个或多个是阻值随被测量变化的电阻传感器元件，如电阻应变片、电阻式温度计、热敏电阻等。

在图 8-1 中，电桥的输出电压 U_o 可以通过下式确定

$$U_o = U_{ab} - U_{ad} = I_1 R_1 - I_2 R_4$$

$$= (\frac{R_1}{R_1 + R_2} - \frac{R_4}{R_3 + R_4})U_e$$

$$= \frac{R_1 R_3 - R_2 R_4}{(R_1 + R_2)(R_3 + R_4)}U_e \tag{8-1}$$

由式（8-1）可知，若要使电桥输出为零，应满足

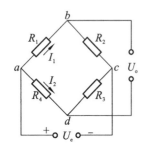

图 8-1 直流电桥的基本结构

$$R_1 R_3 = R_2 R_4 \qquad (8-2)$$

式(8-2)即为直流电桥的平衡条件。

由上述分析可知,若电桥的四个电阻中任何一个或数个阻值发生变化时,将打破式(8-2)的平衡条件,使电桥的输出电压 U_o 发生变化,测量电桥正是利用了这一特点。

在测试中常用的电桥连接形式有单臂电桥连接、半桥连接与全桥连接,如图 8-2 所示。

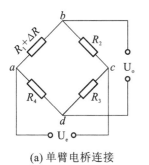

(a) 单臂电桥连接

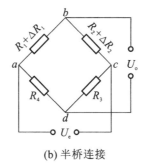

(b) 半桥连接

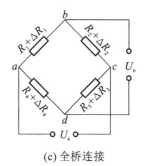

(c) 全桥连接

图 8-2　直流电桥的连接方式

图 8-2(a) 是单臂电桥连接形式,工作中只有一个桥臂电阻随被测量的变化而变化,设该电阻为 R_1,产生的电阻变化量为 ΔR,则根据式(8-1)可得输出电压

$$U_o = \left(\frac{R_1 + \Delta R}{R_1 + \Delta R + R_2} - \frac{R_4}{R_3 + R_4} \right) U_e \qquad (8-3)$$

为了简化桥路,设计时往往取相邻两桥臂电阻相等,即 $R_1 = R_2 = R_0$,$R_3 = R_4 = R'_0$。又若 $R_0 = R'_0$,则上式变为

$$U_o = \frac{\Delta R}{4R_0 + 2\Delta R} U_e \qquad (8-4)$$

一般 $\Delta R \ll R_0$,所以上式可简化为

$$U_o \approx \frac{\Delta R}{4R_0} U_e \qquad (8-5)$$

可见,电桥的输出电压 U_o 与激励电压 U_e 成正比,并且在 U_e 一定的条件下,与工作桥臂阻值的相对变化量 $\Delta R / R_0$ 成单调线性关系。

图 8-2(b) 为半桥连接。工作中有两个桥臂(一般为相邻桥臂)的阻值随被测量而变化,即 $R_1 + \Delta R_1$,$R_2 + \Delta R_2$。根据式(8-1)可知,当 $R_1 = R_2 = R_0$,$\Delta R_1 = -\Delta R_2 = \Delta R$ 和 $R_3 = R_4 = R'_0$ 时,电桥输出为

$$U_o = \frac{\Delta R}{2R_0} U_e \qquad (8-6)$$

图 8-2(c) 为全桥连接。工作中四个桥臂阻值都随被测量而变化,即 $R_1 + \Delta R_1$,$R_2 + \Delta R_2$,$R_3 + \Delta R_3$,$R_4 + \Delta R_4$。根据式(8-1)可知,当 $R_1 = R_2 = R_3 = R_4 = R_0$,$\Delta R_1 = -\Delta R_2 = \Delta R_3 = -\Delta R_4 = \Delta R$ 时,电桥输出

$$U_o = \frac{\Delta R}{R_0} U_e \qquad (8-7)$$

从式(8-5)、式(8-6)、式(8-7)可以看出,电桥的输出电压 U_o 与激励电压 U_e 成正比,只是比例系数不同。现定义电桥的灵敏度为

$$S = \frac{U_o}{\Delta R / R} \qquad (8-8)$$

根据式(8-8)可知,单臂电桥的灵敏度为$\dfrac{U_e}{4}$,半桥的灵敏度为$\dfrac{U_e}{2}$,全桥的灵敏度为U_e。显然,电桥接法不同,灵敏度也不同,全桥接法可以获得最大的灵敏度。

事实上,对于图 8-2(c) 所示的电桥,当 $R_1 = R_2 = R_3 = R_4 = R$,且 $\Delta R_1 \ll R_1$,$\Delta R_2 \ll R_2$,$\Delta R_3 \ll R_3$,$\Delta R_4 \ll R_4$ 时,由式(8-1) 可得

$$U_o = \left(\frac{R_1 + \Delta R_1}{R_1 + \Delta R_1 + R_2 + \Delta R_2} - \frac{R_4 + \Delta R_4}{R_3 + \Delta R_3 + R_4 + \Delta R_4} \right) U_e \approx \frac{1}{2} \left(\frac{\Delta R_1}{R} - \frac{\Delta R_4}{R} \right) U_e \quad (8\text{-}9)$$

或

$$U_o = \left(\frac{R_3 + \Delta R_3}{R_3 + \Delta R_3 + R_4 + \Delta R_4} - \frac{R_2 + \Delta R_2}{R_1 + \Delta R_1 + R_2 + \Delta R_2} \right) U_e \approx \frac{1}{2} \left(\frac{\Delta R_3}{R} - \frac{\Delta R_2}{R} \right) U_e \quad (8\text{-}10)$$

综合式(8-9) 和式(8-10),我们可以导出如下公式

$$U_o = \frac{1}{4} \left(\frac{\Delta R_1}{R} - \frac{\Delta R_2}{R} + \frac{\Delta R_3}{R} - \frac{\Delta R_4}{R} \right) U_e \quad (8\text{-}11)$$

由式(8-11) 可以看出:

(1) 若相邻两桥臂(见图 8-2(c) 中的 R_1 和 R_2)电阻同向变化(即两电阻同时增大或同时减小),所产生的输出电压的变化将相互抵消;

(2) 若相邻两桥臂电阻反相变化(即两电阻一个增大一个减小),所产生的输出电压的变化将相互叠加。

上述性质即为电桥的和差特性,很好地掌握该特性对构成实际的电桥测量电路具有重要意义。例如用悬臂梁做敏感元件测力时(见图 8-3),常在梁的上下表面各贴一个应变片,并将两个应变片接入电桥相邻的两个桥臂。当悬臂梁受载时,上应变片 R_1 产生正向 ΔR,下应变片 R_2 产生负向 ΔR,由电桥的和差特性可知,这时产生的电压输出相互叠加,电桥获得最大输出。又如用柱形梁做敏感元件测力时(见图 8-4),常沿着圆周间隔90°纵向贴4个应变片 R_1,R_2,R_3,R_4 作为工作片,与纵向应变片相间,再横向贴4个应变片 R_5,R_6,R_7,R_8 用作温度补偿。当柱形梁受载时,4个纵向应变片 $R_1 \sim R_4$ 产生同向 ΔR,这时应将 $R_1 \sim R_4$ 先两两串接,然后再接入电桥的两个相对桥臂,这样它们产生的电压输出将互相叠加;反之,若将 $R_1 \sim R_4$ 分别接入电桥的4个相邻桥臂,它们产生的电压输出会相互抵消,这时无论施加的力 F 有多么大,输出电压均为零。电桥的温度补偿也利用了上述和差特性。有关详细内容请参阅相关章节,这里不再赘述。

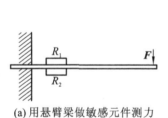
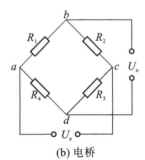

(a)用悬臂梁做敏感元件测力　　　　　　　(b)电桥

图 8-3　悬臂梁测力的电桥接法

使用电桥电路时,还需要调节零位平衡,即当工作臂电阻变化为零时,使电桥的输出为零。图 8-5 给出了常用的差动串联平衡与差动并联平衡方法。在需要进行较大范围的电阻调节时,例如工作臂为热敏电阻时,应采用串联调节形式;若进行微小的电阻调节,如工作臂为电阻应变片时,应采用并联调节形式。

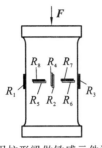
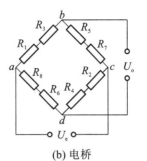

(a) 用柱形梁做敏感元件测力　　　　　(b) 电桥

图 8-4　柱形梁测力的电桥接法

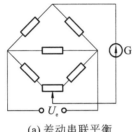
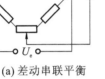

(a) 差动串联平衡　　　　　　　　(b) 差动并联平衡

图 8-5　零位平衡调节

8.1.2　交流电桥

交流电桥的电路结构(见图 8-6)与直流电桥的类似,所不同的是交流电桥采用交流电源激励,电桥的四个桥臂可为电感、电容或电阻,如图 8-6 中的 $Z_1 \sim Z_4$ 即四个桥臂的交流阻抗。如果交流电桥的阻抗、电流及电压都用复数表示,则关于直流电桥的平衡关系式在交流电桥中也适用,即电桥达到平衡时必须满足

$$Z_1 Z_3 = Z_2 Z_4 \tag{8-12}$$

把各阻抗用指数形式表示为

$$Z_1 = Z_{01} e^{j\varphi_1} \quad Z_2 = Z_{02} e^{j\varphi_2} \quad Z_3 = Z_{03} e^{j\varphi_3} \quad Z_4 = Z_{04} e^{j\varphi_4}$$

代入式(8-12)得

$$Z_{01} Z_{03} e^{j(\varphi_1+\varphi_3)} = Z_{02} Z_{04} e^{j(\varphi_2+\varphi_4)} \tag{8-13}$$

若此式成立,必须同时满足下列两等式

$$\begin{cases} Z_{01} Z_{03} = Z_{02} Z_{04} \\ \varphi_1 + \varphi_3 = \varphi_2 + \varphi_4 \end{cases} \tag{8-14}$$

式中,Z_{01},Z_{02},Z_{03},Z_{04} 为各阻抗的模;φ_1,φ_2,φ_3,φ_4 为阻抗角,是各桥臂电流与电压之间的相位差。纯电阻时电流与电压同相位,$\varphi = 0$;电感性阻抗,$\varphi > 0$;电容性阻抗,$\varphi < 0$。

式(8-14)表明,交流电桥平衡必须满足两个条件,即相对两臂阻抗之模的乘积应相等,并且它们的阻抗角之和也必须相等。

为满足上述平衡条件,交流电桥各臂可有不同的组合。常用的电容电桥、电感电桥其相邻两臂可接入电阻(例如 $Z_{02} = R_2$,$Z_{03} = R_3$,$\varphi_2 = \varphi_3 = 0$),而另外两个桥臂接入相同性质的阻抗,例如都是电容或者都是电感,以满足 $\varphi_1 = \varphi_4$。

图 8-7 所示是一种常用电容电桥,两相邻桥臂为纯电阻 R_2,R_3,另外相邻两臂为电容 C_1,C_4。图中 R_1,R_4 可视为电容介质损耗的等效电阻。根据式(8-12)的平衡条件,有

$$\left(R_1 + \frac{1}{\mathrm{j}\omega C_1}\right)R_3 = \left(R_4 + \frac{1}{\mathrm{j}\omega C_4}\right)R_2 \tag{8-15}$$

即

$$R_1 R_3 + \frac{R_3}{\mathrm{j}\omega C_1} = R_4 R_2 + \frac{R_2}{\mathrm{j}\omega C_4}$$

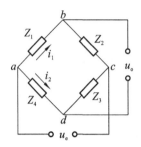

图 8-6　交流电桥的电路结构

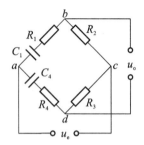

图 8-7　电容电桥

令上式的实部和虚部分别相等,则得到下面的平衡条件

$$\begin{cases} R_1 R_3 = R_2 R_4 \\ \dfrac{R_3}{C_1} = \dfrac{R_2}{C_4} \end{cases} \tag{8-16}$$

由此可知,要使电桥达到平衡,必须同时调节电阻与电容两个参数,即调节电阻达到电阻平衡,调节电容达到电容平衡。

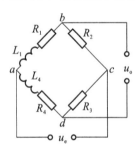

图 8-8　电感电桥

图 8-8 所示是一种常用的电感电桥,两相邻桥臂分别为电感 L_1,L_4 与电阻 R_2,R_3,根据式(8-16),电桥平衡条件应为

$$\begin{cases} R_1 R_3 = R_2 R_4 \\ L_1 R_3 = L_4 R_2 \end{cases} \tag{8-17}$$

对于纯电阻交流电桥,即使各桥臂均为电阻,但由于导线间存在分布电容,相当于在各桥臂上并联了一个电容(见图 8-9)。为此,除了有电阻平衡外,还须有电容平衡。图 8-10 所示为一种用于动态应变仪中的具有电阻、电容平衡调节环节的交流电阻电桥,其中电阻 R_1,R_2 和电位器 R_3 组成电阻平衡调节部分,通过开关 S 实现电阻平衡粗调与微调的切换;电容 C 是一个差动可变电容器,当旋转电容平衡旋钮时,电容器左右两部分的电容一边增加,另一边减少,使并联到相邻两臂的电容值改变,以实现电容平衡。

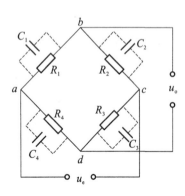

图 8-9　电阻交流电桥的分布电容

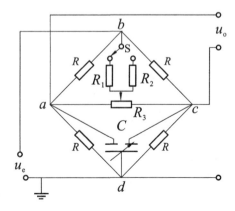

图 8-10　具有电阻、电容平衡调节的交流电阻电桥

在一般情况下,交流电桥的供桥电源必须具有良好的电压波形与频率稳定性。如电源电压波形畸变(即包含了高次谐波),对于基波而言,电桥达到平衡,而对于高次谐波,电桥不一定能平衡,因而将有高次谐波的电压输出。

一般采用 $5 \sim 10$ kHz 音频交流电源作为交流电桥电源。这样,电桥输出将为调制波,外界工频干扰不易从线路中引入,并且后接交流放大电路简单而无零漂。

采用交流电桥时,必须注意到影响测量误差的一些因素,例如,电桥中元件之间的互感影响、无感电阻的残余电抗、邻近交流电路对电桥的感应作用、泄漏电阻以及元件之间、元件与地之间的分布电容等。

8.1.3　带感应耦合臂的电桥

带感应耦合臂的电桥是将感应耦合的两个绕组作为桥臂而组成的电桥,一般有下列两种形式。

图 8-11(a) 所示是用于电感比较仪中的电桥,感应耦合的绕组 W_1,W_2 与阻抗 Z_3,Z_4 构成电桥的四个臂。绕组 W_1,W_2 相当于变压器的二次边绕组,这种桥路又称为变压器电桥。平衡时,指零仪 G 指零。

另一种形式如图 8-11(b) 所示,电桥平衡时,绕组 W_1,W_2 的励磁效应相互抵消,铁芯中无磁通,所以指零仪 G 指零。

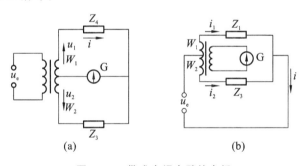

图 8-11　带感应耦合臂的电桥

以上两种电桥中的感应耦合臂可代以差动式三绕组电感传感器,通过它的敏感元件——铁芯,将被测位移量转换为绕组间的互感变化,再通过电桥转换为电压或电流输出。

带感应耦合臂的电桥与一般电桥比较,具有较高的精确度、灵敏度以及性能稳定性。

8.2　信号放大电路

信号放大电路是指用来放大传感器输出的微弱电压、电流或电荷信号的放大电路。在许多场合下,传感器输出的微弱信号包含有低频、静电和电磁耦合等干扰信号,有时是完全同相共模干扰。虽然运算放大器对接入到差动端的共模信号有较强的抑制能力,但对简单的反相输入或同相输入接法,由于电路结构的不对称,抗共模干扰的能力很差,故不能用在精密测量场合。因此,在精密测量中常使用另一种形式的放大器,即测量放大器,它广泛用于传感器的信号放大,特别是微弱信号及具有较大共模干扰的场合。

8.2.1　测量放大器

1. 基本测量放大器

图 8-12 所示为测量放大器的结构示意图。差分输入端 U_+ 和 U_- 与信号源相连,外接电

阻 R_g 用于粗调放大倍数，R_s 可对放大倍数进行微调。负载电压信号是测量端 S 与参考端 R 之间的电位差。通常测量端 S 与 U_o 端在外面相连，参考端 R 接地。

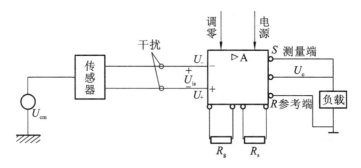

图 8-12　测量放大器的结构示意图

2. 三运放测量放大器

图 8-13 所示为三个运算放大器构成的测量放大器。它是由二级放大器串联组成的，前级是两个对称同相放大器，输入信号加在 A_1，A_2 的同相输入端，从而具有高抑制共模干扰的能力和高输入阻抗；后级是差动放大器，它不仅将前级共模干扰相互抵消，而且还将双端输入方式变换成单端输出方式，以适应对地负载的需要。

由图 8-13 可得

$$U_A = U_{i1} \quad U_B = U_{i2} \tag{8-18}$$

$$U_{i1} - U_{i2} = \frac{R_2}{2R_1 + R_2}(U_{o1} - U_{o2}) \tag{8-19}$$

由式(8-19)可得

$$U_{o1} - U_{o2} = \left(1 + \frac{2R_1}{R_2}\right)(U_{i1} - U_{i2}) \tag{8-20}$$

输出电压

$$U_o = -\frac{R_1}{R}(U_{o1} - U_{o2}) \tag{8-21}$$

设 $U_{id} = U_{i1} - U_{i2}$，由式(8-20)和式(8-21)得输出电压为

$$U_o = -\frac{R_1}{R}\left(1 + \frac{2R_1}{R_2}\right)U_{id} \tag{8-22}$$

当 $U_{i1} = U_{i2} = U_1$，即 $U_A = U_B = U_1$ 时，R_2 中的电流为零，则 $U_{o1} = U_{o2} = U_1$，输出电压 $U_o = 0$。由此可见，此电路放大差模信号，抑制共模信号。差模放大倍数数值越大，共模抑制比越高，而且当输入信号中含有共模噪声时，也将被抑制。

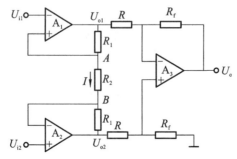

图 8-13　三个运算放大器构成的测量放大器

3. 实用测量放大器

在实际应用要求较高的场合,常采用集成测量放大器,AD521 就是美国 Analog Devices 公司的集成测量放大器,其管脚说明和基本应用电路如图 8-14 所示。其中,1、3 脚分别为同相输入端和反相输入端,7 脚为输出端,4、6 脚为调零端,5、8 脚分别接负电源和正电源,2、14 脚之间接控制增益电阻 R_g,10、13 脚之间接另一个控制增益电阻 R_s,12 脚为敏感端,11 脚为基准端,若在 11 脚加一固定电压,则可改变输出端 7 的静态输出电压幅值。

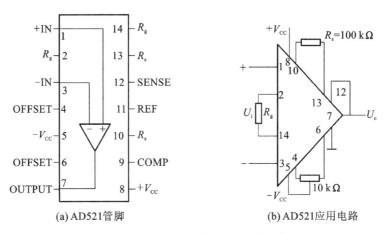

(a) AD521管脚   (b) AD521应用电路

图 8-14　AD521 管脚说明和基本应用电路

AD521 集成测量放大器放大倍数可调范围为 $1 \sim 1000$,输入阻抗为 3 MΩ,共模抑制比可达 120 dB,工作电压范围为 $5 \sim 18$ V,放大倍数为 1 时的最高频率大于 2 MHz。其实际放大倍数为

$$G = \frac{U_o}{U_i} = \frac{R_s}{R_g} \qquad (8\text{-}23)$$

值得提醒的是,在使用 AD521 或其他测量放大器时,要特别注意为偏置电流提供回路。为此,输入端 1、3 脚必须与电源地线相连,可直接相连或通过电阻相连,如图 8-15 所示。

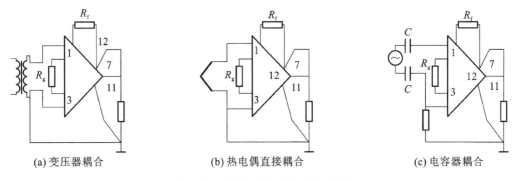

(a) 变压器耦合   (b) 热电偶直接耦合   (c) 电容器耦合

图 8-15　AD521 输入信号耦合方式

8.2.2　程控增益放大器

程控增益放大器是指放大电路的增益通过数字逻辑电路由程序来控制,简记为 PGA(programmable gain amplifier),也称为可编程增益放大电路。其主要作用是在多通道或多参数的数据采集时,共用一个测量放大器,根据各个输入信号电平的大小,改变测量放大器的增益,使各输入通道均有最合适的放大增益,各通道或各参数的信号经放大器后达到 A/D 转换器输入所要求的标准值。

图 8-16 所示为程控增益放大器的原理图。增益选择开关成对动作,每一时刻仅有一对开关闭合。若改变数字量输入编码,则可改变闭合的开关号;若选择不同的反馈电阻,可达到改变放大器增益的目的。

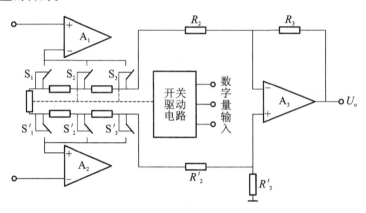

图 8-16 程控增益放大器的原理图

图 8-17 所示为单片集成程控增益放大器 LH0084 的原理图,它由可变增益输入级、输出级、译码器和开关驱动器以及电阻网络等组成,它是由测量放大器构成的,是一种通用性很强的放大器,不仅增益可由程序控制,而且具有输入阻抗高、失调电压小、共模抑制比高、速度快、增益准确度高、非线性小等优点。值得提醒的是,在使用时为了保证电路正常工作,必须满足 $R_2 = R_3, R_4 = R_5, R_6 = R_7$。

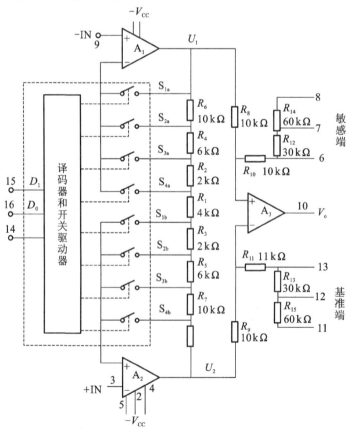

图 8-17 单片集成程控增益放大器 LH0084 的原理图

控制信号 D_1, D_0 通过控制逻辑驱动模拟开关,切换运算放大器反馈电阻。开关网络的数字输入由 D_0 和 D_1 的状态决定,经译码后可有四种状态输出,分别控制四组双向开关,从而实现对输入级增益 $G_V(1)$ 的控制,LH0084 程控增益控制关系如表 8-1 所示。通过选择 R_1,$R_1 + R_2$ 或 $R_1 + R_2 + R_4$ 作为反馈电阻,来确定输出级的增益。程控增益放大器总的增益为

$$G_V = G_V(1)G_V(2) \tag{8-24}$$

表 8-1　LH0084 程控增益控制关系

数字输入		数字级增益 $G_V(1)$	端子连接	输出级增益 $G_V(2)$	总增益 G_V
D_1	D_0				
0	0	1			1
0	1	2	6—10,13—地	1	2
1	0	5			5
1	1	10			10
0	0	1			4
0	1	2	7—10,12—地	4	8
1	0	5			20
1	1	10			40
0	0	1			10
0	1	2	8—10,11—地	10	20
1	0	5			50
1	1	10			100

值得提醒的是,当被测参数动态范围比较宽时,为了提高测量精度,必须进行量程切换。程控增益放大器的量程由程序控制进行自动切换。图 8-18 所示为量程自动切换程序流程图。

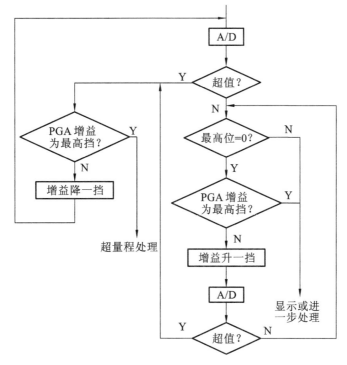

图 8-18　量程自动切换程序流程图

首先对被测信号进行检测,并进行 A/D 转换后,判断是否超值。若超值,判断这时 PGA 的增益是否为最高挡,若是,则转至超量程处理;否则,则把 PGA 的增益降一挡,再重复前面的处理。若不超值,便判断最高位是否为零,如果是零,则再查增益是否为最高挡,若不是最高挡,将增益升一挡,再进行 A/D 转换并判断是否超值;如果最高位不是零或 PGA 已经升到最高挡,则说明量程已经切换到最合适挡,将对所测得的数据进行进一步处理。

8.2.3 隔离放大器

在工业检测控制系统中,被测信号中往往包含高共模电压和干扰。为此,采用隔离放大器,其目的在于使共模电压和干扰信号隔离,同时又放大有用信号。

图 8-19 所示为隔离放大器示意图,它主要由输入部分、输出部分、信号耦合器和隔离电源组成。输入部分将传感器输出的信号滤波及放大,并调制成交流信号,通过隔离变压器耦合到输出部分,再将交流信号解调变成直流信号,经放大后输出 $0 \sim \pm 10$ V 的直流电压,其放大增益范围为 $1 \sim 1000$。

目前,集成隔离放大器有变压器耦合式、光电耦合式和电容耦合式三种。

图 8-20 所示为 AD204 变压器耦合隔离放大器结构图。1、2、3、4 引脚为放大器的输入引线端,一般可接成跟随器,也可根据需要外接电阻,接成同相比例放大器或反相比例放大器,以便放大输入信号。输入信号经调制器调制成交流信号后,经变压器耦合送到解调器,然后由 37、38 引脚输出。31、32 引脚为芯片电源输入端,要求为直流 15 V 单电源,功耗为 75 mW。片内的 DC/DC 电流变换器把输入直流电压变换并隔离,然后将经隔离后的电源供给放大器输入级,同时送到 5、6 引脚输出。这样隔离放大器的输入级与输出级不共地,达到输入、输出隔离的目的。

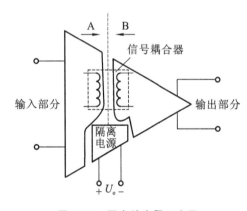

图 8-19　隔离放大器示意图

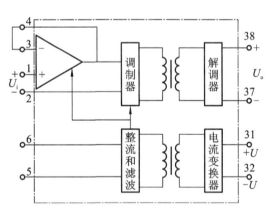

图 8-20　AD204 变压器耦合隔离放大器结构图

图 8-21 所示为 ISO100 光电耦合隔离放大器结构图。它由两个运算放大器 A_1,A_2 和两个恒流源 I_{REF1},I_{REF2} 以及光电耦合器组成。光电耦合器有一个发光二极管 LED 和两个光电二极管 VD_1,VD_2。两个光电二极管与发光二极管紧贴在一起,光匹配性能良好,参数对称。其中,VD_1 的作用是从 LED 的信号中引入反馈;VD_2 是将 LED 的信号进行隔离耦合传送。图 8-22 所示为 ISO100 光电耦合隔离放大器在实际应用中的基本接线图。R 和 R_f 为外接电阻,用来调整放大器的增益,若 VD_1 和 VD_2 所受光照相同,则有

$$U_o = \frac{R_f}{R} U_i \tag{8-25}$$

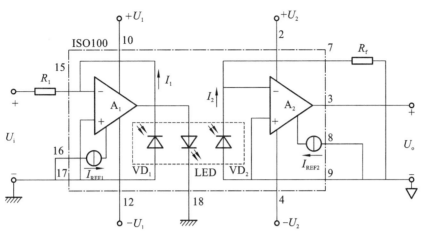

图 8-21   ISO100 光电耦合隔离放大器结构图

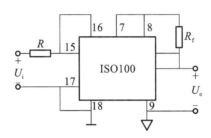

图 8-22   ISO100 光电耦合隔离放大器在实际应用中的基本接线图

8.3   滤波器

8.3.1   滤波器概述

通常被测信号是由多个频率分量组合而成的,而且在检测中得到的信号除包含有效信息外,还含有噪声和不希望得到的成分,从而导致真实信号的畸变和失真。所以希望采用适当的电路选择性地过滤掉所不希望的成分或噪声。滤波和滤波器便是实现上述功能的手段和装置。

滤波是指让被测信号中的有效成分通过而将其中不需要的成分抑制或衰减掉的一种过程。滤波器根据选频方式一般可分为低通滤波器、高通滤波器、带通滤波器以及陷波或带阻滤波器四种类型,图 8-23 所示为这四种滤波器的幅频特性。

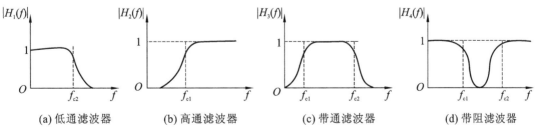

(a) 低通滤波器   (b) 高通滤波器   (c) 带通滤波器   (d) 带阻滤波器

图 8-23   四种滤波器的幅频特性

由图 8-23 可知,低通滤波器允许在其截止频率以下的频率成分通过而高于此频率的频率成分被衰减,高通滤波器只允许在其截止频率之上的频率成分通过,带通滤波器只允许在其中心频率附近一定范围内的频率分量通过,而陷波滤波器可将选定频带上的频率成分衰减掉。

从滤波器的构成形式可将其分为两类,即有源滤波器和无源滤波器。有源滤波器通常使用运算放大器结构,而无源滤波器由一定的 RLC 组合配置形式组成。

8.3.2 滤波器性能分析

1. 理想滤波器

所谓理想滤波器就是将滤波器的一些特性理想化而定义的滤波器。我们以最常用的低通滤波器为例进行分析。理想低通滤波器特性如图 8-24 所示,它具有矩形幅频特性和线性相频特性。这种滤波器将低于某一频率 f_c 的所有信号予以传送而无任何失真,将频率高于 f_c 的信号全部衰减,f_c 称为截止频率。该滤波器的频率响应函数 $H(f)$ 具有以下形式

$$H(f) = \begin{cases} A_0 e^{-2j\pi f t_0} & -f_c \leqslant f \leqslant f_c \\ 0 & \text{其他} \end{cases} \tag{8-26}$$

但这种滤波器在工程实际中是不可能实现的。

2. 实际滤波器的特征参数

图 8-25 所示为实际带通滤波器的幅频特性,为便于比较,理想带通滤波器的幅频特性也示于图中,从中可看出两者的差别。对于理想滤波器来说,在两截止频率 f_{c1} 和 f_{c2} 之间的幅频特性为常数 A_0,截止频率之外的幅频特性均为零。对于实际滤波器,其特性曲线无明显转折点,通常幅频特性也并非常数,因此要用更多的参数来对它进行描述,如截止频率、带宽、纹波幅度、品质因子(Q 值)以及倍频程选择性等。

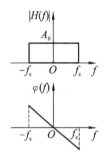

图 8-24 理想低通滤波器特性

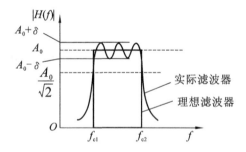

图 8-25 实际带通滤波器的幅频特性

1)截止频率

截止频率指幅频特性值等于 $A_0/\sqrt{2}$(即 -3 dB)时所对应的频率点(图 8-25 中的 f_{c1} 和 f_{c2})。若以信号的幅值平方表示信号功率,该频率对应的点为半功率点。

2)带宽 B

滤波器带宽定义为上下两截止频率之间的频率范围 $B = f_{c2} - f_{c1}$,又称 -3 dB 带宽,单位为 Hz。带宽表示滤波器的分辨能力,即滤波器分离信号中相邻频率成分的能力。

3)纹波幅度 δ

通带中幅频特性值的起伏变化值称纹波幅度,图 8-25 中以 $\pm\delta$ 表示,δ 值应越小越好。

4）品质因子（Q值）

对于带通滤波器来说,品质因子Q定义为中心频率f_0与带宽B之比,即$Q = f_0/B$。Q越大,则相对带宽越小,滤波器的选择性越好。

5）倍频程选择性

从阻带到通带或从通带到阻带,实际滤波器有一个过渡带,过渡带的曲线倾斜度代表着幅频特性衰减的快慢程度,通常用倍频程选择性来表征。倍频程选择性是指上截止频率f_{c2}与$2f_{c2}$之间或下截止频率f_{c1}与$f_{c1}/2$之间幅频特性的衰减值,即频率变化一个倍频程的衰减量,以 dB 表示。显然,衰减越快,选择性越好。

6）滤波器因数（矩形系数）λ

滤波器因数λ定义为滤波器幅频特性的-60 dB 带宽与-3 dB 带宽的比,即

$$\lambda = \frac{B_{-60\ \text{dB}}}{B_{-3\ \text{dB}}} \tag{8-27}$$

对理想滤波器有$\lambda = 1$。对普通使用的滤波器,λ一般为$1 \sim 5$。

8.3.3 实际滤波电路

最简单的低通和高通滤波器可由一个电阻和一个电容组成,图 8-26(a) 和图 8-26(b) 分别为 RC 低通和高通滤波器。

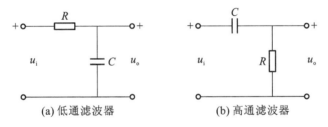

图 8-26 简单低通和高通滤波器

这种无源的 RC 滤波器属于一阶系统。可写出图 8-26(a) 所示的低通滤波器的频率响应特性为

$$|H(f)| = \frac{1}{\sqrt{1 + (f/f_c)^2}} \tag{8-28}$$

$$\varphi(f) = -\arctan \frac{f}{f_c} \tag{8-29}$$

式中,$f_c = \dfrac{1}{2\pi RC}$

截止频率f_c对应于幅值衰减 3 dB 的点,由于$f_c = \dfrac{1}{2\pi RC}$,所以调节RC可方便地改变截止频率,从而也改变了滤波器的带宽。

对于图 8-26(b) 所示的高通滤波器,其频率响应特性为

$$|H(f)| = \frac{(f/f_c)}{\sqrt{1 + (f/f_c)^2}} \tag{8-30}$$

$$\varphi(f) = 90° - \arctan \frac{f}{f_c} \tag{8-31}$$

低通滤波器和高通滤波器组合可以构成带通滤波器,图 8-27 所示为一种带通滤波器。

一阶 RC 滤波器在过渡带内的衰减速率非常慢,每个倍频程只有 6 dB(见图 8-28),通带和阻带之间没有陡峭的界限,故这种滤波器的性能较差,因此常常要使用更复杂的滤波器。

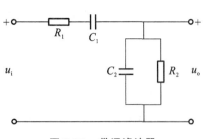

图 8-27　带通滤波器

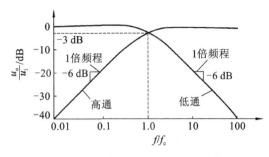

图 8-28　_RC_ 高低通滤波器的幅频特性

　　电感和电容一起使用可以使滤波器的谐振特性相对于一阶 _RC_ 电路产生较为陡峭的滤波器边缘。图 8-29 给出了一些 _LC_ 滤波器的构成方法。通过采用多个 _RC_ 环节或 _LC_ 环节级联的方式(见图 8-30)，可以使滤波器的性能有显著的提高，使过渡带曲线的陡峭度得到改善。这是因为多个中心频率相同的滤波器级联后，其总幅频特性为各滤波器幅频特性的乘积，因此通带外的频率成分将会有更大的衰减。但必须注意到，虽然多个简单滤波器的级联能改善滤波器的过滤带性能，却又不可避免地带来了明显的负载效应和相移增大等问题。为避免这些问题，最常用的方法就是采用有源滤波器。

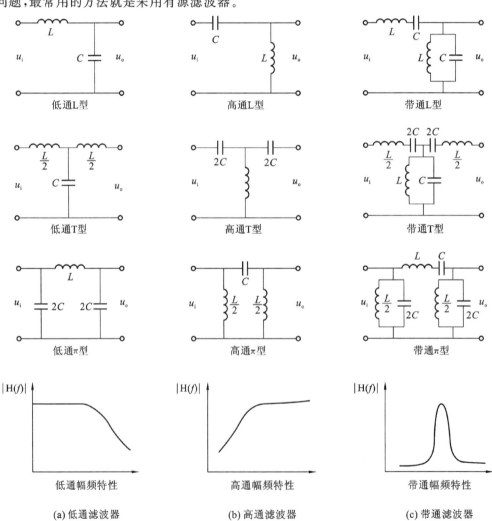

图 8-29　_LC_ 滤波器的构成方法

将滤波器网络与运算放大器结合是构造有源滤波器电路的基本方法,如图 8-31 所示。图 8-32 所示为一些典型的一阶有源滤波器。通常的有源滤波器具有 80 dB/ 倍频程的下降带,以及在阻带中有高于 60 dB 的衰减。目前市场上已有高性能的高阶有源滤波器出售。若需做进一步了解,请参阅相关读物。

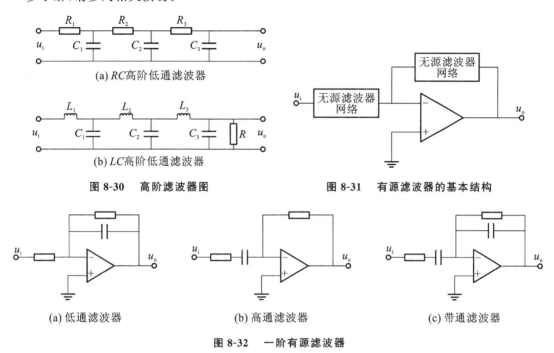

图 8-30　高阶滤波器图　　　　图 8-31　有源滤波器的基本结构

图 8-32　一阶有源滤波器

8.3.4　带通滤波器在信号频率分析中的应用

1. 多路带通滤波器的并联形式

多路带通滤波器并联常用于信号的频谱分析和信号中特定频率成分的提取。使用时常将被分析信号输入一组中心频率不同的滤波器,各滤波器的输出便反映了信号中所含的各个频率成分。为使各带通滤波器的带宽覆盖整个分析的频带,它们的中心频率能使相邻的带宽恰好相互衔接(见图 8-33),通常的做法是使前一个滤波器的 -3 dB 上截止频率高端等于后一个滤波器的 -3 dB 下截止频率低端。滤波器组须具有相同的放大倍数。

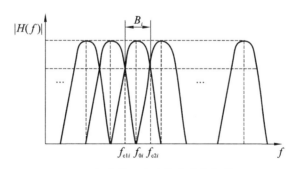

图 8-33　多路带通滤波器并联的频带分配

在做信号频谱分析时,这组并联的、增益相同而中心频率不同的带通滤波器的带宽遵循一定的规则取值,通常用两种方法构成两类常见的带通滤波器组:恒带宽比滤波器和恒带宽滤波器。

1) 恒带宽比滤波器

恒带宽比滤波器是指滤波器的相对带宽是常数，即

$$\frac{B_i}{f_{0i}} = \frac{f_{c2i} - f_{c1i}}{f_{0i}} = C \tag{8-32}$$

当中心频率 f_{0i} 变化时，恒带宽比滤波器带宽变化的情况如图 8-34(a) 所示。

恒带宽比滤波器的上、下截止频率 f_{c2i} 和 f_{c1i} 之间满足以下关系，即

$$f_{c2i} = 2^n f_{c1i} \tag{8-33}$$

式中，n 为倍频程数。若 $n = 1$，称为倍频程滤波器；若 $n = 1/3$，则称为 1/3 倍频程滤波器，以此类推。在倍频程滤波器组中，后一个中心频率 f_{0i} 与前一个中心频率 $f_{0(i-1)}$ 之间也满足以下关系

$$f_{0i} = 2^n f_{0(i-1)} \tag{8-34}$$

而且滤波器的中心频率与上、下截止频率之间的关系为

$$f_{0i} = \sqrt{f_{c1i} f_{c2i}} \tag{8-35}$$

所以，只要选定 n 值，就可以设计出覆盖给定频率范围的邻接式滤波器组。例如图 8-35 为 B & K 公司的 1616 型频率分析仪的结构框图，其带宽为 1/3 倍频程，分析频率为 20 Hz ～ 40 Hz，共设置 34 个带通滤波器。表 8-2 给出了这 34 个带通滤波器的中心频率和截止频率。

表 8-2　1/3 倍频程带通滤波器的中心频率和截止频率　　　　　　（单位：Hz）

中心频率 f_0	下截止频率 f_{c1}	上截止频率 f_{c2}	中心频率 f_0	下截止频率 f_{c1}	上截止频率 f_{c2}
16	14.2544	17.9600	800	712.720	898.00
20	17.8180	22.4500	1000	890.900	1122.50
25	22.2725	28.0625	1250	1113.63	1403.13
31.5	28.0634	38.5875	1600	1425.44	1796.00
40	35.6360	44.9000	2000	1781.80	2245.00
50	44.5450	56.1250	2500	2227.25	2806.25
63	56.1267	70.7175	3150	2806.34	3535.88
80	71.2720	89.8000	4000	3563.60	4490.00
100	89.0900	112.250	5000	4454.50	5612.50
125	111.363	140.313	6300	5612.67	7171.75
160	142.544	179.600	8000	7127.20	8980.00
200	178.180	224.500	10 000	8909.00	11 225.0
250	222.725	280.625	12 500	11 136.3	14 031.3
315	280.634	353.588	16 000	14 254.4	17 960.0
400	356.360	449.000	20 000	17 818.0	22 450.0
500	445.450	561.250	25 000	22 272.5	28 062.5
630	561.267	707.175	31 500	28 063.4	35 358.8

2) 恒带宽滤波器

从图 8-34(a) 可以看出，一组恒带宽比滤波器的通频带在低频段很窄，在高频段则很宽，因而滤波器组的频率分辨力在低频段较好，而在高频段则甚差。若要求滤波器在所有频

段都具有良好的频率分辨力,可采用恒带宽滤波器。

恒带宽滤波器是指滤波器的绝对带宽为常数,即

$$B = f_{c2i} - f_{c1i} = C \tag{8-36}$$

图 8-34(b) 所示为恒带宽滤波器的特性。为提高滤波器的分辨能力,带宽应窄一些,但为覆盖整个频率范围所需要的滤波器数量就很大。因此恒带宽滤波器一般不用固定中心频率与带宽的并联滤波器组来实现,而是通过中心频率可调的扫描式带通滤波器来实现。

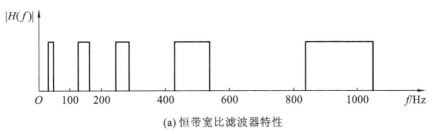

(a) 恒带宽比滤波器特性

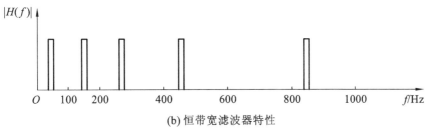

(b) 恒带宽滤波器特性

图 8-34 恒带宽比和恒带宽滤波器的特性

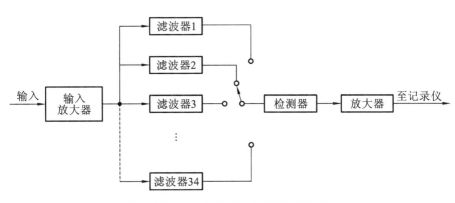

图 8-35 1616 型频率分析仪的结构框图

2. 中心频率可调式带通滤波器

扫描式频率分析仪采用一个中心频率可调的带通滤波器,通过改变中心频率使该滤波器的通带跟随所要分析的信号频率范围要求来变化,调节方式可以是手动调节或者信号调节,如图 8-36 所示。用于调节中心频率的信号可由一个锯齿波发生器来产生,用一个线性升高的电压来控制中心频率的连续变化。由于滤波器的建立需要一定的时间,尤其是在滤波器带宽很窄的情况下,建立时间愈长,所以扫频速度不能过快。这种形式的分析仪也采用恒带宽比的带通滤波器。如 B & K 公司的 1621 型分析仪,将总分析频率范围从 0.2 Hz ~ 20 kHz 分成五段:0.2 ~ 2 Hz,2 ~ 20 Hz,20 ~ 200 Hz,200 Hz ~ 2 kHz,2 ~ 20 kHz。每一段中的中心频率可调。

采用中心频率可调的带通滤波器时,由于在调节中心频率的过程中总希望不改变或不

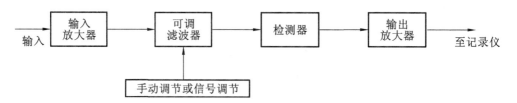

图 8-36 扫描式频率分析仪结构框图

影响滤波器的增益及 Q 值,因此这种滤波器中心频率的调节范围是有限的。

在信号频谱分析中常用的中心频率可变的滤波方法还有相关滤波和跟踪滤波,其工作原理与典型应用请参阅相关书籍。

8.4 调制与解调

在测量中,进入测量电路的除了传感器输出的测量信号外,还有各种噪声。而传感器的输出信号一般为微弱的缓变信号,将测量信号从含有噪声的信号中分离出来通常比较麻烦。因此,在实际测量中,往往将缓变信号等价地变成高频的交流信号,然后经放大处理后再从高频信号中将缓变信号提取出来。

缓变信号变成高频交流信号的过程称为调制,其中被测信号称为调制信号,标准高频振荡称为载波;经过被测信号调制后的载波称为已调制波。按照高频振荡受控参量的不同,调制方式可分为幅度调制、频率调制和相位调制,分别简称为调幅、调频和调相。本节主要介绍常用的幅度调制、频率调制。

解调则是从已经调制的信号中提取反映被测量值的测量信号,其实质是从已调制波中不失真地恢复原来的缓变信号的过程。

8.4.1 幅度调制与解调

图 8-37 所示为连续时间幅度调制的基本模型。$x(t)$ 为被测信号,$c(t)$ 为高频载波信号,二者相乘的输出 $y(t)$ 称为已调制信号。若载波信号是正弦信号,则称为正弦幅度调制。

图 8-37　连续时间幅度调制的基本模型

连续时间正弦幅度调制和解调的方框图如图 8-38(a) 所示,调制器的输出为

$$y(t) = x(t)\cos\omega_0 t \tag{8-37}$$

它的频谱 $Y(\omega)$ 可利用傅里叶的频域卷积性质求出,即

$$Y(\omega) = \frac{1}{2\pi}X(\omega) * \pi[\delta(\omega+\omega_0) + \delta(\omega-\omega_0)]$$

$$= \frac{1}{2}[X(\omega+\omega_0) + X(\omega-\omega_0)] \tag{8-38}$$

假设 $x(t)$ 是实的带限信号,即 $X(\omega)=0,|\omega|<\omega_m$,此时,$y(t)$ 将是一个实的带通信号。图 8-38(b) 画出了连续时间正弦幅度调制信号的频谱图,其中,$C(\omega)$ 是 $\cos\omega_0 t$ 的频谱。由此图可知,用正弦载波 $\cos\omega_0 t$ 进行幅度调制,就是把调制信号频谱 $X(\omega)$ 对称地分别搬移到 $\pm\omega_0$ 处。只要 $\omega_0 > \omega_m$,$Y(\omega)$ 就是一个带通频谱。假设传输信道是一个频率范围为 $(\omega_0-\omega_m, \omega_0+\omega_m)$ 的实的理想带通信道,就可以无失真地传输已调制信号 $y(t)$。在接收端,解调的任务是从 $y(t)$ 中恢复出 $x(t)$。利用三角恒等式,不难证明

$$v(t) = y(t)\cos\omega_0 t = x(t)\cos^2\omega_0 t = \frac{1}{2}x(t) + \frac{1}{2}x(t)\cos2\omega_0 t \tag{8-39}$$

它的频谱为

$$V(\omega) = \frac{1}{2}X(\omega) + \frac{1}{4}[X(\omega + 2\omega_0) + X(\omega - 2\omega_0)] \qquad (8\text{-}40)$$

实际上,对式(8-39)取傅里叶变换,并用频域卷积性质也能得到同样的结果。不难想到,当 $\omega_0 > \omega_m$ 时,用一个理想低通滤波器 $H_L(\omega)$ 就可完全恢复出 $x(t)$,只要 $H_L(\omega)$ 满足

$$H_L(\omega) = 2H_{LP}(\omega) = \begin{cases} 2, & |\omega| < \omega_c \\ 0, & |\omega| > \omega_c \end{cases}, \omega_m < \omega_c < \omega_0 \qquad (8\text{-}41)$$

如图 8-38(b) 中最下图所示。

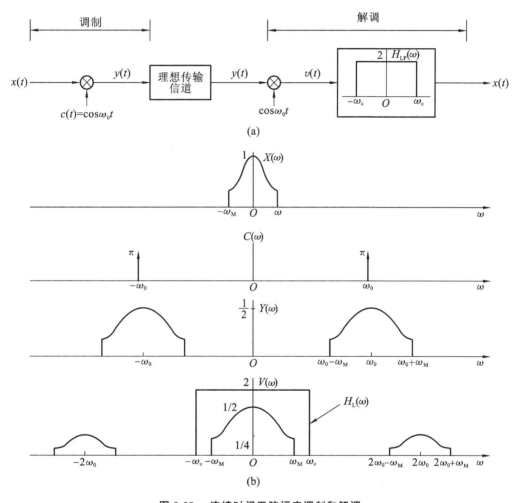

(a)

(b)

图 8-38 连续时间正弦幅度调制和解调

应该指出,在许多实际的正弦幅度调制系统中,往往 $\omega_0 \gg \omega_m$,此时,一般传输信道的频率范围远远宽于 $(\omega_0 - \omega_m, \omega_0 + \omega_m)$,也并不要求接收端采用理想低通滤波器,一般低通滤波器即可完全满足要求。

以上论述中,假定了调制时所用载波与解调时所用载波是同频的。如果调制时所用载波与解调时所用载波不同频,则由以上分析方法可知,此时从 $v(t)$ 中将不可能分离出只反映 $x(t)$ 的单独一项;从频域分析也可看出,由于调制时频谱的搬移量与解调时频谱的搬移量不同,将不可能在 $\omega = 0$ 附近不失真地重现 $x(t)$ 的频谱,因而也不可能通过理想低通滤波器不失真地解调出 $x(t)$。

如果调制和解调的两个载波信号同频但不同相位(即存在一个相位差)。假设调制的载

波信号为 $\cos(\omega_0 t + \theta_1)$，解调的载波信号为 $\cos(\omega_0 t + \theta_2)$，则式(8-39)变为

$$v(t) = x(t)\cos(\omega_0 t + \theta_1)\cos(\omega_0 t + \theta_2)$$

$$= \left[\frac{1}{2}\cos(\theta_1 - \theta_2)\right]x(t) + \frac{1}{2}x(t)\cos(2\omega_0 t + \theta_1 + \theta_2) \tag{8-42}$$

由式(8-42)可见，只要此时 $\theta_1 - \theta_2$ 是一个不随时间变化的常量，而且 $|\theta_1 - \theta_2| \neq \pi/2$，第二项仍可用低通滤波器 $H_L(\omega)$ 滤除掉，此时，低通滤波器的输出变为

$$\hat{x}(t) = \left[\frac{1}{2}\cos(\theta_1 - \theta_2)\right]x(t) \tag{8-43}$$

图 8-38(a) 所示的正弦调制模型，要求调制时所用载波与解调时所用载波的频率必须严格相同，它们的相位变化必须完全同步，因此这种方式称为同步调制和解调，又称相干调制和解调。在实际工程中，为了达到这一要求，必须采用频率合成技术以保证调制端与解调端载频相同，采用锁相技术保证它们的相位同步。由于采用这些技术设备复杂、成本升高，因此这种调制方式主要在点对点的通信场合采用。

8.4.2 频率调制与解调

频率调制是用低频调制信号控制高频载波信号频率的过程。调频过程中载波的幅值保持不变，仅仅载波频率随调制信号的幅值成正比地改变。所以调频波就是一个随调制信号变化的疏密不等的等幅波，如图 8-39 所示。当调制信号幅值增加时，调频波的频率随之增加；当调制信号幅值下降时，调频波的频率也随之下降。

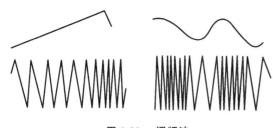

图 8-39 调频波

虽然调频的作用也是实现频移，但是调频较之调幅主要的优越性是它的抗干扰能力较强。因为噪声干扰会直接影响信号的幅值，这样调频波对于施加振幅变化影响的噪声就不是那么敏感了，所以调频系统的信噪比要比调幅系统的大为改善，同时便于远距离传输，容易采用数字技术与后续设备相衔接，因此与调幅相比有更多的优点。

1. 频率调制器及其工作原理

频率调制最普通的方法是将传感器输出的电压信号输入到一个电压/频率变换器，变换器的输出就是一个已进行了频率调制的已调制波。

图 8-40 所示是利用电抗元件(电容或电感)组成的调谐振荡器。将电抗元件作为传感器，将传感器获取的被测信号作为调制信号，将振荡器原有的振荡信号作为载波。当调制信号输入时，振荡器的输出就是被频率调制的已调制波。图 8-40 所示是一个 LC 振荡器，该回路中 LC 两端如果没有衰减的话，则应按 $A\sin\omega_0 t$ 做简谐振荡变化，其振荡频率为

$$\omega_0 = \frac{1}{\sqrt{LC_0}} \tag{8-44}$$

此信号就是调频器的载波信号，若 C_0 为一个电容传感器，当测试被测物理量时，传感器的电容值产生一个随被测物理量变化的附加电容变化量 ΔC，此时谐振回路的电容变为 $C_0 + \Delta C$，其振荡频率变为

$$\omega = \frac{1}{\sqrt{L(C_0 + \Delta C)}} \tag{8-45}$$

将式(8-45)变换为

$$\omega = \frac{1}{\sqrt{LC_0\left(1 + \dfrac{\Delta C}{C_0}\right)}} = \omega_0\frac{1}{\sqrt{1 + \dfrac{\Delta C}{C_0}}} \qquad (8\text{-}46)$$

根据级数展开公式

$$(1 + x)^{-1/2} = 1 - \frac{x}{2} + \frac{1\times 3}{2\times 4}x^2 - \cdots \qquad (8\text{-}47)$$

可得

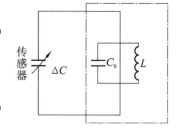

图 8-40　LC 振荡器

$$\omega = \omega_0\left(1 - \frac{\Delta C}{2C_0} + \cdots\right) = \omega_0 - \Delta\omega \qquad (8\text{-}48)$$

从上述式子可以看出,当被测物理量变化引起振荡回路中电容变化时,振荡回路的圆频率也随着有一个变化 $\Delta\omega$,所以振荡器的圆频率受被测物理量的控制,这就是调频过程。图 8-41 所示是调频过程中的时域波形:调制信号就是电容量变化简谐信号,如图 8-41(a) 所示;以 ω_0 为圆频率的高频振荡信号为载波信号,如图 8-41(b) 所示;已调制波的圆频率随着输入信号的变化而增加或者减少 $\Delta\omega$,形成疏密变化的调制波,如图 8-41(c) 所示。

2. 调频波的解调

频率调制后的解调电路常常称为鉴频器,其作用是将已调制波的频率变化转换成电压的变化,即恢复出被测信号的波形。

通常鉴频器由线性变换电路和幅值检波器构成,如图 8-42(a) 所示。其工作原理基于谐振回路的频率特性,已调频波 e_f 经过 L_1,L_2 耦合,加于由 L_2,C_2 组成的谐振回路上,在回路的谐振频率 ω_n 处,线圈 L_1,L_2 中的耦合电流最大,副边输出电压也最大。通常利用谐振回路曲线近似直线的一段来工作,将调频时的载波频率设置在直线工作段的中点,在有频率偏差 $\Delta\omega$ 时,就在 ω_0 附近工作,如图 8-42(b) 所示。$\Delta\omega$ 是一个正弦波,则 $\omega_0\pm\Delta\omega$ 所对应的线性变换输出为一频率为 $\omega_0\pm\Delta\omega$、幅值为随这些频率变化对应的谐振曲线上的各值,所以 e_f 就是一个既有频率变化,又有幅值变化的调频调幅波。由于在特性曲线的直线段工作,所以 e_f 的幅值变化与 $\Delta\omega$ 的变化呈线性关系。

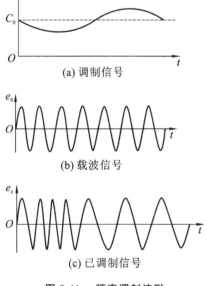

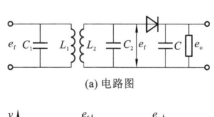

(a) 电路图

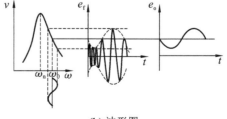

(b) 波形图

图 8-41　频率调制波形　　　　**图 8-42　鉴频器**

后续的幅值检波电路是最常见的整流滤波部分,它将调频调幅波变换成只剩下它的包络线的电压变化波形,与原始的频率偏差信号 $\Delta\omega$ 即被测量对应的 ΔC 信号在幅值变化上是完全一致的,恢复了原来的信号。

习　题

8-1　比较两类隔离放大器(变压器耦合式与光电耦合式)各有何特点。

8-2　低通、高通、带通、带阻滤波器各有什么特点?画出它们的理想幅频特性图。

8-3　调幅波是否可以看作是载波与调制信号的叠加?为什么?

8-4　设一带通滤波器的下截止频率为 f_{c1},上截止频率为 f_{c2},中心频率为 f_0,试指出下列表达是否正确。

(1) 倍频程滤波器 $f_{c2} = \sqrt{2}f_{c1}$。

(2) $f_0 = \sqrt{f_{c1}f_{c2}}$。

(3) 滤波器的截止频率就是此通频带的幅值为 -3 dB 处的频率。

(4) 下截止频率相同时,倍频程滤波器的中心频率是 1/3 倍频程滤波器的中心频率的 $\sqrt[3]{2}$ 倍。

8-5　简要叙述信号调理电路的功能。

8-6　在信号传输过程中,为什么要采用调制技术?常用的调制方式有哪些?

8-7　相关滤波器的基本原理是什么?举例说明其工程应用。

8-8　以阻值 $R = 120~\Omega$,灵敏度 $S = 2$ 的电阻丝应变片与阻值为 $120~\Omega$ 的固定电阻组成电桥,供桥电压 $V_0 = 3$ V,若其负载电阻为无穷大,应变片的应变为 $2000~\mu\varepsilon$。

(1) 求单臂电桥的输出电压及其灵敏度。

(2) 求双臂电桥的输出电压及其灵敏度。

8-9　什么是滤波器的分辨力?它与哪些因素有关?

8-10　何为电桥平衡?要使直流电桥平衡,桥臂参数应满足什么条件?交流电桥平衡应满足什么条件?

8-11　调幅波的调制有哪几种?

8-12　测量放大器有什么特点?

第**9**章　现代测试系统

9.1　现代测试系统概述

现代测试系统和传统测试系统间并无明确的界限。通常人们习惯将具有自动化、智能化、可编程化等功能的测试系统视为现代测试系统。这里把智能仪器、自动化测试系统和虚拟仪器划为此列。随着科学技术的不断发展,对现代测试系统,不仅当今有极大的需求,而且它们也具备了实现的可能。

例如,要在一次昂贵的核试验或火箭发射中,或在超大规模集成电路生产中对单片上成百万个元器件的性能测试方面,没有快速、高效、精确的测试系统是不可思议的;同样,在对关键设备的定期或不间断的监控中,以及在一切测试人员不易或根本无法到达的场合,都得借助一些自动化测试系统。

测试技术是信息工业的源头。利用微型计算机的记忆、存储、数学运算、逻辑判断和命令识别等能力发展的微型计算机化仪器和智能测试系统,随着计算机软件技术的巨大进步应运而生的虚拟仪器等,均为科学技术、工农业生产的持续发展做出了重要贡献。

下面将分别对智能仪器、虚拟仪器、无线传感器网络和微型仪器做扼要介绍。

9.2　智能仪器

所谓智能仪器是指新一代的测量仪器,这类仪器仪表中含有微处理器、单片计算机或体积很小的微型机,有时亦称为内含微处理器的仪器或基于微型机的仪器,这类仪器功能丰富又很灵巧。智能仪器的出现,极大地扩充了传统仪器的应用范围,智能仪器凭借其体积小、功能强、功耗低等优势,迅速在家用电器、科研单位和工业企业中得到了广泛的应用。

智能仪器的工作过程为:传感器拾取被测参量的信息并转换成电信号,经滤波去除干扰后送入多路模拟开关;由单片机逐路选通模拟开关将各输入通道的信号逐一送入程控增益放大器,放大后的信号经 A/D 转换器转换成相应的脉冲信号后送入单片机中;单片机根据仪器所设定的初值进行相应的数据运算和处理(如非线性校正等);运算的结果被转换为相应的数据进行显示和打印;同时,单片机把运算结果与存储于 flash ROM(闪速只读存储器)或 EEPROM(电可擦除只读存储器)内的设定参数进行运算比较后,根据运算结果和控制要求,输出相应的控制信号(如报警装置触发、继电器触点动作等)。此外,智能仪器还可以与微机组成分布式测控系统,由单片机作为下位机采集各种测量信号与数据,将信息传输给上位机——计算机,由计算机进行全局管理。

与传统仪器仪表相比,智能仪器具有以下功能特点。

仪器的整个测量过程,如键盘扫描、量程选择、开关启动闭合、数据的采集、传输与处理以及显示打印等都用单片机或微控制器来控制操作,实现测量过程的全部自动化。

(1)具有自测功能,包括自动调零、自动故障与状态检验、自动校准、自诊断及量程自动转换等。智能仪表能自动检测出故障的部位甚至故障的原因。这种自测试可以在仪器启动时运行,同时也可在仪器工作中运行,极大地方便了仪器的维护。

（2）具有数据处理功能，这是智能仪器的主要优点之一。智能仪器由于采用了单片机或微控制器，使得许多原来用硬件逻辑难以解决或根本无法解决的问题，现在可以用软件非常灵活地加以解决。例如，传统的数字万用表只能测量电阻和交直流电压、电流等，而智能型的数字万用表不仅能进行上述测量，而且还具有对测量结果进行诸如零点平移、取平均值、求极值、统计分析等复杂的数据处理功能，不仅使用户从繁重的数据处理中解放出来，也有效地提高了仪器的测量精度。

（3）具有友好的人机对话能力。智能仪器使用键盘代替传统仪器中的切换开关，操作人员只需通过键盘输入命令，就能实现某种测量功能。与此同时，智能仪器还通过显示屏将仪器的运行情况、工作状态以及对测量数据的处理结果及时告诉操作人员，使仪器的操作更加方便直观。

（4）具有可程控操作能力。一般智能仪器都配有 GPIB、RS232C、RS485 等标准的通信接口，可以很方便地与微机和其他仪器一起组成用户所需的多种功能的自动测量系统，来完成更复杂的测试任务。

智能仪器和虚拟仪器的区别在于它们所用的微机是否与仪器测量部分融合在一起，即是采用专门设计的微处理器、存储器、接口芯片组成的系统，还是用现成的微机配以一定的硬件及仪器测量部分组合而成的系统。

9.3 虚拟仪器

9.3.1 虚拟仪器概述

1. 虚拟仪器的产生

由于微电子技术、计算机技术、软件技术、网络技术的高速发展，以及它们在各种测量技术与仪器仪表中的应用，使新的测试理论、测试方法、测试领域以及仪器结构不断涌现并发展成熟，在许多方面已经冲破了传统仪器的概念，电子测量仪器的功能和作用也发生了质的变化。另外在高速发展的信息社会，要在有限的时空上实现大量的信息交换，必然带来信息密度的急剧增大，要求电子系统对信息的处理速度越来越快，功能越来越强，这使得系统结构日趋复杂。对体积、耗电和价格的要求促使系统及 IC 集成密度越来越高。同时激烈的竞争市场又要求产品的价格不断下降以及研制生产周期缩短。目前的测试技术在如下几方面受到挑战。

（1）不仅要求测试仪器能做参量测量，而且要求测量数据能被其他系统所共享。

（2）微处理器和 DSP（数字信号处理器）技术的飞速发展以及它们价格的不断降低，改变了传统仪器就是电子线路的概念，而代之以所谓仪器软件化的概念。

（3）仪器的人机界面所含的信息显示和人机交互的便易性，要求传统的仪器反映的信息量增加。

（4）把计算机的运算能力和数据交换能力"出借"给测试仪器，即利用计算机的已有硬件，再配接适量的接口部件，构造测量系统。

（5）计算机不仅可以完成测试仪器的一些功能，而且在需要增加某种测试功能时，只需增加少量的模块化功能即可。

可见，一方面电子技术的迅速发展从客观上要求测试仪器向自动化及柔性化发展；另一方面，计算机硬件技术的发展也给测试仪器的自动化发展提供了可能。在这种背景下，自

1986年美国国家仪器公司(NI)提出虚拟仪器 VI(virtual instrument)概念以来,这种集计算机技术、通信技术和测量技术于一体的模块化仪器便在世界范围内得到了认同与应用,逐步体现了仪器仪表技术发展的一种趋势。

所谓虚拟仪器,就是在以计算机为核心的硬件平台上,其功能由用户设计和定义,具有虚拟面板,其测试功能由测试软件实现的一种计算机仪器系统。虚拟仪器的实质是利用计算机显示器的显示功能来模拟传统仪器的控制面板,以多种形式表达输出检测结果;利用计算机强大的软件功能实现信号数据的运算、分析和处理;利用 I/O 接口设备完成信号的采集、测量与调理,从而完成各种测试功能的一种计算机仪器系统。使用者用鼠标或键盘操作虚拟面板,就如同使用一台专业测量仪器一样。因此,虚拟仪器的出现,使测量仪器与计算机的界限模糊了。

虚拟仪器的"虚拟"两字主要包含以下两方面的含义。

(1)虚拟仪器的面板是虚拟的,虚拟仪器面板上的各种"图标"与传统仪器面板上的各种"器件"所完成的功能是相同的,由各种开关、按钮、显示器等图标实现仪器电源的"通""断",被测信号的"输入通道""放大倍数"等参数的设置,以及测量结果的"数值显示""波形显示"等。

传统仪器面板上的器件都是"实物",而且是由"手动"和"触摸"进行操作的;虚拟仪器前面板是外形与实物相像的"图标",每个图标的"通""断""放大"等动作通过用户操作计算机鼠标或键盘来完成。因此,设计虚拟仪器前面板就是在前面板设计窗口中摆放所需的图标,然后对图标的属性进行设置。

(2)虚拟仪器测量功能是通过对图形化软件流程图的编程来实现的,虚拟仪器是在以计算机为核心组成的硬件平台支持下,通过软件编程来实现仪器的功能的。因为可以通过不同测试功能软件模块的组合来实现多种测试功能,所以在硬件平台确定后,就有"软件就是仪器"的说法。这也体现了测试技术与计算机深层次的结合。

虚拟仪器的出现是仪器发展史上的一场革命,代表着仪器发展的最新方向和潮流,是信息技术的一个重要领域,对科学技术的发展和工业生产将产生不可估量的影响。经过几十年的发展,VI 技术本身的内涵不断丰富,外延不断扩展,目前已发展成具有 GPIB、PC-DAQ (data acquisition)、VXI 和 PXI 四种标准体系结构的开放技术。可广泛应用于电子测量、振动分析、声学分析、故障诊断、航天航空、军事工程、电力工程、机械工程、建筑工程、铁路交通、地质勘探、生物医疗、教学及科研等诸多方面。

2. 虚拟仪器的构成及分类

虚拟仪器由通用仪器硬件平台(简称硬件平台)和应用软件两大部分构成。

1)虚拟仪器的硬件平台

(1)计算机。计算机一般为一台 PC 机或者工作站,是硬件平台的核心。

(2)I/O 接口设备。I/O 接口设备主要完成被测输入信号的采集、放大、A/D 转换。不同的总线有其相应的 I/O 接口硬件设备,如利用 PC 机总线的数据采集卡/板(简称为数采卡/板,DAQ 卡)、GPIB 总线仪器、VXI 总线仪器模块、串口总线仪器等。虚拟仪器的构成方式主要有 5 种类型,如图 9-1 所示。

PC-DAQ 系统是以数据采集卡/板、信号调理电路及计算机为仪器硬件平台组成的插卡式虚拟仪器系统。这种系统采用 PCI 或计算机本身的 ISA 总线,将数据采集卡/板插入计算机的空槽中即可。

GPIB 系统是以 GPIB 标准总线仪器与计算机为仪器硬件平台组成的虚拟仪器测试

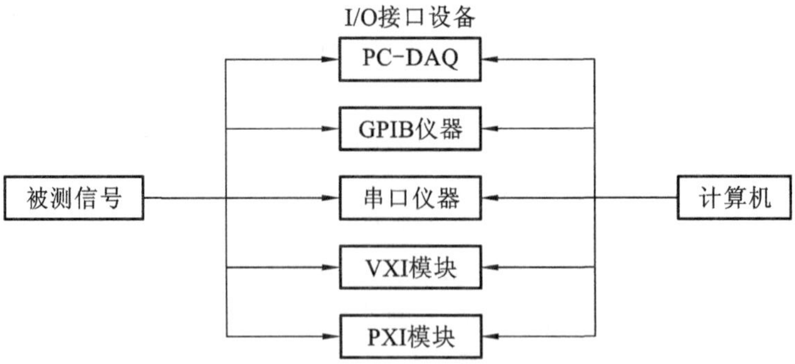

I/O接口设备

PC-DAQ

GPIB仪器

被测信号 —— 串口仪器 —— 计算机

VXI模块

PXI模块

图 9-1 虚拟仪器的构成方式

系统。

VXI 系统是以 VXI 标准总线仪器模块与计算机为仪器硬件平台组成的虚拟仪器测试系统。

PXI 系统是以 PXI 标准总线仪器模块与计算机为仪器硬件平台组成的虚拟仪器测试系统。

串口系统是以 Serial 标准总线仪器与计算机为仪器硬件平台组成的虚拟仪器测试系统。

无论上述哪种 VI 系统,都通过应用软件将仪器硬件与计算机相结合。其中,PC-DAQ 测量系统是构成 VI 的最基本的方式,也是最廉价的方式。

2）虚拟仪器的软件

开发虚拟仪器必须有合适的软件工具,目前的虚拟仪器软件开发工具有如下两类。

(1) 文本式编程语言,如 Visual C＋＋、Visual Basic、LabWindows/CVI 等。

(2) 图形化编程语言,如 LabVIEW、HP VEE 等。

这些软件开发工具为用户设计虚拟仪器应用软件提供了最大限度的方便条件与良好的开发环境。本书虚拟仪器设计所涉及的是 LabVIEW 虚拟仪器编程语言。

虚拟仪器软件由两部分构成,即应用程序和 I/O 接口仪器驱动程序。

虚拟仪器的应用程序包含两方面功能的程序:实现虚拟面板功能的软件程序,定义测试功能的流程图软件程序。

I/O 接口仪器驱动程序完成特定外部硬件设备的扩展、驱动与通信。

3）典型虚拟仪器实例

采用 LabVIEW 开发平台设计的基于 PC-DAQ 的虚拟仪器测试系统的结构如图 9-2 所示。

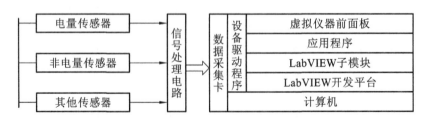

图 9-2 基于 PC-DAQ 的虚拟仪器测试系统的结构

图 9-2 所示的虚拟仪器测试系统工作流程如下。

（1）传感器测量被测信号，将其转换为电量信号。

（2）信号处理电路将传感器输出的电量信号进行整形、转换、滤波处理，使之变成标准信号。

（3）数据采集卡采集信号处理电路的电压信号，并转换为计算机能处理的数字信号。

（4）通过设备驱动程序，数字信号进入计算机。

（5）在 LabVIEW 平台下，调用信号处理子模块，编写仪器功能流程、功能算法，设计虚拟仪器前面板。

（6）形成具有不同仪器功能的应用程序。

9.3.2 硬件构成

虚拟仪器的硬件担任信号的输入和输出工作。大多数的 GPIB 仪器、VXI 仪器、串口仪器等硬件仪器，其主要构成硬件是数据采集系统。数据采集的任务是采集被测信号并经 ADC（模数转换器）将其转换成数字量。由于被测对象的种类多，一般都要对进入 ADC 之前的被测量信号进行调理。因此，一个基于计算机的数据采集系统一般由信号调理电路、数据采集电路、计算机通信电路组成，其原理框图如图 9-3 所示，主要部分的作用介绍如下。

传感器信号 ──→ 信号调理电路 ──→ 数据采集电路 ──→ 计算机通信电路 ──→ 计算机

图 9-3 数据采集系统原理框图

1. 信号调理电路

信号调理一般包括放大、隔离、滤波、线性化处理等。

信号放大、滤波的原理及作用在前面的章节已讲述。隔离的作用是将传感器信号同计算机信号隔开，保证系统安全和被测信号的准确。由于部分传感器的输入-输出特性的非线性会影响测量结果，故应先将非线性关系近似为线性关系，即线性化处理，有利于后续信号的处理，能提高测量的准确性。

2. 数据采集电路

数据采集电路是将被测的模拟信号转换为数字信号并送入计算机的输入通道，其核心是 ADC 电路，并附有控制软件。ADC 电路的基本参数有通道数、采样频率、分辨力和输入信号范围。

采样是按一定的时间间隔 Δt 进行的，Δt 的倒数 $f_s = 1/\Delta t$ 称为采样频率，根据采样定理，采样频率至少是被测信号最高频率的两倍才不至于产生波形失真。

分辨力表示模拟信号的 ADC 位数，ADC 位数越多，分辨力越高，可区分的输入电压信号就越小。

输入信号范围也称电压范围，由 ADC 能够量化的信号的最高电压与最低电压来确定。一般多功能 DAQ 卡提供多种可选范围来处理不同的电压，这样能将信号范围与 ADC 范围进行匹配，有效地利用分辨力，得到精确的测量信号。

现在市场上有通用的数据采集卡（DAQ 卡）产品，选用 DAQ 卡产品时应注意以下几个特性。

（1）差分非线性度。理论上，当增加输入电压时，数字信号应相应增加，并呈线性关系，实际存在非线性误差。差分非线性度（differential non-linearity，简称 DNL）度量最坏情况下的偏离误差。

（2）相对精确度。相对精确度是用来衡量最坏情况下偏离 DAQ 卡转换功能直线的量。

（3）停滞时间。对于那种被测信号经多路开关到放大器，再到 ADC 的采集电路，放大器必须能够跟踪多路开关的输出和停滞，以便 ADC 能准确工作，否则 ADC 就会把通道间的数据混淆，这期间放大器的停留时间称为停滞时间。对于性能好的 DAQ 卡，停滞时间应准确。

（4）噪声。数字信号的值与信号实际值的差异称为噪声。

（5）模拟输出。模拟输出电路为数据采集电路提供激励。数模转换器（缩写 DAC）的规格决定了输出信号的停滞时间、转换率和分辨力。停滞时间和转换率决定 DAC 输出信号的快慢程度。

（6）数字 I/O。数字 I/O 常用作 PC 机与数据采集系统的控制，产生测试信号与外围设备通信，其重要参数包括有效的数字线数、速率、源数字信号和驱动能力。

（7）定时 I/O。计数器/定时器线路用于很多场合，包括计算数字事件、数字脉冲定时和产生方波脉冲信号。

（8）总线仲裁和高级系统的 DMA 传送。

例如，NI 公司生产的 16 位基于 PCI 总线 E 系列数据采集卡的性能指标有：

采样频率达 200 kS/s（Sample/second，缩写 S/s）；

16 个单端（single-ended）或 8 个差分（differential）模拟输入通道；

2 个精度达 12 位的模拟输出通道；

8 通道数字 I/O；

2 通道时间 I/O，支持模拟数字触发方式。

数据采集卡需要相应的驱动软件才能发挥作用，因此，与商品化 DAQ 卡配套的有数据采集卡驱动软件。商品化的驱动软件的主要功能有 DAQ 卡的连接、操作管理和资源管理，并且驱动软件隐含了低级、复杂的硬件编程细节，而提供给用户简明的操作使用界面，供用户在此基础上编写应用软件，减少用户编写驱动软件的工作。

9.3.3　虚拟仪器的软件实现

虚拟仪器的软件框架从低层到顶层，包括三部分：VISA 库、仪器驱动程序、应用软件。

1. VISA 库

VISA（virtual instrumentation software architecture，虚拟仪器软件体系结构）实质就是标准 I/O 函数库及其相关规范的总称。一般称这个 I/O 函数库为 VISA 库。它驻留于计算机系统之中执行仪器总线的特殊功能，是计算机与仪器之间的软件层连接，以实现对仪器的程控。它对于仪器驱动程序开发者来说是一个个可调用的操作函数集。

2. 仪器驱动程序

仪器驱动程序是完成对某一特定仪器控制与通信的软件程序集。它是应用程序实现仪器控制的桥梁。每个仪器模块都有自己的仪器驱动程序，仪器厂商以源码的形式提供给用户。

3. 应用软件

应用软件建立在仪器驱动程序之上，直接面对操作用户，通过提供直观友好的测控操作界面、丰富的数据分析与处理功能，来完成自动测试任务。

虚拟仪器应用软件的编写大致可分为以下两种方式。

（1）用通用编程软件进行编写，主要有 Microsoft 公司的 Visual Basic 与 Visual C ++、Borland 公司的 Delphi、Sybase 公司的 PowerBuilder 和 LabWindows/CVI 等；

（2）用专业图形化编程软件，如 HP 公司的 VEE、NI 公司的 LabVIEW 以及工控组态软件等进行开发。

应用软件还包括通用数字处理软件。通用数字处理软件包括用于数字信号处理的各种功能函数，如频域分析的功率谱估计、FFT、FHT、逆 FFT、逆 FHT 和细化分析等，时域分析的相关分析、卷积运算、反卷积运算、均方根估计、差分积分运算和排序等，以及数字滤波等。这些功能函数为用户进一步扩展虚拟仪器的功能提供了基础。

表 9-1 所示为各类虚拟仪器编程软件的比较。

表 9-1　各类虚拟仪器编程软件的比较

软　件	特　点	支 持 系 统	性　价　比
Visual Basic，Delphi	易学、使用简单；面向对象的可视化编程软件；其图形控件工具能生成复杂的多窗口用户界面而不必编写复杂的代码；可创建自己的 ActiveX 控件，以及多线程和线程安全 ActiveX 部件	Windows UNIX	价格适中，开发周期长
HP VEE	用于仪器控制、测量处理和测试报告的图形化编程语言；自动寻找与计算机相连的仪器，自动管理所有的寻址操作；具有直观、丰富的显示界面；不必编写代码就可以进行数据采集与分析；具有多种数学运算和分析功能，从最基本的数学运算到数字信号处理和回归分析	Windows UNIX	价格适中
LabVIEW	仪器控制与数据采集的图形化编程环境；直观明了的前面板用户界面和流程图式的编程风格；内置的编译器可加快执行速度；内置 GPIB、VXI、串口和插入式 DAQ 板的库函数；内容丰富的高级分析库，可进行信号处理、统计、曲线拟合以及复杂的分析工作；利用 ActiveX、DDE 以及 TCP/IP 进行网络连接和进程通信；可应用于 Win31/95/NT、Mac OS、Sun、HP-UX 以及 Concurrent 实时计算机	Windows DOS	价格较低，通用性好
LabWindows/CVI	使用 ANSI C 编程语言建立实用仪器的交互式开发环境；可视化开发工具自动产生程序大纲和调用函数，从而减少编码错误、加快程序开发速度；集成化 C 语言编程工具，包含 32 位的 C 编译器、连接程序、调试程序，以及代码产生实用程序；直观明了的图形编辑器，可建立用户 GUI 界面；可用于 Win31/95/NT 操作系统以及 SUN SPARC 工作站的 Solaris 操作系统；用于 HP-UX 的运行时间库	Windows OS/2	价格低，通用性强
组态软件	利用系统软件提供的工具，通过简单形象的组态工作，实现所需的软件功能。具有数据采集和处理、动态数据显示、报警、自动控制、历史数据库、报表、图形、宏调用等功能以及专用程序开发环境。提供支持 3000 点的控制点。一般对硬件的要求相对严格，程序逻辑相对固定。但实现相对容易，可靠性高	Windows NT 以上	根据系统规模的大小，价格差别较大

我国在虚拟仪器驱动器研究方面取得了一定的进展:成都电子科技大学开发出了具有自主知识产权的 VISA 库;哈尔滨工业大学电气工程及自动化学院开发的虚拟仪器软件开发平台——ATS95 可以实现对 VXI、GPIB 等总线接口的控制;吉林大学完成的"图形化虚拟仪器开发平台"等。但由于我国介入虚拟仪器研究比较晚,在硬件模拟方面没有自己上规模、成系列的产品,导致了测试软件没有全面发展,很多关键技术仍处于起步阶段,在驱动器设计方面没有自主知识产权的技术规范和相关产品,仍有很长的路要走。今后国内虚拟仪器技术的研究应在以下方面进行努力:①开发自己的总线控制器,占领虚拟仪器技术的心脏地带;②设计各种仪器模块产品并形成系列化,降低虚拟仪器系统的集成成本;③设计完备成熟的 VISA 库,把握自己的知识产权;④开展面向信号的驱动器技术研究,与国际接轨,深入研究虚拟仪器核心技术。

9.3.4　虚拟仪器的应用

工业上对虚拟仪器尚没有一个确切的定义。通常将虚拟仪器描述为下列 4 个应用方式。

1. 组合仪器

将一些单独的仪器组合起来完成复杂测试任务,把这样的整套测试系统视为虚拟仪器。这些单独的仪器本身并不能实现这些功能。这个组合系统可设置每台仪器的参数、可做初始化操作、处理数据、显示测量的结果等。这个系统的总线可以是 IEE-488 总线、PC 总线、VXI 总线或三者的组合等。

2. 图形虚面板

由计算机屏幕上的图形前面板替代传统仪器面板上的手动按钮、手柄和显示装置,以此提供了对一台仪器的控制。由于它具有丰富的图形软件和窗口功能,可提供较传统仪器面板功能更多的方便条件。例如,电压表或电子开关等简单的仪器,现在可以像示波器一样定时显示其测量值的变化,或可以直观地显示各种开关的状态。

3. 图形编程技术

大多数仪器系统均应用 C 语言、BASIC、FORTRAN 或 Pascal 等文字化的语言来编程。当计算机和仪器的功能不断扩大后,仪器系统可达到的能力看来是无限的。然而,仪器系统的开发者不得不需要把越来越大量的工作放在软件开发上以控制该系统。为解决这一问题引入了一些新方法和编程技术。最引人注目的成就之一是图形编程语言的引入。

不仅仪器的控制,而且整个程序流程和执行均用图形软件由图形来确定。所有用文字化语言能做的都可由图形软件来完成。取代键入一行行的指令和说明等文字的是用线条和箭头将一幅幅图形连接起来开发出图形化的程序,从而使编程时间大大缩短。

进一步可将图形子程序组合为一个复杂功能的图形,用于开发越来越先进的虚拟仪器。当然,用户也可根据自己的意愿采用文字或语言编程,或者将文字语言与图形语言混合使用。

4. 重组各功能模块构成虚拟仪器

用户根据自己的需要挑选一些功能模块以及相应的软件来组成一台虚拟仪器。VXI 总线(或 PXI 总线)为这些功能模块组合提供了一个理想的环境。图 9-4 所示是采用组合功能模块技术而组成的 VXI 总线信号分析仪。各模块间的数据流如图 9-4(b)所示。这个技术的优点是为用户特殊需要的专用仪器提供了一种灵活的解决办法。

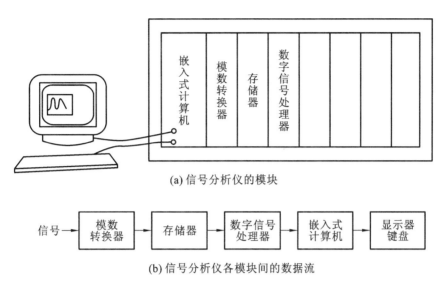

(a) 信号分析仪的模块

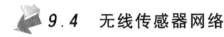

信号 → 模数转换器 → 存储器 → 数字信号处理器 → 嵌入式计算机 → 显示器键盘

(b) 信号分析仪各模块间的数据流

图 9-4　采用组合功能模块技术组成的 VXI 总线信号分析仪

9.4　无线传感器网络

9.4.1　无线传感器网络的发展历程

无线传感器网络(wireless sensor network,WSN)是集信息采集、信息传输、信息处理于一体的综合智能信息系统,具有广阔的应用前景,是目前非常活跃的一个领域。无线传感器网络是一种由成千上万的微传感器构成的具有动态拓扑结构的自组织网络。由于微传感器的体积小、重量轻,甚至可以像灰尘一样在空气中浮动,因此,有人又称无线传感器网络为"智能微尘"(smart dust)。

早在 20 世纪 70 年代就出现了将传统传感器采用点对点传输、连接传感控制器而构成的传感器网络雏形,人们把它归结为第一代传感器网络。随着相关学科的不断发展,传感器网络同时还具有获取多种信息信号的综合能力,采用串/并接口(如 RS-232、RS-485)与传感控制器相连,构成了有信息综合和处理能力的传感器网络,这是第二代传感器网络。在 20世纪 90 年代后期和 21 世纪初,用具有智能获取多种信息信号能力的传感器,采用现场总线连接传感控制器,构成局域网络,成为智能化传感器网络,这是第三代传感器网络。第四代传感器网络正在研究开发,用大量的具有多功能、多信息信号获取能力的传感器,采用自组织无线接入网络,与传感器网络控制器连接,构成无线传感器网络。总之,无线传感器网络的发展主要经历了如下几个阶段。

1. 无线数据网络

人们通常把以数据传输为主要功能的无线网络技术称为无线数据网络,其发展起源于人们对无线数据传输的需求。从技术角度看,无线通信技术就是无线传感器网络出现和发展的基础和直接推动力。常用的典型无线数据网络有以下几种。

1) ALOHA 协议

ALOHA 协议(或称 ALOHA 技术、ALHOA 网)是世界上最早的无线电计算机通信网。它的名字起源于 20 世纪 60 年代末美国夏威夷大学的 Norman Abramson 及其同事的一项名为 ALOHA 的研究计划,ALOHA 是夏威夷人表示"致意"的问候语,这项研究计划的目的是要解决夏威夷群岛之间的通信问题。ALOHA 网可以使分散在各岛的多个用户通过无线电信道来使用中心计算机,从而实现一点到多点的数据通信。ALOHA 协议是一种使用无线广播技术的分组交换计算机网络,也是最早的、最基本的无线数据通信协议。

ALOHA 协议分为纯 ALOHA 和时隙 ALOHA 两种。

纯 ALOHA 协议的思想很简单,只要用户有数据要发送,就尽管让他们发送。当然,这样会产生冲突从而造成帧的破坏。但是,由于广播信道具有反馈性,因此发送方可以在发送数据的过程中进行冲突检测,将接收到的数据与缓冲区的数据进行比较,就可以知道数据帧是否遭到破坏。同样的道理,其他用户也是按照此过程工作的。如果发送方知道数据帧遭到破坏(即检测到冲突),那么它可以等待一段随机长的时间后重发该帧。所谓等待一段随机长的时间,就是为了防止发送冲突的用户在检测到冲突后立即重发数据,而使各个用户错开重发时间,以避免连锁冲突的恶性循环。

时隙 ALOHA 协议是 1972 年 Roberts 发明的一种能把信道利用率提高一倍的信道分配策略。其思想是用时钟来统一用户的数据发送。办法是将时间分为离散的时间片,用户每次必须等到下一个时间片才能开始发送数据,从而避免了用户发送数据的随意性,减少了数据产生冲突的可能性,提高了信道的利用率。在时隙 ALOHA 系统中,计算机并不是在用户按下回车键后就立即发送数据,而是要等到下一个时间片开始时才发送。这样,连续的纯 ALOHA 就变成了离散的时隙 ALOHA。由于冲突的危机区平均减少为纯 ALOHA 的一半,因此时隙 ALOHA 的信道利用率可以达到 36.8%,是纯 ALOHA 协议的两倍。但对于时隙 ALOHA,用户数据的平均传输时间要高于纯 ALOHA 系统的。

ALOHA 技术的原理非常简单,特别便于无线设备实现。该技术将计算机与通信结合起来,能将计算机存储的大量信息传输到所需的地方。

2) PRNET 系统

PRNET(packet radio network,分组无线网络)是 Ad Hoc 网络的前身。对分组无线网络的研究源于军事通信的需要,并持续了近 20 年。早在 1972 年,美国 DARPA 就启动了分组无线网络项目,研究分组无线网络在战场环境下的数据通信中的应用。项目完成之后,DARPA 又在 1993 年启动了高残存性自适应网络(survivable adaptive network,SURAN)项目,研究如何将 PRNET 的成果加以扩展,以支持更大规模的网络,还要开发能够适应战场快速变化环境下的自适应网络协议。1994 年,DARPA 又启动了全球移动信息系统(global mobile information systems,GloMo)项目,在分组无线网络已有成果的基础上对能够满足军事应用需要的、可快速展开的、高抗毁性的移动信息系统进行全面深入的研究,并一直持续至今。1990 年成立的 IEEE802.11 工作组采用了"Ad Hoc 网络"一词来描述这种特殊的对等式无线移动网络。

3) Amateur 分组无线网络

Amateur 分组无线网络是一个由各国业余无线电爱好者设计构建的自组、多跳、各国全国范围的网络。Amateur 的缺陷是地区间只能使用低速率短波链路。由于在链路层以上缺乏统一的协议,用户只能通过人工的方式配置路由,限制了网络的应用。

Amateur 分组无线网络的后续研究包括分组网络与 Internet 雏形的互联、多种短波通信物理层协议的开发、基于卫星的分组网络等。最主要的进步在于多路访问冲突避免(multiple access collision avoidance,MACA)无线信道接入协议的开发。MACA 将载波监听多路访问机制与苹果公司的 Localtalk 网络中使用的 RTS/CTS 通信握手机制相结合,极好地解决了"隐藏终端"和"暴露终端"问题。

4）无线局域网

无线局域网（wireless local area networks，WLAN）就是在各工作站和设备之间不再使用通信电缆而采用无线通信方式连接的局域网。一般来讲，凡是采用无线传输媒体的计算机局域网都可以称之为无线局域网。

目前，无线局域网采用的传输媒体主要有两种——无线电波和红外线。根据调制方式的不同，无线电波方式又可分为扩展频谱方式和窄带调制方式。扩展频谱方式是指用来传输信息的射频带宽远大于信息本身带宽的一种通信方式，它虽然牺牲了频带带宽，却提高了通信系统的抗干扰能力和安全性；窄带调制方式是指数据基带信号的频谱不做任何扩展即被直接搬移到射频发射出去，与扩展频谱方式相比，窄带调制方式占用频带少，频带利用率高，但是通信可靠性较差。红外线方式的最大优点是不受无线电干扰，且红外线的使用不必受国家无线电管理委员会的限制，但是红外线对非透明物体的透过性较差，传输距离受限。

1990 年，IEEE 802 LAN/MAN 标准委员会成立了 IEEE802.11 工作组来建立无线局域网标准，并于 1997 年发布了该标准的第一个版本，其中定义了介质访问接入控制层（MAC 层）和物理层。物理层定义了工作在 2.4 GHz 的 ISM 频段上的两种无线调频方式和一种红外传输方式，总数据传输速率设计为 2 Mbps。两个设备之间的通信可以以自由直接（Ad Hoc）的方式进行，也可以在基站（base station，BS）或者访问点（access point，AP）的协调下进行。1999 年，加上了两个补充版本：IEEE802.11a 定义了一个在 5 GHz 的 ISM 频段上的数据传输速率可达到 54 Mbps 的物理层，IEEE802.11b 定义了一个在 2.4 GHz 的 ISM 频段上的数据传输速率高达 11 Mbps 的物理层。2.4 GHz 的 ISM 频段为世界上绝大多数国家通用，因此 IEEE802.11b 得到了最为广泛的应用。苹果公司把自己开发的 IEEE 802.11标准起名为 AirPort。1999 年工业界成立了 Wi-Fi 联盟，致力于解决符合 IEEE 802.11标准的产品生产和设备兼容性问题。

5）无线个域网

无线个域网（wireless personal area networks，WPAN），是无线个人局域网的简称，它是一种与无线广域网（WWAN）、无线城域网（WMAN）、无线局域网（WLAN）并列但覆盖范围较小的无线网络，是为了实现活动半径小、业务类型丰富、面向特定群体、无线无缝连接而提出的新兴无线通信网络技术。支持无线个人局域网的技术包括蓝牙、ZigBee、超频波段（UWB）、IrDA、HomeRF 等，每一项技术只有被用于特定的用途、应用程序或领域才能发挥最佳的作用。此外，虽然在某些方面，有些技术被认为是在无线个人局域网空间中相互竞争的，但是它们之间常常又是互补的。

美国电气和电子工程师协会（Institute of Electrical and Electronics Engineers，IEEE）IEEE802.15 工作组是对无线个人局域网做出定义说明的机构。除了基于蓝牙技术的 IEEE802.15 之外，IEEE 还推荐了其他两个类型：低频率的 IEEE802.15.4（TG4，也被称为 ZigBee）和高频率的 IEEE802.15.3（TG3，也被称为超频波段或 UWB）。TG4 ZigBee 针对低电压和低成本家庭控制方案提供 20 Kbps 或 250 Kbps 的数据传输速率，而 TG3 UWB 则支持用于多媒体的介于 20 Mbps 和 1 Gbps 之间的数据传输速率。

为了满足类似于温度传感器这样小型、低成本设备无线联网的要求，在 2000 年 12 月，美国电气和电子工程师协会成立了 IEEE802.15.4 工作组。这个工作组致力于定义一种供廉价的固定、便携或移动设备使用的极低复杂度、成本和功耗的低速率无线连接技术。ZigBee 正是这种技术的商业化命名，这个名字来源于蜂群使用的赖以生存的通信方式（蜜蜂通过 ZigBee 形状的舞蹈来分享新发现的食物源的位置、距离和方向等信息）。在标准化方面，IEEE802.15.4 工作组主要负责制定物理层和 MAC 层的协议，其余协议主要参照和采用现有的标准。高层应用、测试和市场推广等方面的工作由 ZigBee 联盟负责。ZigBee 联盟成立于 2002 年 8 月，由英国 Inversys 公司、日本三菱电机株式会社、美国摩托罗拉公司以及荷兰飞利浦半导体公司组成，如今已经成功吸引了上百家芯片公司、无线设备公司和开发商的加入。同时 IEEE802.15.4 协议也吸引了其他标准化组织的注意力，比如 IEEE1451 工作组就在考虑怎样在 IEEE802.15.4 标准的基础上实现传感器网络。

正式 IEEE802.15.4 标准在 2003 年上半年发布，芯片和产品已经面世。ZigBee 联盟在 IEEE802.15.4—2003 标准的基础上，于 2005 年 6 月 27 日公布了第一份 ZigBee 规范——ZigBee Specification v1.0，并于 2006 年 12 月 1 日公布了改进版本的 ZigBee Specification—2006 版本，再次掀起了全球范围内研究 ZigBee 技术的热潮。在标准林立的短距离无线通信领域，ZigBee 的快速发展可以说是始料不及的，比被业界"炒"了多年的蓝牙、Wi-Fi 进展更快。

基于 ZigBee 技术的无线传感器网络应用在 ZigBee 联盟和 IEEE802.15.4 组织的推动下，结合其他无线技术可以实现无所不在的网络。它不仅在工业、农业、军事、环境、医疗等传统领域具有极高的应用价值，而且在未来其应用更将扩展到涉及人类日常生活和社会生产活动的所有领域。

2. 无线自组织网络

无线自组织网络（mobile ad hoc network，MANET），是一个由几十到上百个节点组成的、采用无线通信方式的、动态组网的、多跳的移动性对等网络。其目的是通过动态路由和移动管理技术传输具有服务质量要求的多媒体信息流。通常节点具有持续的能量供给。无线自组织网络不同于传统无线通信网络的技术。传统的无线蜂窝通信网络，需要固定的网络设备如基站的支持，进行数据的转发和用户服务控制。无线自组织网络不需要固定设备支持，各节点（即用户终端）自行组网，通信时，由其他用户节点进行数据的转发。这种网络形式突破了传统无线蜂窝通信网络的地理局限性，能够更加快速、便捷、高效地部署，适合于一些紧急场合的通信需要，如战场的单兵通信。但无线自组织网络也存在网络带宽受限、对实时性业务支持较差、安全性不高的弊端。目前，国内外有大量研究人员进行此项目研究。

3. 无线传感器网络

无线传感器网络的研究和使用最早可追溯到冷战时期，美国在其战略区域布置了声学监视系统（sound surveillance system，SOSUS），用于检测和跟踪静默下的苏联潜艇。SOSUS 是一种声学传感器（水下测声仪）系统，安装在海底。之后，美国开发了其他较复杂的声学网络，用于潜艇监视。随后建立了雷达防控网络，用于保护美国大陆和加拿大。为使传感器网络能在军事和民用领域被广泛应用，美国国防高级研究计划局（DARPA）在 1978 年发起了分布式传感器网络研讨会，该研讨会在宾夕法尼亚州的卡耐基梅隆大学召开。由于军用监视系统对传感器网络感兴趣，人们开始对传感器网络在通信和计算的权衡方面展开研究，同时对传感器网络在普适环境中的应用展开研究。DARPA 在 1979 年提出了分布式传感器网络计划——DSN 计划，确定了 DSN 的技术组成，包括传感器（声学）、通信（在资源共享网络公共应用上进行链路处理的高级协议）、处理技术和算法（包括传感器自定义算法）、分布式软件（动态可更改分布式系统和语言设计）。由于 DARPA 此时正在大力发起人工智能（artificial intelligence，AI）的研究，因此，如何将 AI 技术应用于信号识别、态势评估以及分布式问题求解等技术,在 DSN 项目中也被考虑在内。20 世纪 90 年代中期,开始了低功率无线集成微型传感器研究计划,1988 年美国国防高级研究计划局又提出了传感器信息技术计划——SensIT 计划,计划的发起使得人们对无线传感器系统的兴趣持续增长。SensIT 主要研究用于大型分布式军用传感器系统的无线 Ad Hoc 网络,在此计划中有 25 个研究机构资助了总计 29 个研究项目,该计划于 2002 年结束。这些计划的根本目的是研究无线传感器网络的理论和实现方法,并在此基础上研制具有使用目的的无线传感器网络。这些研究为后来无线传感器网络的发展打下了非常重要的基础,具有非常重要的意义。

在美国国家科学基金会的推动下,美国加州大学伯克利分校、麻省理工学院、康奈尔大学、加州大学洛杉矶分校等学校开设了无线传感器网络的基础理论和关键技术的研究。英国、日本、意大利等国家的一些大学和研究机构也纷纷开展了该领域的研究工作。UC Berkeley(加州大学伯克利分校)提出了应用网络连通性重构传感器位置的方法,并研制了一个传感器操作系统——Tiny OS。Tiny OS 是开发的开放源代码操作系统,专为嵌入式无线传感器网络设计,操作系统基于构件的(component-based)架构使得快速更新成为可能,而这又减小了传感器网络存储器限制的代码长度。Tiny OS 的构件包括网络协议、分布式服务器、传感器驱动及数据识别工具。其良好的电源管理源于事件驱动执行模型,该模型也允许时序安排具有灵活性。Tiny OS 已被应用于多个平台和感应板中。康奈尔大学、南加州大学等很多大学开展了无线传感器网络通信协议的研究,先后提出了几类新的通信协议,包括基于谈判类协议(如 SPIN-PP 协议、SPIN-EC 协议、SPIN-RL 协议)、定向发布类协议、能源敏感类协议、多路径类协议、传播路由类协议、介质存取类协议、基于 Cluster 的协议、以数据为中心的路由算法。

无线传感器网络技术被认为是 21 世纪中能够对信息技术、经济和社会进步发挥重要作用的技术,其发展潜力巨大。该技术的广泛应用,将会对现代军事、现代信息技术、现代制造业及许多重要的社会领域产生巨大影响。

9.4.2 ZigBee 技术

ZigBee 是 IEEE802.15.4 协议的代名词。根据这个协议规定的技术是一种短距离、低功耗的无线通信技术,其特点是短距离、低复杂度、自组织、低功耗、低数据传输速率、低成本,主要适合用于自动控制和远程控制领域,可以嵌入各种设备中。简而言之,ZigBee 就是一种便宜的、低功耗的近距离无线组网通信技术,已经成为目前无线传感器网络中的首选技术之一。因此,自动控制领域、计算机领域、无线通信领域都对 ZigBee 技术的发展、研究和应用给予了极大的关注。

1. ZigBee 技术起源

ZigBee 技术的命名主要来自于人们对蜜蜂采蜜过程的观察。由于蜜蜂(bee)是靠抖动翅膀的"Z 字舞蹈"来与同伴传递花粉所在方位信息的,也就是说蜜蜂依靠这样的方式构成了群体中的通信网络。蜜蜂自身的体积小,所需的能量小,又能传送信息,因此,人们用 ZigBee 技术来代表成本低、体积小、能量消耗小和传输速率低的无线信息传送技术,中文译名称为"紫蜂"技术。

2. ZigBee 技术概述

ZigBee 技术是一种具有统一技术标准的无线通信技术,其 PHY 层和 MAC 层协议为 IEEE802.15.4 标准协议,网络层由 ZigBee 联盟制定。应用层可以根据用户自己的需要进行开发,因此该技术能够为用户提供机动、灵活的组网方式。

根据 IEEE802.15.4 标准协议,ZigBee 的工作频段分为 3 个频段,这 3 个工作频段相距较大,而且在各频段上的信道数目不同,因而在该技术标准中,各频段上的调制方式和传输速率不同。它们分别为 868 MHz、915MHz 和 2.4 GHz,其中 2.4 GHz 频段上,分为 16 个信道,该频段为全球通用的工业、科学、医学(industrial scientific and medical,ISM)频段,该频段为免付费、免申请的无线电频段。在该频段上,数据传输速率为 250 kbps;另外两个频段 915 MHz 和 868 MHz,其相应的信道个数分别为 10 个和 1 个,传输速率分别为 40 kbps 和 20 kbps。

在组网性能上,ZigBee 设备可构造为星形网络或者点对点网络,在每一个 ZigBee 组成的无线网络内,链接地址码分为 16 bit 短地址和 64 bit 长地址,可容纳的最大设备个数分别为 2^{16} 个和 2^{64} 个,具有较大的网络容量。

在无线通信技术上,采用免冲突多载波信道接入(CSMA·CA)方式,有效地避免了无线电载波之间的冲突,此外,为保证传输数据的可靠性,建立了完整的应答通信协议。

ZigBee 设备为低功耗设备,其发射输出为 0～3.6 dBm,通信距离为 30～70 m,具有能量检测和链路质量指示能力,根据检测结果,设备可自动调整其发射功率,在保证通信链路质量的条件下,使设备能量消耗最小。

为保证 ZigBee 设备之间通信数据的安全保密性,ZigBee 技术采用了密钥长度为 128 位的加密算法,对所传输的数据信息进行加密处理。

目前,ZigBee 芯片的成本在 3 美元左右,ZigBee 设备成本最终目标是在 1 美元以下。ZigBee 芯片的体积较小,如 Freescal 公司生产的 MC13192ZigBee 收发芯片大小尺寸为 5 mm×5 mm,随着半导体集成技术的发展,ZigBee 芯片的尺寸将会变得更小,成本更低。

3. ZigBee 无线数据传输网络

ZigBee 应用层和网络层协议的基础是 IEEE802.15.4,特点是经济、高效、低速率(一般小于 250 kbps),工作在 2.4 GHz 和 868/915 MHz。ZigBee 无线数据传输技术可以在数千个微小的传感器之间实现相互协调通信。这些传感器只需要很少的能量,以接力的方式通过无线电波将数据从一个网络节点传到另一个节点,效率非常高,其工作示意图如图 9-5 所示。

目前常用的一款内置协议栈的 ZigBee 模块是基于 Ember 芯片的 XBee/XBeePRO 模块,如图 9-6 所示,它使用 AT 命令集和 API 命令集两种方式设置模块的参数,通过串口来实现数据的传输。

ZigBee 数据传输模块类似于移动网络基站。通信距离从标准的 75 m 开始,通过接力到几百米以至几公里,并且支持无线扩展。可将多达 65 000 个无线数据传输模块组成一个无线数据传输网络平台,在整个网络范围内,每一个 ZigBee 网络数据传输模块之间可以互相通信,每个网络节点间的距离可以从标准的 75 m 无线扩展。每个 ZigBee 网络节点不仅本身可以作为监控对象,还可以自动中转其他的网络节点传过来的数据资料。除此之外,每一个 ZigBee 网络节点(FFD)还可在自己信号覆盖的范围内与多个不承担网络信息中转任务的孤立的子节点(RFD)无线连接。ZigBee 模块采用自组织网络通信方式,每一个传感器持有一个 ZigBee 网络模块终端,只要它们在网络模块的通信范围内,通过彼此自动寻找,很快就可以形成一个互联互通的 ZigBee 网络。当传感器由于某种情况移动时,彼此间的联络还会发生变化。因而,模块还可以通过重新寻找通信对象,确定彼此间的联络定位,对原有网络进行刷新。ZigBee 自组织网络通信方式节点硬件框图如图 9-7 所示。

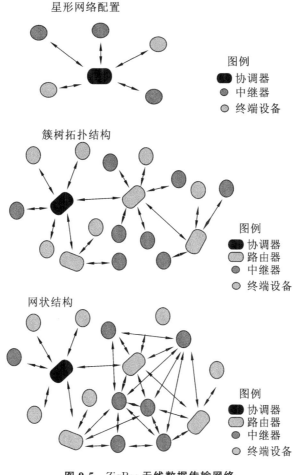

图 9-5 ZigBee 无线数据传输网络

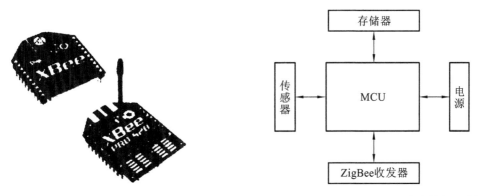

图 9-6 基于 Ember 芯片的 XBee/XBeePRO 模块   图 9-7 ZigBee 自组织网络通信方式节点硬件框图

在自组织网络中采用动态路由的方式,网络中数据传输的路径并不是预先设定的,而是传输数据前,通过对网络当前可利用的所有路径进行搜索,分析它们的位置关系以及远近距离,然后选择其中的一条路径进行数据传输。比如梯度法,即先选择路径最近的一条通道进行传输,如传不通,再使用另外一条稍远一点的通路进行传输,以此类推,直到数据送达目的地为止。

4. ZigBee 技术优势

(1) 低功耗。在低耗电待机模式下,2 节 5 号干电池可支持 1 个节点工作 6～24 个月,甚至更长。这是 ZigBee 的突出优势。

(2) 低成本。通过大幅度简化协议,降低了对通信控制器的要求,每块芯片的价格大约为 2 美元。

(3) 低速率。ZigBee 工作在 20～250 kbps 的较低速率,分别提高 250 kbps(2.4 GHz)、40 kbps(915 MHz)和 20 kbps(868 MHz)的原始数据吞吐率,满足低速率传输数据的需求。

(4) 近距离。传输范围一般介于 10～100 m 之间,在增加 RF 发射功率后,亦可增加到 1～3 km,这指的是相邻节点间的距离。如果通过路由和节点间通信的接力,传输距离将可以更远。

(5) 短时延时。ZigBee 的响应速度较快,一般从睡眠状态转入工作状态只需 15 ms,节点连接进入网络只需 30 ms,进一步节省了电能。

(6) 高容量。ZigBee 可采用星形、簇树和网状网络结构,由一个主节点管理若干子节点,一个主节点最多可管理 254 个子节点;同时主节点还可由上层网络节点管理,最多可组成 65 000 个节点的大网。

(7) 高安全性。ZigBee 提供了 3 级安全模式,包括无安全设定、使用接入控制清单(ACL)防止非法获取数据以及采用高级加密标准(AES 128)的对称密码,可以灵活确定安全属性。

(8) 免执照频段。采用直接序列扩频工作在工业科学医疗(ISM)频段,2.4 GHz(全球)、915 MHz(美国)和 868 MHz(欧洲)。

9.4.3　ZigBee 技术在无线传感器网络中的应用

ZigBee 技术的出发点是希望能开发一种易于构建的低成本无线传感器网络,同时其低耗电性能将使得产品上的电池维持 6 个月到数年时间。在产品发展的初期,以工业或企业现场的感应式网络为主,提供感应辨识、灯光与安全控制等功能,逐渐将市场拓展至家庭网络以及更为复杂的无线传感器网络中。

根据 ZigBee 联盟的观点,未来一般家庭可将 ZigBee 技术应用于空调系统的温度控制器,灯光、窗帘的自动控制,老年人与行动不便者的紧急呼叫器,电视与音响的万用遥控器,无线键盘、鼠标、摇杆、玩具,烟雾侦测器以及智慧型标签。下面重点介绍几种基于 ZigBee 技术的典型应用。

1. 基于 Chipcon 射频芯片 CC2430 的无线温湿度测控系统

温湿度测量与生产及生活密切相关,以往的温湿度传感器都是通过有线方式传送数据的,线路冗余复杂,连线成本高,不合适大范围多数量测量点的布置,同时线路的老化问题也影响了其可靠性。为了满足类似于温湿度传感器这样小型、低成本设备无线联网的要求,人们开发了基于 Chipcon 射频芯片 CC2430 所设计的无线温湿度测控系统。

基于 ZigBee 技术的无线温湿度测控系统实现了传感器的无线测控,稍加改进还可以做出集成更多传感器和更多功能的传感器网络,扩充性强,市场前景广阔。

无线温湿度测控系统结构如图 9-8 所示,多个独立的终端探测头按实际需要分布在不同的地方,由敏感元件测得环境温湿度变化数据,通过基于 ZigBee 技术的 RF 无线收发网络传送给监控中心的接收器,最后由标准的接口输入微机进行处理。用户可以选择性地适时监控不同位置的环境变化。

RF接收器

探测头1

探测头2

探测头3

探测头n

...

图 9-8　无线温湿度测控系统结构

无线温湿度测控系统硬件结构可以分为两个部分：探测头和接收器。

1）探测头

探测头部分的系统框图如图 9-9 所示。

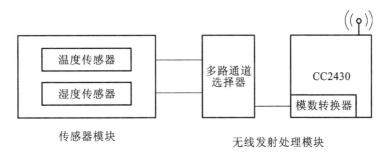

温度传感器

湿度传感器

多路通道
选择器

CC2430

模数转换器

传感器模块

无线发射处理模块

图 9-9　探测头部分的系统框图

测量的温度和湿度模拟信号由一个多路通道选择器控制，依次送入模数转换器处理并转化为数字信号，微处理器对该数字信号进行校正编码，送入基于 ZigBee 技术的 RF 发射器。

在器件选择方面，便携式系统要求同时具有最小的尺寸和最低的功耗。因此系统中温度传感器采用 MAX6607/MAX6608 模拟温度传感器，它的典型静态电流仅有 8 mA。便携式系统的线路板空间通常都很紧凑，类似于 SC70 这样的微型封装最为理想。另外，未来的处理器最有可能采用的电源电压是 1.8 V，正好也是 MAX6607 和 MAX6608 的最低工作电压。

传统湿度传感器多采用湿敏电阻或湿敏电容，其测量电路复杂、精度低、调试麻烦。本系统采用了 Honeywell 公司生产的 HIH3605 湿度变送器，传感器芯体和关键部件全部采用性能优良的器件，可抗尘埃、脏物及磷化氢等化学品，精度高，响应快，输出 0～5 V DC，对应 0％～100％RH，精度为 ±3％RH。

为了降低耗电量和减少设备体积，采用了待机时耗电量较低、系统集成度高的微处理器产品。微处理器和无线收发设备是挪威 Chipcon 的 CC2430。系统使用 9 V 蓄电池，每隔 3 min 与网络交换一次同步信号，采用的网络拓扑结构为网眼型，采用工作模式和待机模式的占空比不足 1％ 的设定。

2）接收器

接收部分系统框图如图 9-10 所示。

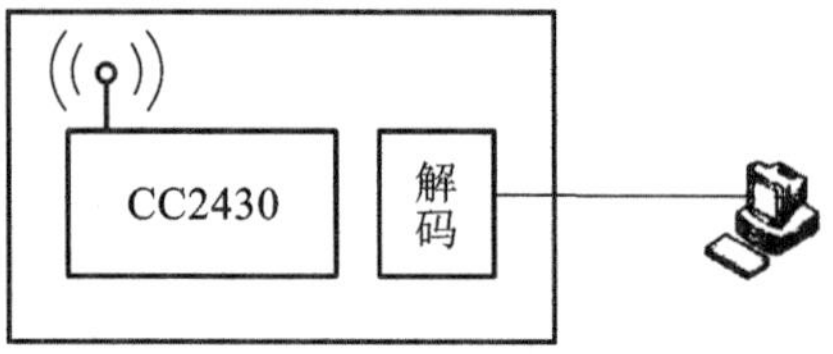

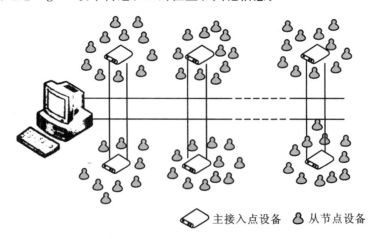

图 9-10　接收部分系统框图

RF 接收器接收探测头发出的信号,经过解码,通过标准的微机接口送入计算器存储显示。

探测头和接收器无线通信实现机理是以 802. 15.4 传输模块代替传统通信模块,将采集的数据以无线方式发送出去。其主要包括 802.15.4 无线通信模块、微控制器模块、传感器模块及接口、直流电流模块以及外部存储器。无线通信模块负责数据的无线收发,主要包括射频和基带两部分,前者提供数据通信的空中接口,后者主要提供链路的物理信道和数据分组。微控制器负责链路管理与控制,执行基带通信协议和相关的处理过程,包括建立链接、频率选择、链路类型支持、媒体接入控制、功率模式和安全算法等。经过调理的传感器模拟信号经过 A/D 转换后暂存于缓存中,通过无线信道发送到主控节点,再进行特征提取、信息融合等高层决策处理。

采用基于 ZigBee 技术 Chipcon 射频芯片 CC2430 的温湿度测控系统,在摆脱繁杂冗余的线路的情况下,实现了对环境温湿度的远程监控,实现了低复杂度、低功耗、低数据传输速率、低成本、双向无线通信等特点,可以嵌入到不同的设备中,有多种网络拓扑结构可供选择。

2. 基于 ZigBee 技术的煤矿井下定位监控系统

利用 ZigBee 技术很容易实现对一些短距离、特殊场合的工作人员进行实时位置跟踪,可以在发生意外情况时对人员所处位置进行确定,这些特殊场合包括矿井、车间、监狱等。下面以煤矿井下定位监控系统为例介绍 ZigBee 技术的应用。

基于 ZigBee 技术的煤矿井下定位监控系统示意图如图 9-11 所示,系统包括主接入点设备、从节点设备和信息监控中心等部分。信息监控中心位于地面;主接入点设备位于矿井的不同位置,可以根据监控实际需要设置其间距,主接入点设备与信息监控中心之间通过电缆传递监控信息;从节点设备安装在井下矿工的身上(如矿工的安全帽上),从节点设备和主接入点设备之间通过 ZigBee 技术传递矿工的位置和其他信息。

⬗ 主接入点设备　♙ 从节点设备

图 9-11　基于 ZigBee 技术的煤矿井下定位监控系统示意图

当矿工(从节点)进入某一主接入点设备控制区域后,主接入点设备与该矿工所携带的从节点设备建立通信,并将相关信息上传给信息监控中心。同样,当矿工从主接入点设备控制范围内离开时,主接入点设备将相应信息上传给信息监控中心。另外,在发生异常情况

(如井下瓦斯气体达到一定浓度)时,从节点设备可以主动请求和主接入点设备进行通信,将相关的异常信息及时地上传给信息监控中心,给出井下报警提示。

9.4.4 无线传感器网络的应用

无线传感器网络是由具有感知、计算和通信能力的微型传感器以 Ad Hoc 方式构成的无线网络,通过大量节点间的分工协作、实时监测、感知以及采集网络分布区域内的各种环境或者监测对象的数据并进行处理,获得详尽而准确的信息之后传送给需要这些信息的用户。无线传感器网络的应用前景非常广阔,多应用于军事、环境监测和预报、建筑物状态监测、复杂机械监测,健康护理、智能家居、城市交通以及机场、大型工业园区的安全监测等领域。近年来,无线传感器网络发展迅速,受到政府、军队以及研究机构等的广泛关注和重视。

1. 军事应用

无线传感器网络可快速部署、可自组织、隐蔽性强且容错性高,满足作战力量知己知彼的要求。典型设想是用飞行器大量微传感器节点散布在战场的广阔地域,这些节点自组成网,将战场信息边搜集、边传输、边融合为参战单位提供"各取所需"的情报服务。无线传感器网络由大量的随机分布的节点组成,即便有一部分节点被敌方破坏,余下的节点仍然可自组织形成网络,无线传感器网络可以通过分析采集到的数据,得到十分精确的目标定位,并由此为火控系统和制导系统提供精确制导。

1)智能微尘

智能微尘(smart dust)是一个具有计算机功能的超微型传感器,它由微处理器、无线电收发装置以及使它们能够组成一个无线网络的软件共同组成。将一些传感器节点散放在一定范围内,它们就能够互相定位,搜集数据并向基站传递信息。近几年,由于硅片技术和生产工艺的突飞猛进,集成有传感器、计算电路、双向无线通信模块和供电模块的微尘器件的体积已经缩小到沙粒般大小,但它却包含了信息搜集、信息处理以及信息发送所必需的全部软件。未来的智能微尘甚至可以悬浮在空中几个小时,搜集、处理、发射信息,并且它能够仅依靠微型电池工作多年。智能微尘的远程传感器芯片能够跟踪敌人的军事行动,可以把大量智能微尘装在宣传品、子弹或者炮弹中,在目标地点撒落下去,形成严密的监视网络,监视敌军的军情。

2)战场环境侦察与监视系统

战场环境侦察与监视系统是一个智能化传感器网络,可以更为详尽、准确地探测到精确信息,如一些特殊地形地域的特种信息(登陆作战中敌方岸滩的详实地形特征信息,丛林地带的地面坚硬度、干湿度)等,为更为准确地定制战斗行动方案等提供情报依据。它通过"数字化路标"作为传输工具,为各作战平台与单位提供所需要的情报服务。该系统由撒布型微传感器网络系统、机载和车载型侦察与探测设备构成。

3)传感器组网系统

传感器组网系统的核心是一套实时数据库管理系统。传感器组网系统可以利用现有的通信机制对从战术级到战略级的传感器信息进行管理,而管理工作只需要通过一台专用的商用便携机即可,不需要其他专用设备。该系统以现有的带宽进行通信,并可协调来自地面和空中监视传感器以及太空监视设备信息。该系统可以部署到各级指挥单位。

目前,无线传感器网络已经成为军事 C^4ISRT(command、control、communication、computing、intelligence、surveillance、reconnaissance and targeting)系统必不可少的一部分,受到军事技术发达国家的普遍重视,各国均投入了大量的人力和财力进行研究。

2. 智能家居

现有智能家居多以有线网络为主,布线较为烦琐,且网络处理能力较差。无线传感器网络能够应用在家居中,在家电和家居中嵌入传感器节点,通过无线网络与 Internet 连接在一起,可以为人们提供更加舒适、方便和更具有人性化的智能家居环境,利用远程监控系统可以完成对家电的远程遥控。智能家居的发展依赖于家庭网络技术在家庭内部的推广。家庭网络是整个智能家居系统的基础,要实现家居智能化,就必须能够实时监控住宅内的各种信息,例如水、电、气的供给系统等,从而采取相应的控制,为此智能家居必须能够运用传感器采集各种信息,如温度、湿度、有无燃气泄漏、小偷入室等。图 9-12 所示为智能家居构成示意图。

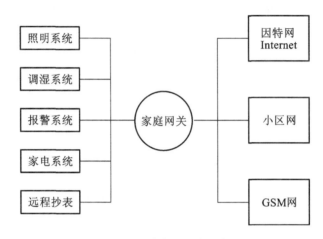

图 9-12 智能家居构成示意图

3. 环境监测

人们对于环境的关注与日俱增,环境科学涉及领域广泛。无线传感器网络在环境研究方面范围甚广,涉及土壤质量、家畜生长环境、农作物灌溉等诸多方面。

基于传感器网络的环境监测系统可运用一定数量的节点来监测例如温湿度、光照度、降雨量等,也可对环境进行预警,例如可对森林环境监测,在森林中分布大量传感器节点,若某处发生火灾,则控制台可立刻根据传输到的数据判断具体的火灾发生位置,第一时间开展火灾扑救工作。

此外,运用无线传感器网络可以检测动物活动,据此研究动物的生活习性。

4. 建筑物质量监控

无线传感器网络可以用于对建筑物的质量进行监控。建筑物状态监控(structure health monitoring,SHM)主要用于监测由于对建筑物的修补以及建筑物长时间使用出现的老化现象而导致的一些安全隐患,往往在建筑物中出现的类似于小裂缝等都可能在日后造成重大的灾难,而无线传感器网络系统可以及时发现这些情况并采取相应的措施解决此类安全隐患。

目前在国内外很多大型桥梁上都应用了大量的无线传感器节点,桥梁上任何部位出了问题都可以及时查出并得以解决。

5. 医疗护理

无线传感器网络在医疗研究、护理领域也可以大显身手。其在医疗系统和健康护理方面的应用包括检测人体的各种生理数据,跟踪和监测医院内医生和患者的行动,医院的药物管理。罗切斯特大学的科学家使用无线传感器创建了一个智能医疗房间,使用智能微尘来测量居住者的重要特征(血压、脉搏和呼吸)、睡觉姿势以及每天 24 小时的活动状况。Intel 公司也推出了无线传感器网络的家庭护理技术。该技术是作为探讨应对老龄化社会的技术项目(center for aging services technology,CAST)的一个环节开发的。该技术通过在鞋、家具以及家用电器等中嵌入半导体传感器,帮助老龄人士、阿尔茨海默病患者以及残障人士的家庭生活,利用无线通信将各传感器联网可高效传递必要的信息从而方便接受护理。人工视网膜是一项生物医学的应用项目,在 SSIM(smart sensors and integrated microsystems)计划中,替代视网膜的芯片由 100 个微型传感器组成,并置入人眼,这样就可使得失明者或视力极差者能够恢复到一个正常的视力水平。

6. 其他应用

无线传感器网络还被应用于其他一些领域。比如一些危险的工业环境如井矿、核电厂等,工作人员可以通过它来实施安全监测。也可以用在交通领域作为车辆监测的有力工具。此外,还可以应用在工业自动化生产等诸多领域。例如,Intel 公司对一个工厂中的无线网络进行测试,该网络由 40 台机器上的 210 个传感器组成,这样组成的监测系统可以大大改善工厂的运作条件,它可以大幅降低检测设备的成本,同时由于可以提前发现问题,因此能够缩短停机时间,提高效率,并延长设备的使用时间。无线传感器网络可以应用于空间探索。可借助于航天器在外星体散播一些传感器网络节点对星球表面进行监测,NASA 的 JPL(jet propulsion laboratory,JP 实验室)研制的 Sensor Webs 就是为将来的火星探测进行技术准备,该系统已在佛罗里达宇航中心周围的环境监测项目中实施监测和完善。尽管无线传感器技术目前仍处于初步应用阶段,但已经展示出了非凡的应用价值,相信随着相关技术的发展推进,一定会得到更大的应用。

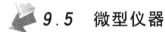

9.5 微型仪器

微电子技术和计算机科学技术对仪器仪表的巨大促进作用是无可置疑的。新器件的问世,ASIC 电路(application specific integrated circuits)的兴起;20 世纪 80 年代起,圆片规模集成(water scale integration,WSI)电路的发展,在整个硅圆片的规模上集成一个完整的电子系统或子系统成为现实;三维集成技术又使芯片上的电路元器件呈立体布局;表面封装技术(surface mounting technology,SMT)使电子元器件成为一个无引线或短引线,大小仅有几毫米的微型元件;DSP 芯片、神经网络芯片的问世和飞速发展使近 30 年来已充分发展的各种信号处理方法(时域平均、相关分析、数值滤波、平滑技术、频谱计算等)在仪器设计中得到充分的应用;加上近 10 多年来对微机电系统(MEMS)的大力研究,使集合微机构、微驱动器、微能源以及微传感器和控制电路、信号处理装置等于一体的微型机电系统、微仪器成为可能。凡此种种,都使仪器仪表不仅在精度方面有了极大的提高,而且在小型化、微型化方面有了很大的发展。已面市销售的掌上式频率计算器和频谱分析仪等,手提式血液分析系统可取代一套大型生化仪器,手提式微金属探测仪可方便地检测水质。通常,用于元素分析的质谱仪是一台大型设备,它应具有真空、电离、探测等许多部分,目前已做成如台式计算机般大小,并已开始向手提式方向发展。

习　题

9-1　虚拟仪器有几种构成方式？各有什么特点？

9-2　简述 ZigBee 无线传感器网络的通信特点。

9-3　什么是虚拟仪器？它与传统仪器仪表有什么区别？

9-4　虚拟仪器的传输总线和软件平台是什么？

9-5　智能仪器的工作原理是什么？

9-6　什么是无线传感器网络？它由哪几部分构成？

9-7　简述 LabVIEW 软件的特点与功能。

9-8　简述无线传感器网络在实际生活中的潜在应用。

9-9　什么是 ZigBee 技术？

9-10　ZigBee 的原理是什么？

9-11　简述智能仪器与普通的计算机测试系统的异同。

9-12　什么是 VXI 总线？什么是 PXI 总线？

9-13　如何构建一个简单的虚拟仪器？

9-14　微型仪器的应用有哪些？

9-15　简述无线传感器网络在军事领域的应用。

9-16　虚拟仪器的数据采集卡有几种特性？分别是什么？

9-17　简述虚拟仪器测试系统的工作流程。

参 考 文 献

[1] 金伟,齐世清,王建国.现代检测技术[M].北京:北京邮电大学出版社,2006.

[2] 程瑛,方彦军.检测技术[M].北京:中国水利水电出版社,2015.

[3] 卜云峰.检测技术[M].北京:机械工业出版社,2007.

[4] 余成波,陶红艳.传感器与现代检测技术[M].北京:清华大学出版社,2009.

[5] 刘少强,张靖.传感器设计与应用实例[M].北京:中国电力出版社,2008.

[6] 熊诗波,黄长艺.机械工程测试技术基础[M].3版.北京:机械工业出版社,2011.

[7] 施文康,余晓芬.检测技术[M].北京:机械工业出版社,2015.

[8] 钟永锋,刘永俊.ZigBee无线传感器网络[M].北京:北京邮电大学出版社,2011.

[9] 魏学业.传感器技术与应用[M].武汉:华中科技大学出版社,2013.

[10] 周杏鹏.传感器与检测技术[M].北京:清华大学出版社,2010.

[11] 侯国章,肖增文,赖一楠.测试与传感技术[M].3版.哈尔滨:哈尔滨工业大学出版社,2009.

[12] 郑华耀.检测技术[M].北京:机械工业出版社,2004.

策划编辑：康　序

责任编辑：段亚萍

ISBN 978-7-5680-2856-1

9 787568 028561 >